Friedrich Oehme

Chemische Sensoren

**Aus dem Programm
Analytische Chemie**

Quantitative Analytische Chemie
von J. S. Fritz und G. H. Schenk

Analytische und präparative Labormethoden
von K. E. Geckeler und H. Eckstein

Einführung in die Schnelle Flüssigchromatographie
von G. Eppert

**Grundlagen und praktische Anwendungen
der Röntgenfluoreszenzanalyse (RFA)**
von P. Hahn-Weinheimer, A. Hirner und K. Weber-Diefenbach

Einführung in die Röntgenfeinstrukturanalyse
von H. Krischner

Theorie und Praxis der Röntgenstrukturanalyse
von E. R. Wölfel

Analytische Methoden in der Biotechnologie
hrsg. vom K. Schügerl

CHROMATOGRAPHIA
An International Journal for Rapid Communication
and Associated Techniques

Vieweg

Friedrich Oehme

CHEMISCHE SENSOREN

Funktion,
Bauformen, Anwendungen

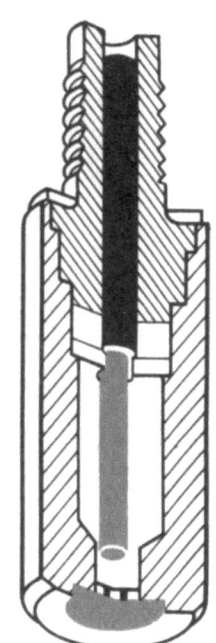

Anschrift des Autors:
Dipl.-Chem. Friedrich Oehme
Hühnerbühl 34
D-7883 Görwihl

Das vorliegende Werk wurde sorgfältig erarbeitet. Dennoch übernehmen Autor und Verlag für die Richtigkeit von Angaben, Hinweisen und Ratschlägen sowie für eventuelle Druckfehler keine Haftung.
Die Wiedergabe von Gebrauchsnamen, Handelsnamen, Warenbezeichnungen usw. in diesem Buch berechtigt auch ohne besondere Kennzeichnung nicht zu der Annahme, daß solche Namen im Sinne der Warenzeichen- und Warenschutzgesetzgebung als frei zu betrachten wären und daher von jedermann benutzt werden dürfen.

Der Verlag Vieweg ist ein Unternehmen der Verlagsgruppe Bertelsmann International.

Alle Rechte vorbehalten
© Friedr. Vieweg & Sohn Verlagsgesellschaft mbH, Braunschweig 1991
Softcover reprint of the hardcover 1st edition 1991

Das Werk einschließlich aller seiner Teile ist urheberrechtlich geschützt. Jede Verwertung außerhalb der engen Grenzen des Urheberrechtsgesetzes ist ohne Zustimmung des Verlags unzulässig und strafbar. Das gilt insbesondere für Vervielfältigungen, Übersetzungen, Mikroverfilmungen und die Einspeicherung und Verarbeitung in elektronischen Systemen.

Satz: Vieweg, Braunschweig

ISBN-13: 978-3-642-85892-5   e-ISBN-13: 978-3-642-85891-8
DOI: 10.1007/978-3-642-85891-8

Vorwort

Sensoren zum Erfassen von physikalischen Größen, wie etwa Temperatur, Druck, Füllstand oder Drehzahl, spielen in weiten Bereichen von Technik und Wissenschaft eine wichtige Rolle. Der für derartige Sensoren ständig wachsende Markt, der Wunsch nach preisgünstigeren Fertigungsmöglichkeiten und der Bedarf an Sensoren für neuartige Aufgabenstellungen haben in den letzten Jahren weltweit einen Sensor-Boom ausgelöst. Das drückt sich neben gesteigerten Entwicklungsaktivitäten auch in zunehmenden Zahlen von Beiträgen in Fachzeitschriften und auf Fachtagungen ebenso aus wie in verschiedenen Marktprognosen.

In diese Aktivitäten werden oft auch chemische Sensoren einbezogen, was nicht immer unproblematisch ist. Die Entwicklung von Sensoren liegt neuerdings aus technologischen Gründen häufig in den Händen von Halbleiter-Experten, von Physikern oder sogar auch von Physiologen, einer Gruppe von Fachleuten, denen nicht immer bewußt ist, daß chemische Sensoren „anders" sein müssen. Dazu sollen nur zwei wichtige Einsatzkriterien hervorgehoben werden: Die Fähigkeit der Sensoren, auch in einem Gemisch aus vielfältigen Komponenten nur eine bestimmte selektiv zu erfassen, und die Notwendigkeit, oft im Spurenbereich liegende untere Konzentrationsgrenze meßtechnisch abzudecken.

Daß der Markt für chemische Sensoren, von Ausnahmen abgesehen, eher klein ist, stellt ein weiteres Merkmal und eine Begrenzung der Investitionen bei Neuentwicklungen dar.

Die Grenze zwischen Sensoren, Sensorsystemen und kompletten Analysengeräten kann nur schwer gezogen werden, ist doch bereits ein „intelligenter Sensor" auch mit nicht-sensorischen Eigenschaften zur Signalverarbeitung ausgerüstet. Hier soll als Leitlinie gelten, daß ein Sensor einen unmittelbaren Zusammenhang zwischen einem chemischen Zustand und einem elektrischen Signal herstellt. Damit werden alle chromatographischen Methoden mit den anfallenden Signal-Zeit-Funktionen ebensowenig Gegenstand der Betrachtungen wie die titrimetrischen, die zu Signal-Volumen-Funktionen führen. In beiden Bereichen aber spielen auch Sensoren für geräteinterne Teilaufgaben eine wichtige Rolle.

Die Bewertung chemischer Sensoren und die Darstellung ihrer Eigenschaften ist durch das Fehlen verbindlicher Normen erschwert. In Anbetracht ihrer Bedeutung wird ein besonderes Kapitel dieses Buches solchen Kriterien gewidmet. Typische Einsatzmöglichkeiten der verschiedenen Sensoren sind stets bei den methodischen Gruppen zu finden, wobei auch Möglichkeiten zum bewertenden Vergleich genutzt werden.

Dieses Buch beruht auf den in mehr als 30 Berufsjahren des Autors als Physikochemiker und Sensorentwickler gemachten Erfahrungen. Diese wurden durch Tätigkeiten an weiterbildenden Institutionen als Lehrgangs- und Diskussionsleiter ergänzt. Zur Meinungsbildung trugen auch sorgfältige und regelmäßige Literaturrecherchen bei. Die auf diesen Grundlagen zum Ausdruck gebrachte Meinung deckt sich nicht mit der von Entwicklungsgruppen auf dem Gebiet der „Mikroperipherik". Dabei handelt es sich um eine neue Disziplin der Halbleitertechnik, welche die Integration von Sensoren und Signalverarbeitungselektronik auf einem Chip zum Gegenstand hat. Hierher gehört besonders auch die CHEMFET-Entwicklung.

Weitere Vorbehalte gegen die technische Realisierbarkeit von faseroptischen und piezoelektrischen Sensoren wurden kurz vor Abschluß des Manuskriptes in bemerkenswerter Weise durch zwei Übersichtsreferate [355, 356, 357] und die dort gezogenen Schlüsse ("conclusions") bestätigt.

Unbestritten bleibt der Stellenwert der herkömmlichen chemischen Sensoren. Das gilt für das Gesamtgebiet der Konduktometrie, Potentiometrie und Amperometrie, für Gassensoren mit halbleitenden und ionenleitenden Sensorelementen, sowie für thermokatalytische und paramagnetische Sensoren. Bei den optischen Gasanalysatoren behaupten sich nach wie vor die nicht-dispersiven Methoden. Alle diese „Arbeitspferde" werden zwar im Grundkonzept beibehalten, im Detail aber ständig verbessert und verfeinert. Das gilt besonders auch für den Einbezug von Mikroprozessoren in die Auswertetechnik. Die Zuverlässigkeit und der Bedienungskomfort konnten dadurch wesentlich gesteigert werden.

So stellt sich heute das Gebiet der chemischen Sensoren dar. Zu den „Sensoren von morgen" aber muß noch ein weiter Weg durchschritten werden, der sich nicht immer als gangbar erweisen wird.

Görwihl, im Sommer 1990 *Friedrich Oehme*

Inhaltsübersicht

1	**Historische Entwicklung chemischer Sensoren**	1
2	**Definition und Kennzeichnung chemischer Sensoren**	4
	2.1 Definitionen	4
	2.2 Aufnehmer	6
	2.3 Chemische Parameter	10
	2.4 Kennzeichnung chemischer Sensoren	10
	2.4.1 Meßbereiche	10
	2.4.2 Selektivität	11
	2.4.3 Drift der Sensorsignale	13
	2.4.4 Ansprechzeiten	14
	2.4.5 Fehlerangaben und Fehlerursachen	15
	2.4.6 Betriebsbedingungen	17
	2.4.7 Lebensdauerbetrachtungen	18
3	**Konzentrationsangaben**	19
4	**Technologien zur Fertigung chemischer Sensoren**	21
5	**Elektrochemische Sensoren**	30
	5.1 Einleitung	30
	5.2 Konduktometrie	30
	5.2.1 Grundlagen der Konduktometrie	30
	5.2.2 Begriffe und Definitionen	32
	5.2.3 Konduktometrische Sensoren	33
	5.3 Potentiometrie	42
	5.3.1 Grundlagen der Potentiometrie	42
	5.3.2 Begriffe und Definitionen	44
	5.3.3 Potentiometrische Sensoren	45
	5.3.4 Sensoren für die Direkt-Potentiometrie	56
	5.3.5 Bezugselektroden	64
	5.3.6 pH-Meter und Ionen-Meter	67
	5.4 CHEMFETs	68
	5.4.1 Einleitung	68
	5.4.2 Methodische Grundlagen	70
	5.4.3 CHEMFET-Fertigung und -Bauformen	73
	5.4.4 ISFET-Eigenschaften	75
	5.4.5 Ausblick	76
	5.5 Amperometrie	76
	5.5.1 Begriffe und Definitionen	76
	5.5.2 Grundlagen der Amperometrie	78
	5.5.3 Amperometrische Sensoren	84

6	**Festkörper-Gassensoren**		94
	6.1 Einleitung		94
	6.2 Halbleiter-Gassensoren		94
		6.2.1 Der Begriff des Halbleiters	94
		6.2.2 Meßtechnische Grundlagen	95
		6.2.3 Sensoren mit Oberflächenleitfähigkeit	97
		6.2.4 Sensoren mit Volumenleitfähigkeit	99
	6.3 Ionenleitende Gassensoren		101
		6.3.1 Der Begriff des Festelektrolyten	101
		6.3.2 Aufbau und Funktion von Sauerstoffsensoren	101
		6.3.3 Weitere ionenleitende Sensoren	104
	6.4 Thermokatalytische Sensoren		105
		6.4.1 Methodische Grundlagen und Bauformen	105
		6.4.2 Sensormerkmale und Einsatzgebiete	108
7	**Faseroptische Sensoren**		110
	7.1 Glasfasern zur Signalübertragung		110
	7.2 Glasfaser-Refraktometer		111
	7.3 Kolorimetrische faseroptische Sensoren		113
	7.4 Fluorometrische faseroptische Sensoren		114
	7.5 Bewertung faseroptischer Sensoren		115
8	**Ionisations-Sensoren**		117
	8.1 Einleitung		117
	8.2 Flammenionisations-Sensoren (FID)		118
	8.3 Photoionisations-Sensoren (PID)		120
	8.4 Bewertung von Ionisations-Sensoren		121
9	**Piezoelektrische Gassensoren**		123
	9.1 Einleitung		123
	9.2 Chemische Sensitivierungen		123
	9.3 Bewertung von piezoelektrischen Sensoren		125
10	**Sonstige chemische Sensoren**		127
	10.1 Einleitung		127
	10.2 Gasanalysen durch Mesung der Wärmeleitfähigkeit		127
		10.2.1 Methodische Grundlagen	127
		10.2.2 Anwendungen	128

10.3 Paramagnetische Sauerstoffmessung	129
10.3.1 Methodische Grundlagen	129
10.3.2 Anwendungen	130
10.4 Dichtemessung von Lösungen	130
10.4.1 Methodische Grundlagen	130
10.4.2 Anwendungen	132
10.5 Messung der Schallgeschwindigkeit von Lösungen	132
10.5.1 Methodische Grundlagen	132
10.5.2 Anwendungen	133
10.6 Spektralphotometrische Methoden	133
10.6.1 Einleitung	133
10.6.2 Methodische Grundlagen	133
10.6.3 Geräte und Anwendungen	136
Literaturverzeichnis	140
Sachwortverzeichnis	148
Teil 1: Sensortechnik	148
Teil 2: Anwendung von Sensoren	151

1 Historische Entwicklung chemischer Sensoren

Von einer eigentlichen Geschichte chemischer Sensoren kann allein schon deshalb nicht gesprochen werden, weil der Sensorbegriff erst seit rund 15 Jahren existiert und zunehmend verwendet wird. Wohl aber gibt es eine historisch darstellbare Entwicklung des „Messens in der Chemie". Sie ist weitgehend identisch mit der Sensorentwicklung und baut in ihren Grundlagen auf der um die Jahrhundertwende entstandenen physikalischen Chemie auf.

Ausgangspunkt für alle meßtechnischen Entwicklungen war die Notwendigkeit, über den Zustand chemischer Systeme mehr Information zu bekommen. Alle in den Anfängen genutzten Untersuchungsmethoden der analytischen Chemie erfolgten an entnommenen Proben. Schnell reagierende Systeme zu beschreiben war damit ebenso unmöglich wie ein regeltechnischer Eingriff in Prozeßabläufe.

Die Messung der elektrolytischen Leitfähigkeit von Elektrolytlösungen ist ein klassisches Beispiel für die Entwicklung der Meßtechnik. Hier waren es F. Kohlrausch und W. Ostwald, welche die Dissoziationstheorie von S. Arrhenius nicht nur klar bestätigen konnten, sondern zugleich auch eine fertige Meßtechnik lieferten, die ihre Aussagen mit Hilfe eines Sensors macht – in diesem Fall in Form einer Meßzelle mit zwei platinierten Platinelektroden.

Dieses Vorgehen ist kennzeichnend für alle weiteren Meßmethoden, die von chemischen Sensoren Gebrauch machen: es wird der Zustand eines Systems als elektrisches Signal abgebildet und ausgewertet.

Die Entwicklung der vielfältigen chemischen Sensoren fand unabhängig voneinander und auf verschiedenen methodischen Grundlagen aufbauend statt. Dabei wurden für die Sensoren herkömmliche und auch noch heute vorzugsweise genutzte Bezeichnungen gewählt, wie das Tabelle 1-1 ausdrückt. Unabhängig von der in Kapitel 2 vorgenommenen Definition chemischer Sensoren kann hier bereits gesagt werden, daß alle derartige Bezeichnungen unter dem Sammelbegriff des Sensors einzuordnen sind. – Einen chronologischen Ablauf der Entwicklung chemischer Sensoren bringt Tabelle 1-2.

In diesem Zusammenhang soll noch darauf hingewiesen werden, daß eine Abgrenzung von chemischen Sensoren von den einen komplexeren Aufbau aufweisenden Analyseneinrichtungen oft nur willkürlich oder auch gar nicht möglich ist. So wäre es beispielsweise durchaus möglich, ein Massenspektrometer als chemischen Sensor zu betreiben. Derartige aufwendige Geräte, die vielfältig von integrierten Sensoren Gebrauch machen, sollen hier nicht betrachtet werden. Das gilt beispielsweise für alle chromatographischen Trenntechniken. Auch die instrumentelle Titrationstechnik bleibt ausgeschlossen. Sofern die hier eingesetzten Sensoren aber auch direkt zur chemischen Analyse eingesetzt werden, sind sie Gegenstand der Betrachtungen.

Tabelle 1-1 Herkömmliche Bezeichnungen chemischer Sensoren

Bezeichnung	Meß-/Analysentechnik
Elektrode	
Meßelektrode, Bezugselektrode, Arbeitselektrode	Potentiometrie
Gegenelektrode, Bezugselektrode	Amperometrie
Meßzelle	
Leitfähigkeitszelle	Konduktometrie
Galvanische Zelle	Potentiometrie
Brennstoffzelle	Amperometrie
Detektor	
Leitfähigkeitsdetektor, elektrochemischer Detektor	Ionenchromatographie
Ionisationsdetektor, Elektronenfangdetektor	Gaschromatographie

Tabelle 1-2 Chronologische Folge der Entwicklung chemischer Sensoren

Jahr	Art des Sensors	Urheber	Literatur
1885	2-Elektrodenzelle mit platinierten Platinelektroden	Kohlrausch, F.	[1]
1888	Metallelektroden in Lösungen ihrer Salze	Nernst, W.	[2]
1897	Wasserstoffelektrode zur pH-Messung	Böttger, W.	[3]
1904	Hitzdrahtsensoren zur Gasanalyse (Wärmeleitfähigkeit)	Fa. MAN	[4]
1909	(Schaffung des pH-Begriffes mit Hilfe von Farbindikatoren)	Sörensen, S.	[5]
1913	2-Elektrodenzelle Cu/Pt zur Messung von Gelöstchlor	Riedeal, E. K., Evans, U. R.	[6]
1922	Quecksilbertropfelektroden in der Polarographie	Heyrovsky, J.	[7]
1925	Antimonelektrode zur pH-Messung	Kolthoff, I. M., Hartong, B. D.	[8]
1928	2-Elektrodenzellen Zn/Ag zur Messung von Gelöstsauerstoff	Tödt, F.	[9]
1929	Glaselektroden zur pH-Messung	MacInnes, D. A., Dole, M.	[10]
1933	Elektroden 2. Art zur Messung von Anionen	LeBlanc, M., Harnapp, O. H.	[11]
1941	Paramagnetischer Sauerstoffsensor	Klauer, F., Turowski, E., Wolff, V.	[12]
1946	Glasstab-Refraktometer	Karrer, E., Orr, S.	[13]
1957	Membranbedeckte 2-Elektrodenzelle zur Gelöstsauerstoffmessung	Clark, L. C.	[14]
1958	Membranbedeckte pH-Glaselektrode zur pCO_2-Messung in Blut	Severinghaus, W., Bradley, A. F.	[15]
1958	Flammenionisationsdetektor (Gaschromatographie)	Harley, J., Nel., W., Pretorius, V.	[16]
1959	Thermokatalytische Sensoren für brennbare Gase (Sensordrähte)	Sieger, J.	[17]
1960	Elektroneneinfangdetektor (Gaschromatographie)	Lovelock, J. E., Lipsky, S. R.	[18]
1960	Photoionisationsdetektor (Gaschromatographie)	Lovelock, J. E.	[19]

1 Historische Entwicklung chemischer Sensoren

1961	Ionenleitende Festkörpersensoren für Sauerstoff, Basis ZrO$_2$	Weissbarth, J., Ruka, R.	[22]
1962	Thermokatalytische Sensoren für brennbare Gase (Sensorpillen, „Pellistoren")	Baker, A. R.	[20]
1964	Ionenselektive Elektroden mit SiK-Membranen	Pungor, W., Toth, K.	[21]
1965	Ionenselektive Elektroden mit Festkörpersensoren (Presslinge)	Riseman, J., Wall, R. A.	[23]
1966	Fluoridselektive Elektrode mit LaF$_3$-Sensor	Frant, M., Ross, J.	[24]
1967	Ionenselektive Elektroden mit flüssigen Gelmembranen	Ross, J.	[25]
1970	Halbleiter-Gassensoren auf der Basis SnO$_2$	Tagushi, K.	[26]
1970	3-Elektrodenzelle mit katalytischer Arbeitselektrode zur CO-Messung	Energetic Sciences	[27]
1970	CHEMFET (Chemically sensitive Field effect Transistor)	Bergveld, P.	[28]
1972	Gassensitive Elektroden zur Messung von gelösten Gasen	Frant, M., Ross, J., Riseman, J.	[29]
1980	Faseroptische Sensoren zur pH-Messung	Peterson, J. I., Goldstein, R. S., Fitzgerald, R. V.	[30]

In Anbetracht der Bedeutung in der Gasanalyse sind in Kapitel 10 abweichend von dieser Auffassung eine Reihe von Methoden zu finden, welche Sensorsysteme mit zahlreichen nicht-sensorischen Hilfsfunktionen, also Analysengeräte im herkömmlichen Sinne, darstellen.

Die Entwicklung chemischer Sensoren schreitet unter Einbezug neuartiger Fertigungsmethoden (vgl. Kapitel 4) rasch voran. So wurden in Tabelle 1-2 auch Sensoren aufgenommen, die noch keine Fertigungsreife erreicht haben, dabei aber mit interessanten Eigenschaften aufwarten können.

2 Definition und Kennzeichnung chemischer Sensoren

2.1 Definitionen

Der Begriff des chemischen Sensors sollte sich generell an dem eines Sensors für physikalische (allgemeine) Parameter orientieren.

Der IEC-Entwurf "terms and definitions in industrial process measurement and control" [31] definiert einen Sensor als "primary element of a measuring chain which converts the input variable into a signal suitable for mesurment". Bekanntlich haben derartige internationale Dokumente auch für nationale Normenarbeiten Verbindlichkeit – ein kaum bekannter und nicht immer berücksichtigter Umstand. So erscheint es auch nicht zulässig, einem USA-Standard zu folgen, der dem Begriff des Transducers den Vorzug gibt [32].

In Anlehnung an das IEC-Dokument wäre ein Sensor also als „Meßeinrichtung, die einen Parameter (eine Zustandsgröße) erfaßt und in ein elektrisches Signal umwandelt", zu definieren.

Die Arbeitsgemeinschaft für Meßwertaufnehmer [33] unterzieht die grundsätzliche Definition einer Reihe von sinnvollen Verfeinerungen, so daß drei Arten von Sensoren zu unterscheiden sind:

1. Sensorelemente. Sensoren, noch nicht in einer gebrauchsfähigen Verpackung und/oder Verschaltung, z.B. ein Festkörperpreßling einer ionenselektiven Elektrode oder ein thermokatalytischer Meßdraht eines Meßkopfes für brennbare Gase.

2. Sensoren. Sensoren im gebrauchsfertigen Zustand, mit einer ersten Signalschnittstelle, z.B. eine pH-Glaselektrode oder ein Ionisationsdetektor in einem Gaschromatographen.

3. Sensorsysteme. Sensoren wie unter 2., jedoch mit integrierter weiterverarbeitender Elektronik, z.B. eine pH-Glaselektrodenmeßkette mit integriertem Vorverstärker oder ein CHEMFET mit einem für Gasanalysen sensiviertem „gate".

Sensorsysteme weisen Standardausgänge auf, wie etwa 10 V, 20 mA, V 24 oder RS 232.

Der dritte Begriff der AMA-Definition [33] ist insofern von Bedeutung, als er identisch mit dem des „intelligenten Sensors" [34] wird, welcher neben rein sensorischen Funktionen auch nichtsensorische Aufgaben übernimmt.

Bezogen auf alle diese Begriffe läßt sich jetzt auch ein chemischer Sensor definieren:

Ein chemischer Sensor ist eine Meßeinrichtung, die einen chemischen Zustand (Parameter) erfaßt und in ein vorzugsweise elektrisches Signal umwandelt.

2.1 Definitionen

Zur Verdeutlichung der in den AMA-Definitionen gebrachten Begriffe sollen die Bilder 2-1 und 2-2 dienen. In Bild 2-1 lassen sich klar drei verschiedene Sensorelemente erkennen, die erst in ihrem Zusammenwirken den gebrauchsfertigen Sensor ergeben. Ganz anders liegen die Verhältnisse bei einem Sensor zur induktiven Leitfähigkeitsmessung gemäß Bild 2-2. Obwohl hier ein gebrauchsfertiger Sensor vorliegt, können keine diskreten Sensorelemente unterschieden werden.

Die Beschreibung von Sensorsystemen kann dadurch weiter vertieft werden, daß zwischen aktiven und passiven Systemen unterschieden werden kann. Ein aktives Sensorsystem arbeitet ohne äußere Hilfsenergie.

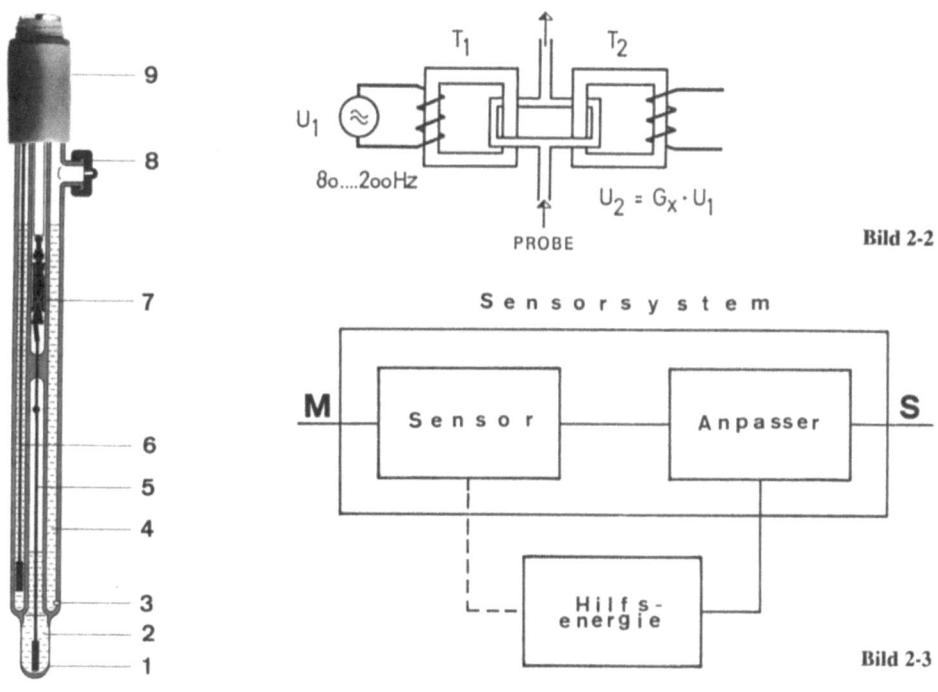

Bild 2-1

Bild 2-1 Sensorelemente einer pH-Einstabmeßkette (Ingold [339]). Es bedeuten: 1 pH-empfindliche Glasmembran, 5 innere Bezugselektrode, 6 äußere Bezugselektrode. Der Innenpuffer 2 und der Bezugselektrolyt 4 sind weitere potentialbestimmende Faktoren. Übrige Kennzeichnungen: 3 Diaphragma, 7 Kupplung für den Kabelanschluß, 8 Nachfüllstutzen für den Bezugselektrolyten, 9 Elektrodenkopf.

Bild 2-2 Induktiver Geber zur Leitfähigkeitsmessung. Der Geber ist ein Sensorsystem, das keine diskreten Sensorelemente aufweist. Zur Funktion vgl. Abschnitt 5.2.3.

Bild 2-3 Bestandteile eines Sensorsystems. Die Meßgröße M wird vom Sensor erfaßt. Der Anpasser übernimmt das vom Sensor abgegebene Signal und sorgt für eine erste Signalverarbeitung, beispielsweise eine Impedanzwandlung oder die Ausgabe des Signals S als eingeprägten Strom, der vom Lastwiderstand (Anzeiger, Regler) unabhängig ist. Der Anpasser benötigt stets eine elektrische Hilfsenergie, der Sensor jedoch nicht immer.

Ohne Hilfsenergie kommen alle potentiometrischen Systeme aus, da die aus Meß- und Bezugselektrode bestehende Meßkette das Verhalten eines galvanischen Elementes zeigt und eine Eigenspannung abgibt. Demgegenüber arbeiten die meisten amperometrischen Sensorsysteme mit Hilfsenergie, mit Ausnahme der nicht ganz korrekt benannten Brennstoffzellen. Bild 2-3 veranschaulicht die Schaltungstechnik beider Sensorsysteme [35].

2.2 Aufnehmer

Was in allen bisherigen Definitionen nicht zum Ausdruck kommt, ist der Umstand, daß die meisten Sensoren und Sensorsysteme erst zusammen mit einer der Aufgabenstellung angepaßten Halterung, Fassung oder Ummantelung funktionstüchtig werden. Die Kombination von Sensoren mit solchen „Armierungen" wird Aufnehmer (auch Geber, Meßwertgeber oder Sonde) genannt [35]. Je nach der Konstruktion von Aufnehmern lassen sich diese entweder für direkte Messungen im Probenstrom oder für Messungen im Nebenstrom bzw. nach einer Probenahme einsetzen. Tabelle 2-1 stellt die am Meßort herrschenden Bedingungen den Anforderungen an die Aufnehmer gegenüber.

Die Bilder 2-4 und 2-5 veranschaulichen die Bauformen von typischen Aufnehmern für in-line-Messungen. Ein Durchlaufgeber der in Bild 2-6 gezeigten Art kann sowohl im Hauptstrom in-line als auch in einem abgezweigten Probenteilstrom on-line betrieben werden. Dabei muß in extremen Fällen die Probe so konditioniert werden, daß die Geber überhaupt eingesetzt werden können.

Tabelle 2-1 Einsatzbedingungen von Aufnehmern

Bedingung	Merkmale und Anforderungen
in-line (in-situ)	Messung direkt in Becken, Behältern oder Rohrleitungen. Gilt auch für Messung im Nebenschluß, wenn Probe unverändert in den Hauptstrom rückgeführt werden kann. Oft erschwerte Einsatzbedingungen, z.B. hohe Temperaturen (bei Gasen bis 1000 °C, bei Lösungen bis 250 °C), hoher Druck (bei Lösungen bis 50 bar), auch Scherkräfte durch hohe Strömung.
on-line	Messung nach Probenahme, meist mit Durchlaufgebern. Durch Möglichkeit der Probenkonditionierung (Druckentspannung, Kühlung) erleichterte Einsatzbedingungen. Eine chemische Probenvorbereitung (pH-Optimierung beim Messen mit ionen-selektiven Elektroden oder bei der amperometrischen Chlormessung) erweitert die Anwendungsmöglichkeit chemischer Sensoren Probenrückführung oft nicht sinnvoll oder möglich.
off-line	Manuelle oder automatische Probenahme. Messungen/Analysen im Labor. Einsatzbedingungen optimal, aber Nachteil des Zeitverzuges.

2.2 Aufnehmer

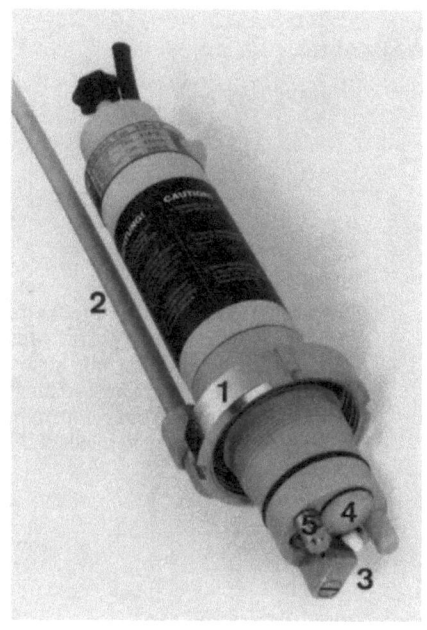

Bild 2-4
Tauchgeber zur pH-Messung mit automatischer Elektrodenreinigung durch periodisches Aufspritzen einer Reinigungslösung (Conducta [93]).
Der Geber aus der SENSOPAC-Reihe wird mit Hilfe der Überwurfmutter 1 auf einen Stutzen am Behälter (Kessel, Rohrleitung) montiert. Die Reinigungslösung wird über die Leitung 2 der Spritzdüse 3 zugeführt. Die Kappe 4 enthält ein großflächiges Diaphragma. Die pH-Glaselektrode wird durch den Erdungsstab 5 verdeckt. Der Geber enthält weiter ein Widerstandsthermometer zur Temperaturmessung/Kompensation.

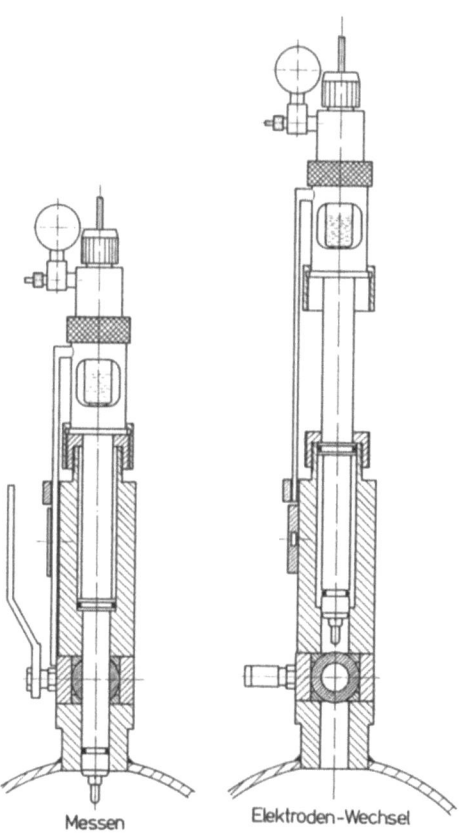

Bild 2-5
Für eine Wandmontage in Behältern ausgelegter Geber, der über einen manuell zu bedienenden Kugelbahn ohne Probenaustritt ausgefahren werden kann. Konzept des InTrack-Gebers (Ingold [339]).

Bild 2-6
Durchlaufgeber mit pH-Meßkette (Ingold [339]). Der Vorrat des Bezugselektrolyten kann mit einem pneumatischen Druck beaufschlagt werden, um einen Probeneintritt in die Bezugselektrode zu verhindern.

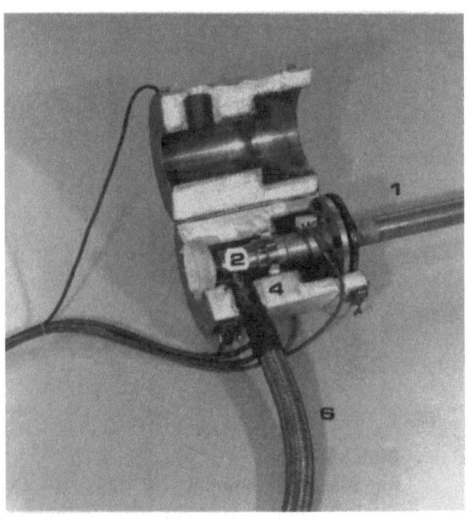

Bild 2-7
Beheiztes Gasentnahmesystem (Bran & Lübbe [319]). Es bedeuten: 1 in den Kamin einer Feuerungsanlage oder eines Brennofens tauchende Probenahmesonde, 2 Staubfilter, 4 Heizmantel, 6 beheizte Probengasleitung zum Analysator. – Durch Heizen wird eine Taupunktunterschreitung vermieden, die infolge Absorption bestimmter wichtiger Gasbestandteile (HCl, HF) zu erheblichen Meßwertverfälschungen führen würde.

Einen Sonderfall einer Probenahme und Probenvorbereitung zeigt Bild 2-7. Hier gilt es, an oft recht hohen Abluftkaminen Gasproben zu nehmen und dem in Distanzen von bis zu 50 m aufgestellten Analysator zuzuführen. Bei der Messung von HCl- oder HF-Emissionen muß dabei eine Taupunktunterschreitung auf jeden Fall vermieden werden. Unmittelbar vor der Messung mit ionenselektiven Elektroden findet ein Phasenwechsel „Luft/wäßrige Lösung" statt [349]

2.2 Aufnehmer

Besonders in der Betriebsmeßtechnik unterliegen die Sensoren probenbedingt Veränderungen, die eine periodische Nachkalibrierung und/oder eine Reinigung der Sensoroberfläche notwendig machen. Beide Maßnahmen sind arbeitsintensiv und mit einer Unterbrechung der Messung verbunden. Aus wirtschaftlichen Gründen haben deshalb Geber für in-line-Messungen mit Möglichkeiten zur automatischen Kalibrierung und/oder Reinigung große praktische Bedeutung.

In-line eingesetzte amperometrische Geber zur Gelöstsauerstoffmessung im Spurenbereich können beispielsweise durch eine elektrolytische Sauerstoffentwicklung ohne Ausbau kalibriert werden. Wenn die Bedingungen einer 100prozentigen Stromausbeute sichergestellt sind, besteht ein direkter Zusammenhang zwischen Elektrolysestrom und erzeugter Sauerstoffmenge [37]. Auch in der Gasanalyse bestehen Möglichkeiten zur in-line-Kalibrierung, etwa durch Zuführen eines Testgases in den Gassensor.

Bei der Flüssigkeitsanalyse einsetzbare automatische Reinigungssysteme machen nach Bild 2-8 von drei verschiedenen Prinzipien Gebrauch. Beispiele zur praktischen Realisierung sind in den Bildern 2-4 und 2-9 gezeigt.

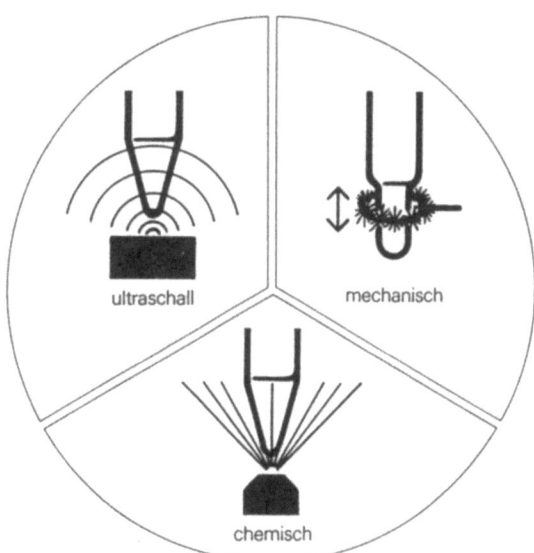

Bild 2-8 Möglichkeiten zur automatischen Reinigung von pH-Glaselektroden (Polymetron [94, 123, 124]). Die verschiedenen Systeme können mit Tauch- oder Durchlauf-Gebern integriert werden.(vgl. auch Bilder 2-4 und 2-9).

Bild 2-9 Mechanisches Reinigungssystem für ringförmige Metallelektroden (Gold, Platin, Antimon). Der Ring wird niedertourig von zwei Sinterkorundstäben überschliffen (Polymetron [94, 123]).

2.3 Chemische Parameter

Die Definition chemischer Sensoren bezieht sich auf das meßtechnische Erfassen von momentanen Zuständen, die kennzeichnend für die Beschaffenheit eines chemischen Systems sind. Diese als chemische Zustände bezeichneten Parameter spielen bei der optimalen Auswahl von Sensoren eine wichtige Rolle. Tabelle 2-2 bringt eine Zusammenstellung typischer Beispiele und kurze Angaben zu den in Frage kommenden Konzentrationsbereichen.

Tabelle 2-2 Meßtechnische Parameter chemischer Systeme („chemische Zustände"

1.	Verfahrenstechnisch wichtige Ist-Werte von Kennzahlen, wie z.B. pH-Wert, Leitfähigkeit oder Trübung.
2.	Verfahrenstechnisch wichtige Ist-Werte von Konzentrationen chemischer Verbindungen in Gemischen. Es kann der gesamte Konzentrationsbereich wichtig sein.
3.	Kritische Grenzwerte und Konzentrationen im Ex-Schutz. Von Interesse sind kleine und mittlere Konzentrationen von Verbindungen, die mit Luft explosible Gemische bilden.
4.	Kritische Grenzwerte von Konzentrationen im Personenschutz. Zu messen sind kleine Konzentrationen bis herunter in den Spurenbereich. Beispiel: 2,4-TDI, MAK-Wert 0,5 ppb.
5.	Qualitätsbezogene Parameter bei der Wasseruntersuchung. Beispiele: Gelöstsauerstoff von Oberflächenwässern, Gelöstchlor in Trinkwasser. In Frage kommen Konzentrationen im mg/L-Bereich.
6.	Umweltschutzbezogene gesetzlich verankerte Grenzwerte von Schadstoffen bei der Luftüberwachung (Immissionsmessungen). Alle Konzentrationen liegen im Spurenbereich (ppt, $\mu g/m^3$).
7.	Patientenbezogene wichtige physiologische Kennzahlen in der klinischen Analyse. Beispiel: Blut-pH und Blutelektrolyte. Sehr enge Fehlergrenzen sind einzuhalten.

2.4 Kennzeichnung chemischer Sensoren

Im Vergleich mit Sensoren für physikalische Parameter sind an chemische Sensoren oft erheblich höhere Anforderungen zu stellen. Diese Merkmale sollten durch die Hersteller möglichst einheitlich und korrekt in den Datenblättern angegeben werden. Um was es sich dabei im einzelnen handelt, geht aus den folgenden Betrachtungen hervor.

2.4.1 Meßbereiche

Die Einsatzmöglichkeiten eines chemischen Sensors werden durch die untere und obere Grenze seines Meßbereiches wesentlich beeinflußt.

Der *untere Meßbereich* geht bei fallender Konzentration in die Nachweisgrenze über, die ein Maß für die „Empfindlichkeit" eines Sensors ist.

2.4 Kennzeichnung chemischer Sensoren

Die Nachweisgrenze wird maßgeblich durch das Signal/Rausch-Verhältnis des Sensorsignals bestimmt. Gemäß IEC [31] gilt: „Die kleinste meßbare Konzentration entspricht dem doppeltem Rauschpegel des vom Sensor abgegebenen Signals bei konstant gehaltenen Meß- und Einflußgrößen" (deutsche Auslegung durch den Autor).

Es tragen aber auch ganz andere Faktoren zur Nachweisgrenze bei. So bestimmt bei ionenselektiven Elektroden mit Festkörpersensoren das Löslichkeitsprodukt des Sensormaterials die Nachweisgrenze entscheidend [38, 39]. Das gilt auch für natriumselektive Glaselektroden in bezug auf die Na^+-Ionen, die aus der Glasmembran ausgewaschen werden [40, 41].

Die untere Nachweisgrenze wird aber auch entscheidend durch Probenbestandteile beeinflußt, auf welche ionenselektive Elektroden infolge mangelhafter Selektivität querempfindlich ansprechen.

Der *obere Meßbereich* unterliegt ebenfalls sensorbedingten Einschränkungen. So kommt es bei den in der Gaschromatographie eingesetzten Ionisationsdetektoren bei hohen Konzentrationen zu Sättigungserscheinungen, die ein zunehmendes Abflachen der Signal-Konzentrations-Funktion bewirken [42, 43]. Bei Leitfähigkeitsmessungen mit 2-Elektroden-Zellen treten bei hohen Konzentrationen bzw. Leitfähigkeiten meßwertverfälschende Polarisationserscheinungen auf. Und auch bei Messen mit ionenselektiven Elektroden kann es zu Störungen kommen, etwa durch Bildung löslicher Komplexe zwischen dem Sensormaterial und er zu messenen Ionenart [44].

Der gesamte nutzbare Meßbereich eines Sensors wird oft als dynamischer Meßbereich bezeichnet [351]. Er kann viele Dekaden der Konzentration der zu messenden Verbindungen betragen. So vermag eine silberselektive Elektrode mit einem Ag_2S-Preßling als Sensor bei Erhalt der Gültigkeit der Nernst-Gleichung den Bereich von 10^0 bis 10^{-20} mol/L Ag^+ zu überdecken. Eine pH-Glaselektrode erfaßt die Konzentration von H^+-Ionen über 14 Dekaden, und die verschiedenen Arten von Ionisationsdetektoren in der Gaschromatographie bringen es auf 8 bis 10 Dekaden.

2.4.2 Selektivität

Neben dem nutzbaren Meßbereich ist es die Selektivität eines chemischen Sensors, welche über seine Einsatzmöglichkeiten entscheidet. Ein idealer Sensor würde unabhängig von allen anderen Verbindungen in einer Probe stets nur „spezifisch" auf die interessierende Komponente ansprechen, ein recht selten anzutreffender Umstand. Die meisten Sensoren zeigen unerwünschte Querempfindlichkeiten gegenüber anderen Probenbestandteilen. Möglichkeiten, die Selektivität von Sensoren zu beschreiben, sind in Tabelle 2-3 zu finden. Aus den Angaben geht für den Fall von Gasanalysen klar die Überlegenheit optischer Methoden hervor.

Selektivitätsangaben von Sensorherstellern sollten nur als Richtwerte betrachtet werden. Alle Zahlenwerte werden meist stark durch die gewählten Bestimmungsmethoden beeinflußt.

Es fehlt nicht an Versuchen, durch Multisensorsysteme gemäß Bild 2-10 die Selektivität von Meßanordnungen zu verbessern. Ein Beispiel sind die „Rauchgas-Analysencomputer" [49]. Der rechnerische Aufwand kann dabei erheblich

Tabelle 2-3 Beispiele zur Angabe der Selektivität von chemischen Sensoren

1. *Angabe von Selektivitätszahlen ("Selektivitätskonstanten") Beispiel: Anwenden der Nikolskij-Gleichung beim Messen mit ionenselektiven Elektroden. Vgl. Abschnitt 5.3.1.*

    $$E = E_0 \pm (RT/nF) \cdot \ln (a_i + k_{ij} \cdot a_j) \qquad (2\text{-}1)$$

    E = Meßkettenpotential, a_i = Aktivität (Konzentration) der zu messenden Ionenart i, a_j = Aktivität (Konzentration) der störenden Ionenart i, k_{ij} = Selektivitätszahl.
    k_{ij} = 0, Idealfall einer ionenspezifischen Elektrode. Reelle Werte für eine nitratselektive Elektrode, $i = NO_3^-$, k_{ij} -Werte für Störionen j [45]:

    ClO_4^- 10^3 (!); Br^- 0,9; S^{2-} 0,6; NO_2^- $6 \cdot 10^{-2}$; Cl^- $6 \cdot 10^{-3}$; SO_4^{2-} $6 \cdot 10^{-4}$

2. *Angabe der für einen genannten Meßfehler maximal zulässigen Konzentration der Störionen j bei einer gegebenen Konzentration der Meßionen i.*
    Beispiel: Calciumselektive Elektrode [46], $c_i = 10^{-3}$ mol/L. Zulässiger Meßfehler 10 %. Maximal zulässige Konzentration der Störionen j in mol/L:

    Sr^{2+} $6 \cdot 10^{-3}$; Ba^{2+} $7 \cdot 10^{-1}$; $Mg^{2+} = Zn^{2+}$ 1,0; Cu^{2+} $4 \cdot 10^{-2}$

3. *Angabe der vorgetäuschten Konzentration des Meßgases durch Störgase.*
    Beispiel 1: Amperometrischer Sensor für Kohlenmonoxid [47]. Störgas-Konzentration/angezeigte scheinbare CO-Konzentration (alle Angaben in ppm):
    H_2 1000/40; SO_2 100/65; H_2S 10/35; NO 100/20; NO_2 10/–6; Cl_2 10/–2; Ethen 100/80; CH_4 1000/0
    Beispiel 2: UV-Photometer zur Luftüberwachung auf SO_2 [48]. Störgas-Konzentration/angezeigte Konzentration (alle Angaben in ppm): Cl_2 1100/40; 530 NO oder 100 % N_2O, H_2S, CO, CO_2: < 0,5 ppm

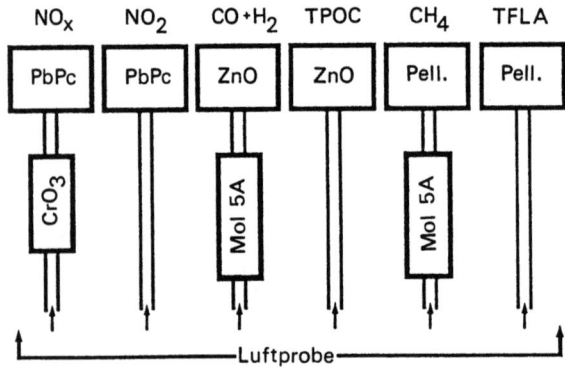

Bild 2-10 Multi-Sensor System zur Luftüberwachung im Kohlebergbau [50]. Die Abkürzungen bedeuten:
TPOC: Summe der Konzentrationen der Oxidationsprodukte (Verbrennungen),
TFLA: Summe der Konzentrationen der brennbaren Gase,
PbPc: Blei-Phthalocyanin-Halbleiter, ZnO: Zinkoxid-Halbleiter,
Pell: Thermokatalytischer Sensor (Pellistor),
Mol 5A: Molekularsieb, Porenweite 5 Å ($5 \cdot 10$–8 cm),
CrO_3: Glaswolle mit Chrom-Schwefelsäure getränkt.
Von den Filtern hält CrO_3 NO_x oxidativ zurück. Mol 5A bindet adsorptiv CO, H_2 und CH_4. Die Konzentrationen dieser Gase werden als Differenz zu den Konzentrationen der nicht über Filter gelaufenen Gase ermittelt.

2.4 Kennzeichnung chemischer Sensoren

sein. Hinzu kommt, daß die Anforderungen an die Kalibriergemische zur Ermittlung der mathematischen Beziehungen der Querempfindlichkeiten sehr hoch sind und daß bestimmte Bestandteile in solchen Gemischen unerwünschterweise miteinander reagieren. Generell stellen solche Multisensorsysteme keine Lösung der Selektivitätsprobleme dar [50, 51].

2.4.3 Drift der Sensorsignale

Als Drift (Unstabilität) wird das Weglaufen des von einem Sensor abgegebenen Signals bei konstant gehaltenen Eingangs.- und Einflußgrößen bezeichnet. Dabei kann zwischen einer nichtkumulativen Drift, bei welcher das Signal statistisch um einen Mittelwert schwankt, und einer kumulativen Drift mit einer ständig größer werdenden Abweichung vom Anfangswert unterschieden werden. Ein guter chemischer Sensor soll frei von einer kumulativen Drift sein oder zumindest nur eine kleine anfängliche Kurzzeitschrift zeigen. Die vielfältigen Ursachen einer kumulativen Drift wurden in Tabelle 2-4 zusammengestellt.

An Sensoroberflächen, besonders bei halbleitenden Oxiden ablaufende Reaktionen lassen sich mit Untersuchungsmethoden studieren, die in der Festkörperphysik üblich sind [52, 53]. Es handelt sich dabei vorzugsweise um die Raster-Elektronenmikroskopie, auch unter Einbezug der Auger-Spektroskopie, um die Röntgenstrahlen-induzierte Photoelektronen-Spektroskopie und um die Sekundärionen-Massenspektrometrie. Grenzflächenerscheinungen bei der Kontaktierung elektrochemischer Sensorelemente lassen sich demgegenüber meist besser durch Einsatz der Impedanzspektroskopie [54] und/oder der cyclischen Voltammetrie [55] untersuchen.

Tabelle 2-4 Ursachen einer Signaldrift chemischer Sensoren

1.	Falscher Aufbau des Sensors, dadurch beispielsweise bei ionenselektiven Drahtüberzugselektroden Auftreten blockierter Grenzflächen.
2.	Verlust an ionenaktiver Substanz einer ionenselektiven Gelmembran durch Auswaschen.
3.	Umformierung des flüssigen Ionenaustauschers in einer ionenselektiven Gelmembran, Austausch von Ca^{2+} gegen Na^+.
4.	Altern der Platinierung von platinierten Platinelektroden zur Leitfähigkeitsmessung.
5.	Entmischen der Bestandteile eines oxidischen Gassensors bei der Betriebstemperatur (z.B. 450 °C). Sensormaterial SnO_2, Zusätze Al_2O_3, organische Silicate.
6.	Vergiften thermokatalytischer Gassensoren durch organische Halogen- oder Bleiverbindungen und durch Silikone.
7.	Erhöhung des Innenwiderstandes eines Flammenionisationsdetektors durch Ablagerungen auf der Kollektorelektrode (SiO_2 aus Silikonen).

Zahlenwerte einer kumulativen Drift geben die folgenden Beispiele: Nullpunktdrift einer pH-Glaselektrode nach einer Heißdampfsterilisation bei 120 °C um + 0,3 pH, Signaldrift eines mit β-Al_2O_3 als gate-Material beschichteten pH-ISFET um 0,1 bis 0,5 mV/h, Nullpunktsdrift eines „Pellistors" durch natürliche Alterung um – 5 bis – 10 % der Meßbereichsspanne pro Jahr.

Eine Kompensation kumulativer Drifterscheinungen durch eine Nachkalibration ist nicht beliebig oft und nur in Grenzen möglich. Der Grund ist der, daß außer dem kompensierten Parameter auch noch andere Merkmale der Sensoren geändert werden, die nicht durch eine Nachkalibration korrigiert werden können.

2.4.4 Ansprechzeiten

Als Ansprechzeit eines Sensors wird seine Signaländerung bei Vorgabe einer sprunghaften Konzentrationsänderung (Zunahme, Abnahme) bezeichnet. Nach Bild 2-11 werden dafür eine Reihe von Zeitintervallen definiert. Das gilt sinngemäß auch für fallende Konzentrationen. Üblicherweise werden die 90 %-Werte zum Beschreiben des Zeitverhaltens verwendet.

Kurze Anstiegszeiten sind in der Praxis oft von großer Wichtigkeit. Das trifft etwa für die Überwachung von Erdgasinstallationen bezüglich der Bildung explosibler Gas-Luft-Gemische oder für das plötzliche Auftreten kritischer Konzentrationen von toxischen Gasen im Personenschutz. Die ohnehin meist längeren Abfallzeiten können oft toleriert werden.

Das Zeitverhalten chemischer Sensoren kann durch vielfältige Größen beeinflußt werden, wie in Tabelle 2-5 zusammengestellt.

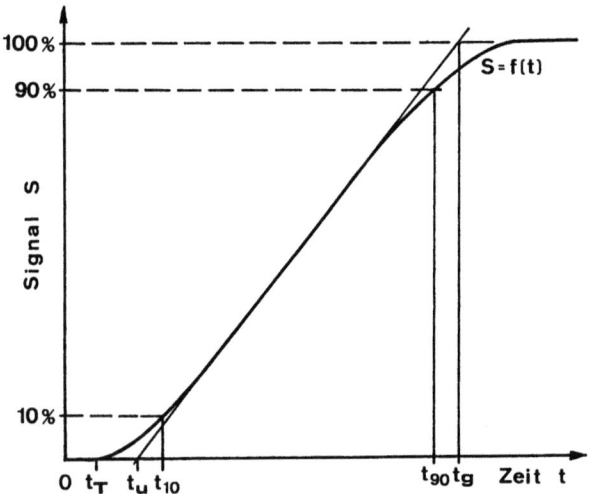

Bild 2-11
Übergangsfunktion eines Sensors bei sprunghafter Vorgabe eines Konzentrationsanstieges zur Zeit $t = 0$. Es bedeuten: t_T = Totzeit, t_u = Verzugszeit, t_g = Ausgleichszeit. Als Anstiegszeit wird üblicherweise der t_{90}-Wert, bei dem 90 % des Endwertes erreicht sind, angegeben. Für die Abfallzeit gelten analoge Definitionen (DIN 19 226).

2.4 Kennzeichnung chemischer Sensoren

Tabelle 2-5 Abhängigkeit der Ansprechzeiten chemischer Sensoren von verschiedenen Einflußgrößen

1.	Im allgemeinen ist die Anstiegszeit kürzer als die Abfallzeit (Konzentrationszunahme/Konzentrationsabnahme).
2.	Bei Annäherung an die untere Grenze des Meßbereiches nehmen die Ansprechzeiten ionenselektiver Elektroden stark zu.
3.	Neu eingesetzte Sensoren bedürfen häufig einer Konditionierung im Meßmedium, bevor sie ihr optimales Zeitverhalten entwickeln.
4.	Eine Alterung oder Vergiftung von Sensoren löst stets längere Ansprechzeiten aus.
5.	Die Gegenwart von Substanzen, auf welche Sensoren querempfindlich ansprechen, verlängert die Ansprechzeiten.
6.	Bei Sensoren, welche ihre Funktion Oberflächeneffekten verdanken (z.B. Festkörpersensoren für Gase auf der Basis von Halbleitern), treten bezüglich der Ansprechzeiten erhebliche Exemplarstreuungen auf.

2.4.5 Fehlerangaben und Fehlerursachen

Ein jeder Sensor soll möglichst „genau" messen. Das bedeutet, daß die Differenz zwischen dem gemessenen Wert x_a und dem richtigen Wert x_r klein sein muß. Diese Differenz wird als absoluter Fehler $F(\text{abs})$ bezeichnet.

$$F(\text{abs}) = x_a - x_r \tag{2-1}$$

Der relative Fehler $F(\text{rel})$ wird auf x_r bezogen.

$$F(\text{rel}) = \frac{x_a - x_r}{x_r} \tag{2-2}$$

Als prozentualer Fehler schließlich wird das 100fache des relativen Fehlers bezeichnet.

Alle Meßfehler können gemäß Bild 2-12 in zwei Gruppen eingeteilt werden. *Systematische Fehler* treten stets mit gleichem Betrag und gleichem Vorzeichen auf. Sie sind grundsätzlich bestimmbar und lassen sich durch Kalibration eliminieren. Demgegenüber streuen *zufällige Fehler* in Betrag und Vorzeichen. Sie lassen sich nicht eliminieren und sind nur mit Hilfe der Fehlerstatistik erfassen. Das führt zu den bekannten Begriffen, wie Standardabweichung, Meßunsicherheit und Vertrauensbereich. Nach den Regeln der Metrologie (Meßtechnik) liegt für den Begriff der Genauigkeit keine Begründung vor! Auf alle diese in Normen und Fachbüchern wohl dargestellten Zusammenhänge soll hier nicht eingegangen werden [56, 57]. Ausdrücklich aber sei auf Bücher verwiesen, welche die beim Messen in der Chemie auftretende Fehler behandeln [58, 59].

Kurz dargestellt sollen hier aber in Form von Tabelle 2-6 eine Reihe ausgewählter Beispiele, welche die Fehlerursachen beim Messen mit chemischen Sensoren auflisten. Über die Fehlerverteilung soll als Beispiel Bild 2-13 Aufschluß geben.

2 Definition und Kennzeichnung chemischer Sensoren

Tabelle 2-6 Fehlerursachen von chemischen Sensoren

1. *Funktionelle Fehler*
   Es treten Abweichungen von den angenommenen Signal-Parameter-Funktionen auf. Das gilt meist für den unteren Meßbereich.
   Beispiel: Bei Messen mit ionenselektiven Elektroden verliert die Nernst-Gleichung ihre Gültigkeit.

2. *Kalibrationsfehler*
   Die verwendeten Kalibrationsmittel sind von Anfang an fehlerhaft oder ändern beim Lagern ihre Zusammensetzung.
   Beispiel 1:
   Abnahme der Konzentration von „Eichgasen".
   Beispiel 2:
   Falscher Ionenhintergrund von Kalibrationslösungen für ionenselektive Elektroden.

3. *Mangelhafte Kompensation physikalischer Einflußgrößen:*
   Beispiel 1:
   Eingabe falscher Temperaturkoeffizienten in Meßschaltungen zur automatischen Temperaturkompensation, etwa bei Leitfähigkeitsmessungen an hochreinen Wässern.
   Beispiel 2:
   Ungenügende Konstanz der Probenströmung beim Messen mit membranlosen amperometrischen Sensoren.
   Beispiel 3:
   Ungenaues Einhalten der Arbeitstemperatur von ionenleitenden Festkörpersensoren zur Sauerstoffmessung in Gasen.

4. *Änderung der Sensormerkmale während des Gebrauches*
   Beispiel 1:
   Drift von Nullpunkt und/oder Steilheit bei der pH-Messung mit Glaselektroden in heißen und hochkonzentrierten Lösungen.
   Beispiel 2:
   „Umformieren" des flüssigen Ionenaustauschers in ionenselektiven Gelmembranen, etwa bei calciumselektiven Elektroden mit dem Austausch von Ca^{2+} gegen Na^+.
   Beispiel 3:
   Vergiften der „Pellistoren" bei der Messung brennbarer Gas/Luftgemische

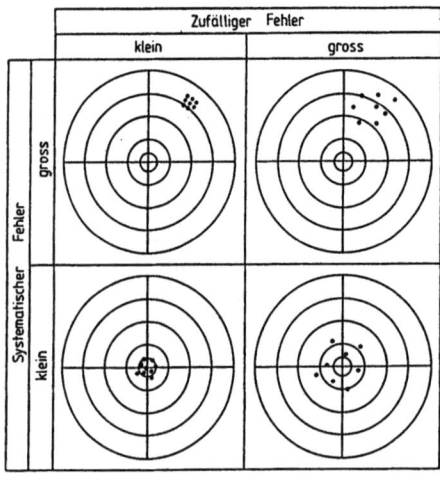

Bild 2-12
Charakterisierung von Fehlerarten (vgl. Text).

2.4 Kennzeichnung chemischer Sensoren

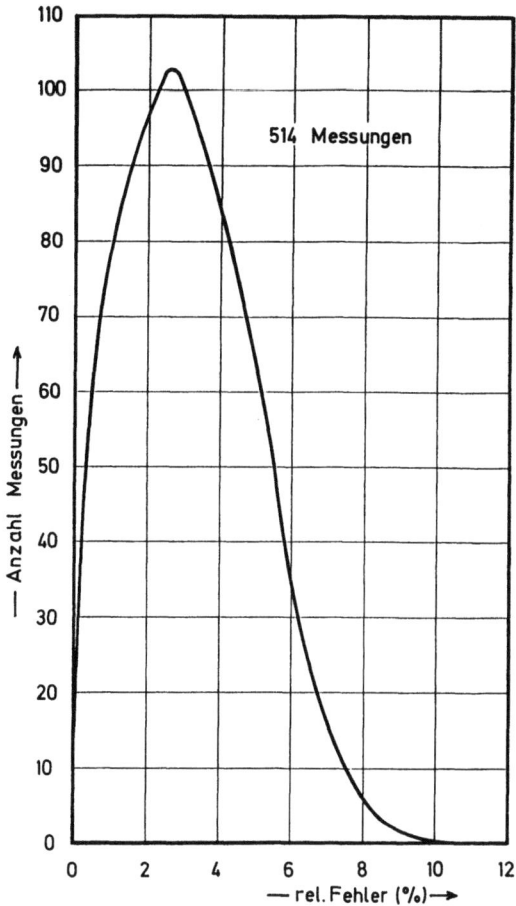

Bild 2-13
Verteilung des zufälligen Fehlers bei 514 Messungen mit einer fluoridselektiven Elektrode. Fluoridkonzentration 10^{-3} mol/L. Probenvorbereitung mit Pufferlösung pH 5,2. Becherglasmethode mit gerührten Proben.

2.4.6 Betriebsbedingungen

Alle Sensoren, so auch die chemischen, weisen im Hinblick auf ihre Einsatzmöglichkeiten bestimmte Merkmale auf. Nur wenn diese Berücksichtigung finden, können die Sensoren optimal funktionieren. Diese Betriebsbedingungen müssen im Datenblatt eines Sensors möglichst präzise genannt werden. Sie informieren zugleich auch über die Einsatzmöglichkeiten unter erschwerten Bedingungen und können auch Gegenstand der Erteilung von Zulassungen durch autorisierte Prüfbehörden sein [Physikalisch-Technische Bundesanstalt (PTB), Technischer Überwachungsverein (TÜV), andere Stellen].

Besondere Bedeutung weisen unter den Betriebsbedingungen thermische Größen auf. Das gilt für den zulässigen Temperaturbereich der zu messenden Proben, für die zulässige Umgebungstemperatur, für die Arbeitstemperatur beheizter Sensoren und für maximal zulässige Temperaturen aus dieser Gruppe. Letztere spielen eine wichtige Rolle bei biotechnologisch eingesetzten Sensoren bezüglich der Möglichkeit zur Heißsterilisation (120 bis 130 °C).

Bei vielen chemischen Sensoren stellt die Temperatur eine wichtige Einflußgröße auf das vom Sensor abgegebene Signal dar. Nicht in allen Fällen kann dieser Einfluß durch eine gleichzeitig vorgenommene Temperaturmessung mit Hilfe einer Rechenschaltung kompensiert werden. Dann verbleibt als Ausweg nur eine Thermostatisierung von Probe und Sensor – eine nur bei on-line-Messungen bestehende Möglichkeit.

Arbeitsdruck, Maximaldruck und mögliche Druckkompensation – meist durch einen Gegendruck im Innern des Aufnehmers realisiert – sind ebenfalls für den Sensorbetrieb wichtige Merkmale und sind folglich zu benennen.

Die zulässige relative Feuchte der Umgebung und/oder der Wasserdampfpartialdruck zu messender Gase gehört ebenfalls zu den zu spezifizierenden Betriebsbedingungen.

Schlußendlich soll aus den Datenblättern auch hervorgehen, welche Art von Energieversorgung für den Sensorbetrieb sichergestellt werden muß (vgl. Bild 2-3) und welches Zubehör für das ordnungsgemäße Funktionieren des Sensors zu integrieren ist.

2.4.7 Lebensdauerbetrachtungen

Die Lebensdauer von chemischen Sensoren ist ein wichtiger Kostenfaktor. Neben dem Ersatz des ausgefallenen Sensors kommt es besonders in der Betriebsmeßtechnik zu Montagearbeiten (Ausbau/Einbau), die unter Umständen sogar eine vorübergehende Stillegung des Prozesses verlangen. Auch die Kalibrationsarbeiten am neu eingebauten Sensor können arbeitsintensiv sein. Dementsprechend ist es sehr wünschenswert, Sensoren mit langer Lebensdauer verfügbar zu haben. Sie wird allerdings maßgeblich durch die am Meßort herrschenden Bedingungen beeinflußt, so daß Zahlenangaben nur unter Bezug auf zu nennende Bedingungen sinnvoll erscheinen.

Generell kann gesagt werden, daß handelsübliche chemische Sensoren Lebensdauern von mindestens 3 Monaten bis zu etwa 2 bis 5 Jahren haben. Einen Sonderfall bilden die für einmaligen Gebrauch bestimmten „Wegwerfsensoren" auf, etwa in Form eines Sensorchips zum Messen von Blutelektrolyten (vgl. Bild 4-7). Daß auch unter normalen Bedingungen chemische Einflußgrößen die Lebensdauer bestimmen, zeigen amperometrische Sensoren für die Sauerstoffmessung in Gasen. Für eine bestimmte Bauform (vgl. [47]) wird etwa die Lebensdauer mit 100 000 % · h (Prozentstunden) angegeben. Bei der Messung von Luftsauerstoff (21 Vol.-%) ergibt sich daraus eine Lebensdauer von rund 4800 h oder von 200 d.

Ein solches konzentrationsabhängiges Verhalten ist meist nur bei Sensoren zu verzeichnen, die mit dem Stoffumsatz von Hilfslösungen (Elektrolyte) oder von Gegenelektroden arbeiten. Das gilt besonders für die meisten amperometrischen Sensoren.

3 Konzentrationsangaben

Die Zusammensetzung von Gemischen (Lösungen, Gase) wird durch die Angabe der Konzentration ihrer Bestandteile oder nur eines Hauptbestandteiles oder eines Teiles von besonderem Interesse beschrieben.

Konzentrationen können nach DIN 32 631 [60] und DIN 32 625 [61] mit den folgenden Größen gemacht werden. Dabei ist n eine Teilchenzahl, m eine Masse und V ein Volumen.

Für die Konzentration eines Stoffes B gilt:

Stoffmengenkonzentration c $\qquad c(B) = \dfrac{n(B)}{V(L)}$ \hfill (3-1)

Einheit mol/L, mit den Unterteilungen mmol/L = 10^{-3} mol/L und µmol/L = 10^{-6} mol/l.

Massenkonzentration ρ $\qquad \rho(B) = \dfrac{m(B)}{V(L)}$ \hfill (3-2)

Einheit g/L, mit den Unterteilungen mg/L = 10^{-3} g/L und µg/L = 10^{-6} g/L.

Volumenkonzentration σ $\qquad \sigma(B) = \dfrac{V(B)}{V(L)}$ \hfill (3-3)

Einheit L/L, mit den Unterteilungen ml/L = 10^{-3} L/L und µL/L = 10^{-6} L/L.

Die Unterteilungen können in Schritten von jeweils 3 Dekaden unter Benutzen der genormten Abkürzungen, wie nano n = 10^{-9} und pico p = 10^{-12}, fortgesetzt werden.

Es ist nun aber in der Praxis durchaus üblich, neben den bisher betrachteten SI-konformen Konzentrationsangaben auch eine ganze Reihe weitere zu benutzen [62, 63].

So wird die Konzentration von Lösungen oft in *Massenprozent m(%)* angegeben, d.h. als den prozentualen Anteil, den die Masse des gelösten Stoffes $m(B)$ an der Gesamtmasse der Lösung einnimmt:

$$m(B)\% = \frac{m(B)}{m(B) + m(L)} \cdot 100. \qquad (3\text{-}4)$$

Hierbei steht $m(L)$ für die Masse des Lösungsmittels. Dieses Konzentrationsmaß gibt an, wieviel Gramm einer Substanz B in 100 g Lösung enthalten sind. Die ältere Bezeichnung „Gewichtsprozent" (Gew.-%) wird noch häufig verwendet. Zahlreiche Tabellen nehmen auf diese Angaben bezug [62].

Für Gemische von Flüssigkeiten oder Gasen kann die Konzentration in *Volumenprozent V(%)* angegeben werden, für welche analog Gl. (3-4) gilt:

$$V(B)\% = \frac{V(B)}{V(B) + V(A)} \cdot 100. \qquad (3\text{-}5)$$

Mit A ist der zweite Bestandteil des Gemisches bezeichnet.

In der Gasanalyse ist es weiter üblich, Konzentrationen in mg/m³ oder µg/m³ anzugeben, in Maßen also, die auf die Massenkonzentration bezogen sind.

Ebenfalls in der Gasanalytik kann auch der *Partialdruck* als Konzentrationsmaß verwendet werden. Für den Partialdruck p_i eines Gasbestandteiles i gilt mit dem Gesamtdruck p und den Molzahlen der Bestandteile:

Partialdruck p_i $\qquad p_i = \dfrac{n_i}{\Sigma n_i} \cdot p.$ (3-6)

Praktischen Gebrauch von diesem Konzept macht die Partialdruckeichung von amperometrischen Sensoren für die Messung von Gelöstsauerstoff [64]

Von nordamerikanischen Sensor- und Geräteherstellern ausgehend, werden jetzt auch in der deutschsprachigen Literatur Konzentrationsangaben angetroffen, welche keinerlei Normenbezogenheit aufweisen. Es handelt sich dabei um die Einheiten ppm für "parts per million" und ppb für "parts per billion". Sie stehen für 1 Teil in einer Million Teile Probe bzw. für 1 Teil in 1 Billion Teile Probe, mit der Besonderheit, daß 1 Billion in den USA einer deutschen oder englischen Milliarde, also 10^9, entspricht. (Übrigens gehört das „Promille" für die Blutalkoholkonzentration auch hierher, nur daß es als 1 Teil in 1000 Teilen zu verstehen ist.)

Diese Einheiten lassen sich der Massenkonzentration oder auch der Volumenkonzentration (Gl. (3-2) und (3-3)) zuordnen.

Man kann dann allenfalls weitere Parallelen ziehen, derart, daß 1 Promille = 0,1 %, 1 ppm 0,0001 % und 1 ppb 0,000001 % gesetzt wird.

Da es sich dabei immer um „Teile pro Teile" in derselben Maßgröße handelt, darf niemal 1 ppm mit 1 mg/L und 1 ppb mit 1 µg/L gleichgesetzt werden!

Dieser Exkurs in eher ungewöhnliche Konzentrationsangaben zeigt, wie sehr sich herkömmliche Begriffe halten, und das trotz aller gesetzlichen Regelungen.

4 Technologien zur Fertigung chemischer Sensoren

Bedingt durch die Vielfältigkeit der als Sensormaterialien verwendeten Werkstoffe werden für die Fertigung chemischer Sensoren die verschiedensten Technologien eingesetzt. Dabei zeichnet sich bezüglich neuartiger Sensoren eine deutliche Trendwende ab, welche es angezeigt erscheinen läßt, über die Sensorfertigung näher zu berichten. Das soll auch deshalb geschehen, weil seit Jahren oft recht unsachgemäß über den Begriff des "Low-Cost Sensors" berichtet wird [65], der nur für bestimmte Sensorbauformen Aussicht auf Realisierung hat [66].

Bei der Fertigung herkömmlicher Sensoren spielen feinmechanische Techniken nach wie vor eine bedeutende Rolle. Ein Beispiel hierfür liefert der in Bild 4-1 dargestellte Leitfähigkeitsgeber, bei dem rostfreier Stahl sowohl Sensormaterial als auch Werkstoff für den Geber ist.

Viele Fertigungsschritte dieser und ähnlicher Sensoren bestehen dabei in Handarbeit mit nur bedingten Möglichkeiten zur Automatisierung. In Anbetracht der durchaus kleinen Stückzahlen derartiger Sensoren besteht auch keine Notwendigkeit hierfür. Eine weltweite Jahresproduktion von 100 000 Sensoren einer bestimmten Bauform stellt bereits eine große Zahl dar. Ausnahmen machen allenfalls pH-Glaselektroden mit 1 000 000 Stück/Jahr bei durchaus handwerklicher Fertigung und Halbleitersensoren (Tagushi-Sensoren) für brennbare Gase. Hier liegt die Jahresfertigung bei etwa 10 Millionen, und hier setzt dann auch die später zu beschreibende Entwicklung neuartiger Low-Cost Sensoren an.

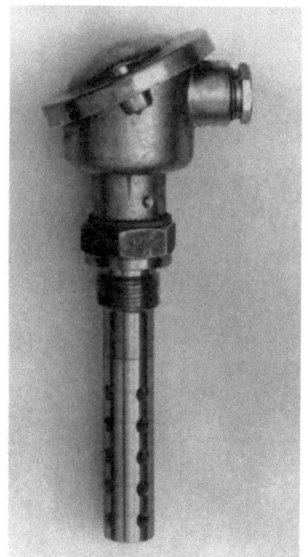

Bild 4-1
Tauchgeber für Leitfähigkeitsmessungen zum Einschrauben in Behälter oder Leitungen. Material: Rostfreier Stahl 316 SS. Die konzentrisch angeordnete Innenelektrode wird gegen das Außenrohr und den Geberkopf keramisch isoliert und druckfest abgedichtet (Polymetron [94]).

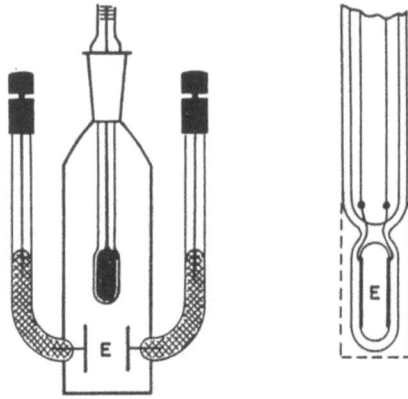

Bild 4-2
Bauformen von Kohlrauschzellen zur Leitfähigkeitsmessung. Elektrodenmaterial: platiniertes Platin. Zellenkörper: Glas. Links: Klassische Bauform von F. Kohlrausch mit Hg-Kontakten zu den Verbindungsdrähten. Rechts: Heute übliche Bauform. Gestrichelt wurde ein gelochter Schutz für den Elektrodenhalter angedeutet.

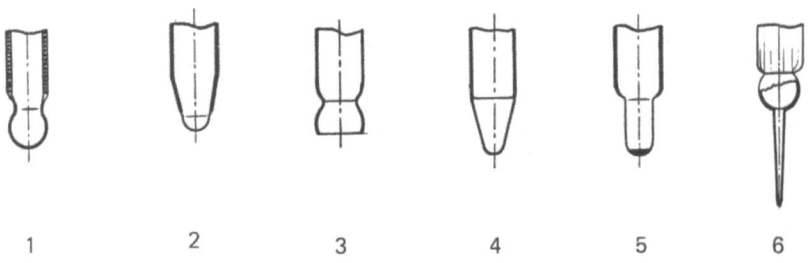

1   2   3   4   5   6

Bild 4-3 Bauformen von pH-Glasmembranen.
1 Kugel (Standard), 2 Kuppe, 3 Flachmembran (Oberflächenmessungen, gassensitive Elektroden, vgl. Bild 5-24), 4 Konus (chemische Reinigung, vgl. Bild 2-8), 5 Zylinder (mechanische Reinigung, vgl. Bild 2-8), 6 Nadel (Einstichmessungen, Käse, Fleisch).

Glas spielt übrigens als Werkstoff zur Sensorfertigung seit den Anfängen der Sensorfertigung eine wichtige Rolle. Die klassischen 2-Elektrodenzellen zur Leitfähigkeitsmessung weisen gemäß Bild 4-2 zwei platinierte Platinelektroden auf, die durch Verschmelzen mit Glas ihre Stabilität und geometrische Dimension erhalten.

Glas als Sensormaterial selbst hat bekanntlich bei der Herstellung von pH-Glaselektroden seit langer Zeit eine große Bedeutung. Trotz des Einsatzes von „Glasbläserdrehbänken" beim Verschmelzen der Glasmembran mit dem Elektrodenschaft ist die Fertigung durchaus handwerklich. Sie kommt dabei den für verschiedene Anwendungen optimierten Membranformen in Bild 4-3 weitgehend entgegen.

4 Technologien zur Fertigung chemischer Sensoren

Neue Möglichkeiten zur Fertigung von Festkörpersensoren wurden bei der Herstellung ionenselektiver Elektroden genutzt. Es wird von Pulvern ausgegangen, die anschließend unter Druck infolge ihres Fließvermögens zu zylindrischen Sensorelementen verpreßt werden [67]. Fertigungsdetails können der umfangreichen Patentliteratur entnommen werden. Dabei fällt auf, daß die Sensormaterialien so gut wie immer durch Fällung aus wäßrigen Lösungen hergestellt werden, im Falle von Silbersulfid durch Zugabe einer Sulfidlösung zu einer Silbernitratlösung. Eigene Untersuchungen haben gezeigt, daß in einer Festkörperreaktion hergestellte Schwermetallsulfide weitaus leichter handzuhaben sind und zugleich meßtechnisch bessere Eigenschaften zeigen. Silbersulfid wird demgemäß aus Silberpulver und Schwefel in einer H_2S-Atmosphäre in einem Rose-Tiegel erhalten. Das grob anfallende Sulfid wird anschließend im Achatmörser einer Schwingmühle, zweckmäßig unter Zusatz von etwas Propanol zum Vermeiden des Zusammenbackens, fein gemahlen. Für die Fertigung von Mischpreßlingen, wie Ag_2S + PbS oder Ag_2S + AgCl, werden die Komponenten gemeinsam vermahlen.

Gepreßt wird meist mit KBr-Pressen aus der IR-Photometrie unter Optimieren der Preßbedingungen in Abhängigkeit von den geometrischen Abmessungen der zu fertigenden Sensorelemente. Das gilt für den Preßdruck, das eventuelle Nachpressen oder das Erwärmen der Preßform.

Auch die in ionenselektiven Elektroden vielfach verwendeten Gelmembranen werden handwerklich gefertigt. Campanella et al. machen detaillierte Angaben zur Membranherstellung [68]. Derartige Gelmembranen sind für die Entwicklung neuer ionenselektiver Sensoren insofern noch interessant, als der erforderliche apparative Aufwand recht klein ist.

Wieder von Pulvern als Sensormaterial wird bei Gassensoren auf der Grundlage von halbleitenden Metalloxiden ausgegangen. Das in Bild 4-4 gezeigte Schema veranschaulicht die einzelnen Herstellungsschritte und erlaubt vielfältige Variationsmöglichkeiten (siehe auch [53]). Das so erhaltene Pulver wird auf einen beheizbaren Träger aufgebracht, der zugleich die für eine Widerstandsmessung erforderlichen Elektroden enthält, wie das Bild 4-5 zeigt. Bekanntlich kommt es bei Einwirkung reduzierender Gase zu einer Widerstandsabnahme der Oxidschicht.

Diese von Tagushi [26] entwickelten Sensoren sind die ersten einer neuen Sensorgeneration. Sie sind klein (Größenordnung 0,5 cm), leicht (einige Gramm) und lassen sich teilautomatisiert in großen Stückzahlen (bis zu 10 Millionen/Jahr) preiswert fertigen (Preis je nach Ausführung DM 5.– bis 10.–).

Die Tagushi-Sensoren müssen bezüglich der einzuhaltenden Fehlergrenzen keine hohen Anforderungen erfüllen, da sie in ihrem Haupteinsatzgebiet lediglich das Auftreten explosibler Erdgas-Luftgemische signalisieren müssen. Sie entsprechen mit den aufgeführten Merkmalen genau dem, was man unter einem "Low-Cost-Sensor" versteht [66].

Es fehlt nun weltweit nicht an Versuchen, derartige Sensoren auf der Grundlage halbleitender Oxide „genauer" und selektiver zu machen. Der in Tagungsberichten und Fachbeiträgen zu findende und oft ungerechtfertigte Optimismus hat einen Sensor Boom ausgelöst, der kaum gerechtfertigt ist [65].

24   4 Technologien zur Fertigung chemischer Sensoren

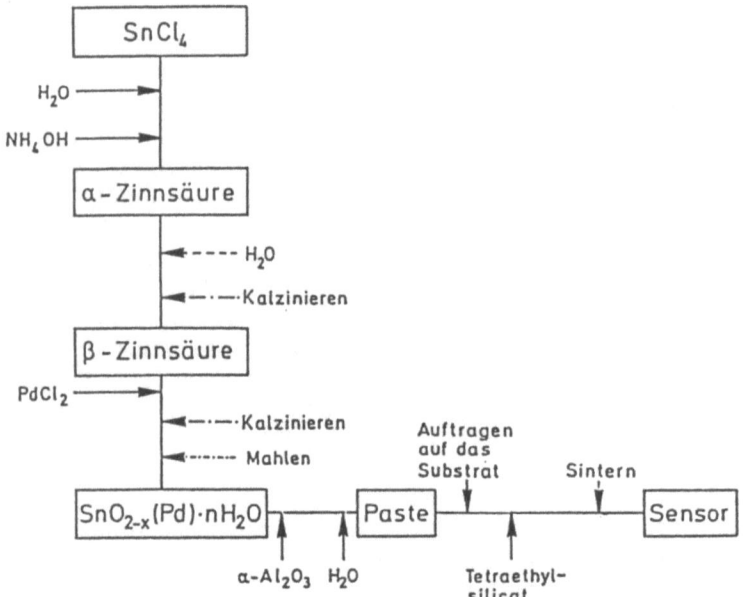

Bild 4-4 Arbeitsschritte bei der Herstellung von Halbleiter-Gassensoren auf der Basis SnO_2 [34, 53].

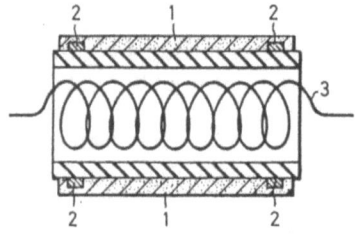

Bild 4-5
Zylindrischer Halbleiter-Gassensor [340].
1 Sensorelement (Halbleiter),
2 Kontakte zur Leitwertmessung,
3 Heizwendel.

Dagegen lassen neue in die Sensorfertigung eingebrachte Techniken verbesserte Eigenschaften bekannter und die Schaffung neuer Sensoren erwarten. Das beginnt damit, daß der in Bild 4-5 gezeigte Halbleiter-Gassensor sein Funktionieren Oberflächeneffekten verdankt (vgl. Abschnitt 6.2.2). In der dargestellten Bauform ist aber für das Verhältnis von Oberfläche zu Volumen des Sensormaterials nicht günstig. Dünne Schichten können hier verbessernd wirken. Dabei ist zwischen „dicken Schichten" mit 0,1 ... 1 mm und „dünnen Schichten" mit 1 ... 100 μm zu unterscheiden.

Fertigungstechnisch einfach und mit nur geringem Investitionsaufwand verbunden sind die *Dickfilmtechniken*. Sie gehen von den mit konventionellen Methoden hergestellten Sensormaterialien (vgl. Bild 4-4) aus, die mit Zusätzen zu Pasten verarbeitet werden. Diese können mittels der Siebdrucktechnik zur

4 Technologien zur Fertigung chemischer Sensoren

Fertigung von Sensorschichten eingesetzt werden [69]. Die Technik ähnelt derjenigen zum Herstellen von „gedruckten Schaltungen".

Als Beispiel eines in Dickschichttechnik gefertigten Sensors kann ein bei Battelle [70] entwickelter Gassensor für Wasserstoff gelten. Eigentliches Sensormaterial ist Nasicon, eine anorganische Verbindung von der Zusammensetzung (Richtwerte) $Na_{1+x}Zr_2Si_xP_{3-x}O_{12}$. Das Material wird aus den Ausgangsstoffen entweder durch thermisches Sintern oder nach einer Sol-Gel-Methode hergestellt [69]. Die Sensorschichten sitzen auf einem isolierenden Plättchen aus Glas, Keramik oder Aluminiumoxid. In einem Arbeitsgang lassen sich gleichzeitig 10 bis 50 Sensoren herstellen.

Ähnlich wie bei den Tagushi-Sensoren wird auch hier durch eine Arbeitstemperatur zwischen 200 und 450 °C für rasche Einstellung der Adsorptions-Desorptionsgleichgewichte gesorgt. Der Sensorträger wird dazu auf der Unterseite mit einer Heizwendel ausgerüstet, wie Bild 4-6 veranschaulicht.

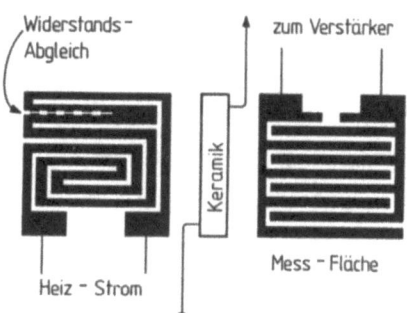

Bild 4-6
Keramik-Chip zur Herstellung von Halbleiter-Gassensoren. Unterseite (links): Heizelement, Oberseite (rechts): fingerförmig verzahnte Elektroden zur Leitwertmessung. Hier wird die Halbleiterschicht aufgetragen. Abmessungen: $1,5 \times 6 \times 6$ mm.

Die Dickschichttechnik bietet die Möglichkeit, Sensoren in Stückzahlen zwischen 10 000 und 50 000 pro Jahr herzustellen. Die Investitionskosten für eine Fertigungsanlage betragen etwa DM 300 000.– bis 500 000.– [69].

Härtl und Müller beschreiben einen ebenfalls resistiv arbeitenden Dickfilmsensor zur Sauerstoffmessung in Gasen. Sensormaterial ist hier $SrTiO_3$ [71]. Derartige Sensoren sind bereits auf dem Markt erhältlich.

Von ganz anderem Aufbau, aber ebenfalls nach einer Dickschichttechnik gefertigt sind ionenselektiven Sensor-Chips zum Kodak Ektachem DT 60 Analysator, der in der klinischen Analytik eingesetzt wird [72]. Es handelt sich um Wegwerfsensoren zum einmaligen Gebrauch. Der Preis pro Sensor liegt etwa bei DM 2.50.

Der Sensoraufbau geht aus Bild 4-7 hervor. Es liegt also eine aus zwei Halbzellen bestehende Differenzmeßkette vor. Die Probe von Vollblut wird gegen ein Referenzserum gemessen. Im Vergleich zu herkömmlichen Analysentechniken haben sich die Chip-Elektroden als recht zuverlässig erwiesen [73]. In abgewandelter Form werden die Analysatorplättchen auch für photometrische Analysenmethoden verwendet.

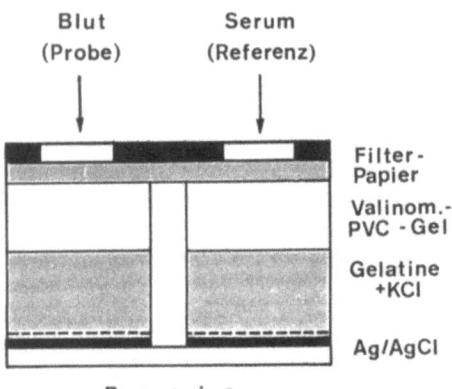

Bild 4-7
Ionenselektiver Chip-Sensor zur Kaliumbestimmung in Vollblut. Die einzelnen Schichten werden auf einem organischen Polymeren nach der Dickschichttechnik aufgetragen (Kodak [72, 73]). Abmessungen: 1,5 × 23 × 27 mm.

Tabelle 4-1 Ausgewählte Techniken zur Fertigung dünner Schichten

1. *Hochvakuumaufdampfen* (PVD = Physical Vapour Deposition)
   Erhitzen des zu verdampfenden Materials bis zum Erreichen der gewünschten Verdampfungsgeschwindigkeit. Ausrichten des Strahles „Quelle/Substrat" (vgl. Bild 4-8) durch definiertes Abpumpen.
   Verdampftes Material trifft auf das Substrat mit Energien von etwa 100 meV auf. Typische Abscheiderate 1 µg/s.

2. *Kathodenzerstäuben* („Sputtern")
   Überführen des Materials in die Gasphase durch Beschuß mit energiereichen Teilchen, meist als Plasmaentladung in einer Argonatmosphäre (vgl. Bild 4-9). Zerstäubtes Material trifft auf das Substrat mit Energien von 1 bis 100 eV auf. Dadurch bessere Haftung als bei 1. Typische Abscheiderate um 1 nm/s.

3. *Chemische Gasphasenabscheidung* (CVD = Chemical Vapour Deposition)
   Zersetzung gasförmiger Gemische durch Temperaturerhöhung oder durch Gasentladung. Erreichbare Schichtdicken 5 bis 10 µm.
   Beispiel: Abscheiden von Ta_2O_5 als pH-sensitive Schicht

   $$2TaCl_5 + 5CO_2 + 5H_2 \xrightarrow{750\,°C} Ta_2O_5 + 5CO + 10\,HCl$$

Ganz andere Verhältnisse ergeben sich für Sensoren, die nach der *Dünnschichttechnik* gefertigt werden. Die Methoden der Schichterzeugung sind recht verschieden und nicht beliebig für unterschiedliche Sensormaterialien übertragbar. Tabelle 4-1 gibt an Hand ausgewählter Beispiele einen Überblick über gängige Techniken zur Erzeugung von Sensorelementen nach der Dünnschichttechnik.

Mit dem in der Tabelle aufgeführten Beispiel 3 zur Bildung von Ta_2O_5 Schichten wird bereits eine weitere neue Fertigungstechnik von Sensoren angesprochen: die Herstellung von CHEMFETs (Chemically Sensitive Field Effect Transistors). CHEMFETs sind elektronische Bauelemente die ihre sensorischen Eigenschaften dadurch erhalten, daß das „gate" (die Steuerelektrode) eines FET in geeigneter Weise chemisch sensitiv gemacht wird. Der zwischen „source" und

4 Technologien zur Fertigung chemischer Sensoren

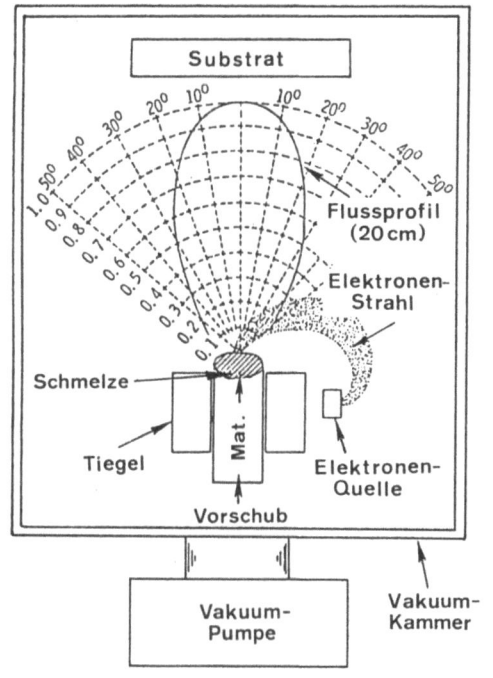

Bild 4-8
Anlagen zum Abscheiden dünner Schichten nach dem Prinzip des Hochvakuumaufdampfens (vgl. Tabelle 4-1). – H.T = Hochspannungsquelle [69].

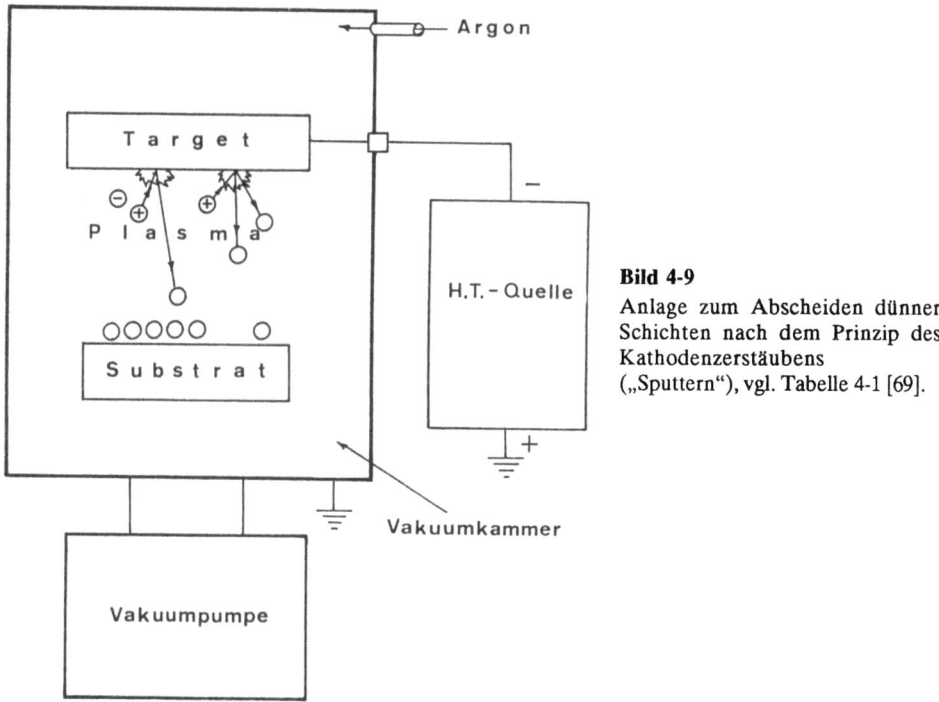

Bild 4-9
Anlage zum Abscheiden dünner Schichten nach dem Prinzip des Kathodenzerstäubens („Sputtern"), vgl. Tabelle 4-1 [69].

28   4 Technologien zur Fertigung chemischer Sensoren

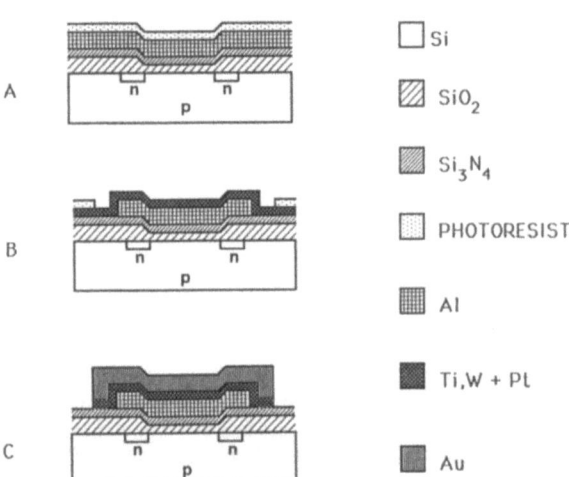

Bild 4-10 Arbeitsschritte zur Fertigung gassensitiver Feldeffekt-Transistoren mit abgesetztem Gate (suspended Gate FET) [74]. Beim Schichtaufbau werden Technologien der thermischen Oxidation, der Gasphasenzersetzung (vgl. Tabelle 4-1) und der Photolithographie sowie Ätztechniken kombiniert.

a) Eindiffundieren von Phosphor (aus PH_3) zum Einbau zweier n-leitender Zonen in das p-leitende Silicium der Basis. Die beiden Zonen entsprechen den Elektroden Drain und Source im FET (vgl. Bild 5-30).
Bildung einer SiO_2-Schicht durch thermische Oxidation. Abscheiden einer Schicht aus Si_3N_4 durch Gasphasenzersetzung. Aufsputtern einer Al-Schicht, Abdecken mit Photoresist.

b) Strukturierung der Al-Schicht durch Photolithographie und anschließendem Wegätzen des nicht geschützten Al. Aufsputtern einer Schicht aus TiW und Platin als Haftvermittler für das abgesetzte Gate aus Gold.

c) Aufsputtern des Au-Gate, Wegätzen des restlichen Al.
Bei dieser Fertigungstechnik entstehen auf einer runden Scheibe aus Silicium (einem „Wafer") von beispielsweise 3" Durchmesser mehr als 100 identische Sensoren. Sie werden anschließend chemisch sensitiviert (Gate-Beschichtung).

„drain" des FET fließende Strom hängt dann von chemischen Parametern ab (vgl. Bild 5-28) [28, 75]. Die Fertigung von FETs für rein elektronische Zwecke ist voll automatisiert und auf große Stückzahlen ausgelegt. Bild 4-10 bringt als Beispiel die zu einem GASFET (einem Gassensor auf FET-Basis) führenden Fertigungsschritte [74].

Im Vergleich zur Dickschichttechnik sind die für eine Anlage zur Fertigung von Dünnschichtsensoren notwendigen Investitionen um ein Vielfaches höher [69]. Sie erreichen für eine Fertigung von 100 000 Sensoren pro Jahr Beträge in der Größenordnung von DM 1,5 Millionen bis 2,0 Millionen.

Die Erfahrung hat gezeigt, daß es nicht sinnvoll wäre, die Fertigung von CHEMFETs als Seitenzweig einer für elektronische Anwendungen abgestimmte FET-Fertigung zu betreiben. Diese Erkenntnis hat dazu geführt, daß weltweit eine Reihe namhafter Institutionen der Forschung und Entwicklung auf dem Sensorgebiet eigene FET-Fertigungsmöglichkeit bekommen haben.

4 Technologien zur Fertigung chemischer Sensoren

Die kurze Betrachtung neuer Techniken zur Fertigung chemischer Sensoren hat gleichzeitig und dem guten Teil zwangsläufig das Gebiet der „Mikrosensoren" berührt. Derartige Sensoren haben große praktische Bedeutung, etwa als Detektoren in der Flüssigchromatographie und für in-vivo-Messungen in der klinischen Analyse. Für die erschwerten Bedingungen in der Betriebsmeßtechnik sind sie dagegen nicht oder nur höchst selten geeignet.

Sensoren, die mit neuartigen Techniken gefertigt werden, sind keineswegs immer das Ergebnis systematischer Forschung. Göpel stellt das in einem umfassenden Beitrag heraus, der den bezeichneten Titel „Entwicklung chemischer Sensoren – empirische Kunst oder systematische Forschung?" trägt [52]. Er zeigt auch, daß der Schichtaufbau neuartiger Sensoren nur mit Hilfe von in der Festkörperphysik eingesetzten Großgeräten studiert werden kann. Die eingesetzten Methoden verbergen sich hinter den Abkürzungen AES, ELS, SIMS, XRF und anderen. Schierbaum hat einige dieser Methoden zur Untersuchung von Dünnschichtsensoren auf der Basis SnO_2 beschrieben [53].

Diese Übersicht über Fertigungstechniken von chemischen Sensoren soll die Unterschiede zwischen herkömmlichen und neuen Sensorkonzepten zeigen. Prognosen über die Fertigungsreife derartiger neuer Sensoren und die dann unter Bedingungen der Praxis zu erwartenden meßtechnischen Eigenschaften zu machen, erweisen sich als schwierig. Als Nachteil haben sich zu schnell und zu optimistisch gemachte Äußerungen von technisch einseitig orientierten Enwicklungsgruppen erwiesen.

5 Elektrochemische Sensoren

5.1 Einleitung

Die zu besprechenden elektrochemischen Sensoren sind den folgenden Methoden zuzuordnen:

1. Konduktometrie. Messung der elektrolytischen Leitfähigkeit von vorzugsweise wäßrigen Lösungen.

2. Potentiometrie. Messung von Potentialen einer aus Meß- und Bezugselektrode bestehenden Meßkette unter "zero current"-Bedingungen. Zu unterscheiden ist die Messung von pH-Werten, von Redoxpotentialen und von Ionenkonzentrationen mit Hilfe ionenselektiver Elektroden.

3. Amperometrie. Messung von Diffusionsgrenzströmen in Meßzellen, die eine Arbeitselektrode (Meßelektrode) und eine Gegenelektrode (Bezugselektrode) enthalten. Eine von außen an die Meßzelle angelegte Gleichspannung bewirkt, daß die Arbeitselektrode polarisiert ist und praktisch kein Strom fließt. Erst in Gegenwart von „Depolarisatoren" fließt ein konzentrationsabhängiger Strom. – Amperometrische Sensoren werden für die Analyse von Lösungen und Gasen eingesetzt.

Die beiden ersten Methoden führten vor mehr als 100 Jahren zur Entwicklung der ersten Sensoren überhaupt (vgl. Kap. 1). Alle drei zusammen bilden die „Arbeitspferde" der chemischen Sensorik mit breiten Einsatzmöglichkeiten in Wissenschaft, Technik und Umweltschutz.

5.2 Konduktometrie

5.2.1 Grundlagen der Konduktometrie [76, 77, 92]

Die Konduktometrie befaßt sich mit der Messung der Leitfähigkeit κ von Elektrolytlösungen. Sie kommt dadurch zustande, daß Substanzen mit ionogener oder stark polarer Bindung in Lösungsmitteln mit hoher Dielektrizitätskonstante (Wasser, niedere aliphatische Alkohole, Dimethylsulfoxid, andere) durch „elektrolytische Dissoziation" Kationen und Anionen bilden.

Die elektrolytische Leitfähigkeit κ hängt von der Konzentration c und der molaren Leitfähigkeit Λ eines Elektrolyten ab.

$$\kappa = c \cdot \Lambda \qquad (5\text{-}1)$$

5.2 Konduktometrie

Λ selbst setzt sich additiv aus den Ionenbeweglichkeiten für Kationen l^+ und Anionen l^- zusammen (Einheit: Ω^{-1} cm^{-2} mol^{-1}).

$$\Lambda = l^+ + l^- \tag{5-2}$$

Die aus Gl. (5-1) folgende lineare Abhängigkeit von κ und c gilt nur für stark verdünnte Lösungen (Konzentrationen unter 10^{-1} mol/L). Mit steigender Konzentration c treten zunehmend interionische Wechselwirkungen auf. Dabei gilt Kohlrauschs Quadratwurzelgesetz.

$$\Lambda_c = \Lambda_0 - A \sqrt{c} \tag{5-3}$$

Λ_0 ist die Summe von l_0^+ und l_0^- mit den auf die Konzentration $c = 0$ extrapolierten Ionenbeweglichkeiten.

Die Ionenbeweglichkeit l^i ist eine für jede Ionenart i spezifische Größe. Sie hängt von der Ionenladung, dem Ionenradius und (in wäßrigen Lösungen) von der Hydratationszahl ab. Die Ionenwanderung in einem elektrischen Feld in einem viskosen Lösungsmittel bedingt die Temperaturabhängigkeit von l^i. Tabelle 5-1 bringt eine Zusammenstellung von Ionenbeweglichkeiten l^i.

Kohlrauschs empirisches Gesetz wurde später durch die Debye-Hückel-Onsager-Theorie für starke Elektrolyte theoretisch fundiert [76, 77] und läßt sich in der Form

$$\Lambda_c = \Lambda_0 - (B_1 \Lambda_0 + B_2) \sqrt{c} \tag{5-4}$$

schreiben. Die Konstanten B_1 und B_1 enthalten neben der absoluten Temperatur auch die Viskosität und die Dielektrizitätskonstante des Lösungsmittels. Sie können Tabellen entnommen werden [76, 77].

Aus Gl. (5-4) läßt sich die Leitfähigkeit κ herauf bis zu Konzentrationen von 10^{-1} mol/L berechnen. Bei noch höheren Konzentrationen treten weitere Wechselwirkungen zwischen Ionen und zwischen Ionen und Lösungsmittel auf, so daß recht komplizierte Zusammenhänge zustande kommen, die nur sehr bedingt einer Berechnung zugängig sind [78, 79]. Den vielfältigen Wechselwirkungen entsprechend ergeben sich recht unterschiedliche Konzentrationsabhängigkeiten der Leitfähigkeit (Bild 5-1).

Tabelle 5-1 Ionenbeweglichkeiten l_0^i für Kationen und Anionen bei 25 °C in cm$^2 \cdot \Omega^{-1} \cdot$ mol^{-1}

Kationen:
H$^+$ 350, Li$^+$ 39, Na$^+$ 50, NH$_4^+$ 74, Ag$^+$ 62,
1/2 Mg^{2+} 53, 1/2 Ca^{2+} 60, 1/2 Cu^{2+} 57, 1/3 Fe^{3+} 68

Aionen:
OH$^-$ 199, F$^-$ 55, Cl$^-$ 76, Br$^-$ 78, NO$_3^-$ 71,
Acetat$^-$ 41, 1/2 SO$_4^{2-}$ 80, 1/2 CO$_3^{2-}$ 69, 1/3 [Fe(CN)$_6$]$^{3-}$ 101

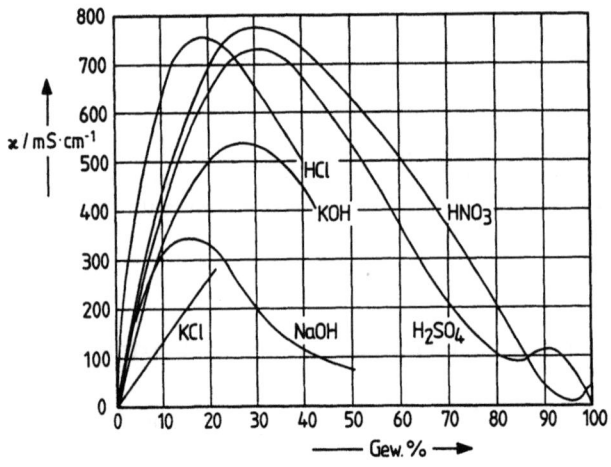

Bild 5-1
Abhängigkeit der Leitfähigkeit κ von der Konzentration starker Elektrolyte. Werte für 20 °C.

Es ist ein besonderes Merkmal der Leitfähigkeitsmessung, daß sie in Elektrolytgemischen völlig unspezifisch auf alle in der Lösung enthaltenen Ionen anspricht. Die früher gebräuchliche Bezeichnung „spezifische Leitfähigkeit" wurde aus anderen Gründen gewählt und ist irreführend.

5.2.2 Begriffe und Definitionen [80, 81]

Die elektrolytische Leitfähigkeit κ ist das Produkt aus dem Leitwert G und dem Zellfaktor k der Meßzelle.

$$\kappa = G \cdot k \tag{5-5}$$

Der elektrische Leitwert G ist der reziproke Wert des elektrischen Widerstandes R

$$G = 1/R$$

Einheit des Leitwertes: Siemens = Ohm^{-1} (englisch auch "mho"), S = Ω^{-1}; Einheit der Leitfähigkeit: Siemens/m, S/m. Gebräuchliche Einheiten: S/cm, mS/cm = 10^{-3} S/cm und µS/cm = 10^{-6} S/cm.

Der Zellfaktor k wird bei 2-Elektrodenzellen mit planparallelen Elektroden nach Bild 5-2 durch die Fläche A und den Abstand d der Elektroden festgelegt.
Es gilt $k = d/A$. Einheit: m^{-1}, gebräuchliche Einheit cm^{-1}.
Bei Leitfähigkeitszellen mit anderer Elektrodenanordnung (ringförmige Elektroden, Stiftelektroden, planare Elektroden) verliert die Definition des Zellfaktors ihren Sinn. Hier muß k mit Hilfe von Lösungen genau bekannter Leitfähigkeit κ bestimmt werden (Anwendung von Gl. (5-5): $k = \kappa/G$. Tabelle 5-2 bringt eine Auswahl derartiger Lösungen.
Aber auch bei planparallelen 2-Elektrodenzellen muß k stets experimentell bestimmt werden. Der Grund ist das Auftreten von inhomogenen Randfeldern (vgl. Bild 5-2). Zudem ist die wirksame Elektrodenfläche dann unbekannt, wenn die Elektroden mit fein verteiltem Platin oder anorganischen Karbiden beschichtet werden, ein Vorgehen, das seine Notwendigkeit in einer Verbesserung des „Polarisationsverhaltens" hat, wie noch zu zeigen sein wird.

5.2 Konduktometrie

Tabelle 5-2 Leitfähigkeit κ von Standardlösungen in mS/cm

Konzentration (mol/L): Temperatur	1	0,1	0,01
15 °C	92,54	10,48	1,147
20 °C	102,09	11,67	1,278
25 °C	111,80	12,88	1,413

Lösungen hoher Leitfähigkeit κ bei 25 °C, Meßfehler ± 2,5 % [82]	Einheit: mS/cm
NaCl, bei 25 °C gesättigt	251
NaOH, 15 Gew.-% (Leitfähigkeitsmaximum)	406
KOH, 27,5 Gew.-% (Leitfähigkeitsmaximum)	626
H$_2$SO$_4$, 367 g/L (1. Leitfähigkeitsmaximum)	826

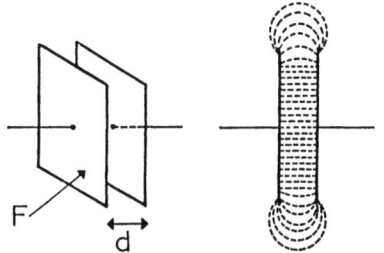

Bild 5-2
Aufbau und Feldverteilung in einer aus zwei Elektroden bestehenden Kohlrauschzelle (vgl. Text).

Die Leitfähigkeit κ ist temperaturabhängig. Für zwei Temperaturen t und t_0 mit der Differenz Δt ergibt sich

$$\kappa(t) = \kappa(t_0) \cdot (1 + \alpha \Delta t), \tag{5-6}$$

wobei für den Temperaturkoeffizienten α gilt

$$\alpha = \frac{1}{\kappa} \cdot \frac{d\kappa}{dt}. \tag{5-7}$$

Einheit von α: K^{-1}, gebräuchliche Einheit mit 100 α: %/K.

Der Temperaturkoeffizient ist stets positiv. Er hängt von der Art des Elektrolyten, von der Konzentration und von der Temperatur selbst ab. Die Werte reichen von 1,5 bis 8 %/K.

5.2.3 Konduktometrische Sensoren

Grundsätzlich kann man methodisch und bauformbezogen zwei Gruppen von Sensoren unterscheiden: a) Sensoren mit direktem Kontakt von Elektrolytlösung und Probe und b) kontaktlose Sensoren. Zur ersten Gruppe gehörende Meßzellen mit zwei Elektroden standen ganz am Anfang der Sensorentwicklung (vgl. Tabelle 1-2) und werden meist Kohlrauschzellen genannt.

1. Kohlrauschzellen. Der konstruktive Aufbau ist einfach, wie aus den Bildern 4-1 und 4-2 in Kapitel 4 gefolgert werden kann. Das darf aber nicht darüber hinwegtäuschen, daß derartige Zellen nur dann gute Resultate liefern, wenn eine Reihe von Bedingungen erfüllt werden.

Beim Anlegen einer äußeren Meßspannung an die Elektroden kommt es zum Auftreten einer Helmholtz-Doppelschicht [67], [77]. Sie tritt auch bei den üblichen Messungen mit Wechselspannungen auf und ist Anlaß für eine Reihe von Erscheinungen, die als „Elektrodenpolarisation" zusammengefaßt werden. Sie gibt sich im Ersatzschaltbild einer Kohlrauschzelle (Bild 5-3) durch das Auftreten der Polarisationskapazität C_2 und des Polarisationswiderstandes R_2 zu erkennen. Beide liegen in Reihe zum gesuchten Zellenwiderstand R_X.[*)] Beide sind in ihrem Betrag stark frequenzabhängig. Nach Warburg [83] nehmen sie mit $1/\omega$ ab, wobei $\omega = 2\pi f$ die sogenannte Kreisfrequenz mit der Meßfrequenz f ist. Aber auch das Elektrodenmaterial hat einen starken Einfluß.

Bei einer Meßfrequenz von 5 kHz liegt C_2 im Bereich von 10 bis 100 µF, was einem kapazitivem Blindwiderstand $X = 1/(\omega C)$ von 0,3 bis 3 Ω entspricht. R_2 kann zwischen 10 mΩ und 10 Ω liegen [84]. In jüngster Zeit hat sich Rommel [85, 86] mit der Untersuchung der Polarisation befaßt.

Die Kapazität C_1 resultiert daraus, daß sich eine jede Leitfähigkeitszelle zugleich wie ein Kondensator verhält. Der Betrag von C_1 wird durch die Zellengeometrie (den Zellfaktor k) und die Dielektrizitätskonstante der Lösung festgelegt. Übliche Beträge liegen zwischen 10 und 100 pF, entsprechend einem kapazitiven Blindwiderstand $X = 1/(\omega C)$ von $2 \cdot 10^7$ bis $2 \cdot 10^8$ Ω bei einer Meßfrequenz $f = 5$ kHz. Es gilt nun, die Glieder C_1, C_2 und R_2 durch Wahl der meßtechnischen Bedingungen so zu optimieren, daß die Beziehung $10^2 < R_X < 10^5$ Ω erfüllt wird, wenn der Fehler unter 0,1 % bleiben soll.

Da nun aber die elektrolytische Leitfähigkeit wäßriger Lösungen zwischen $3 \cdot 10^{-8}$ S/cm (Reinstwasser) und 1 S/cm liegen kann, läßt sich das nur dadurch erreichen, daß Meßzellen mit Zellfaktoren k von 10^{-2} cm^{-1} bis 10^2 cm^{-1} verfügbar

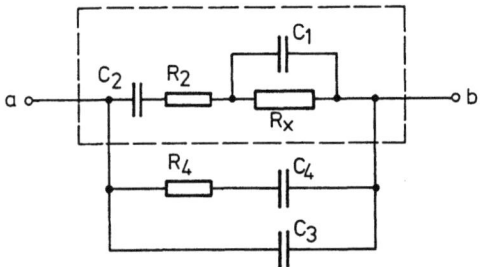

Bild 5-3 Elektrische Ersatzschaltung einer Kohlrauschzelle.[*)]
Der gestrichelte Rahmen enthält an den Elektroden ausgebildete Komponenten: R_x = gesuchter Elektrolytwiderstand, C_1 = Kapazität des aus Elektroden und Lösung gebildeten Kondensators, C_2 und R_2 treten nur dann merkbar auf, wenn Elektrodenpolarisation vorliegt.
Übrige Komponenten: C_3 = Kabelkapazität zwischen Zelle und Verstärker. C_4 und R_4 treten nur auf, wenn durch falschen Zellenaufbau Shuntkreise (Nebenschlüsse) vorliegen [86].

[*)] Ersatzschaltbilder mit Widerständen R an Stelle von Leitwerten G sind übersichtlicher.

5.2 Konduktometrie

gemacht werden. Über die technischen Realisierungsmöglichkeiten wird später noch zu berichten sein.

Hier soll noch darauf hingewiesen werden, daß eine recht einfache Methode zur Abschätzung der durch Polarisationserscheinungen eingeengten Meßbereiche einer Zelle an Hand von Diagrammen der in Bild 5-4 und 5-5 gezeigten Art

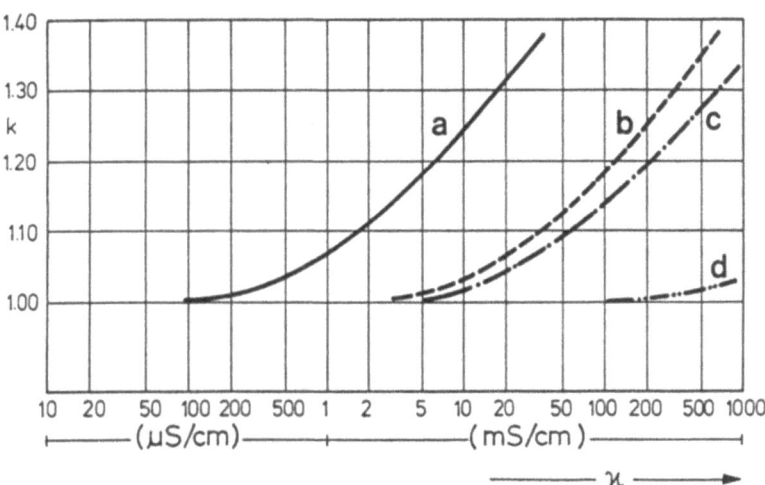

Bild 5-4 Nutzbare Meßbereiche von Kohlrauschzellen mit unterschiedlichen Elektrodenmaterialien. Meßfrequenz 3500 Hz. a) Rostfreier Stahl 316 SS, b) rostfreier Stahl mit TiC beschichtet, c) Sonderkohle (Graphit), d) platiniertes Platin. Der nutzbare Meßbereich wird durch die Konstanz des Zellenfaktors k über der Leitfähigkeit κ gekennzeichnet [85, 87].

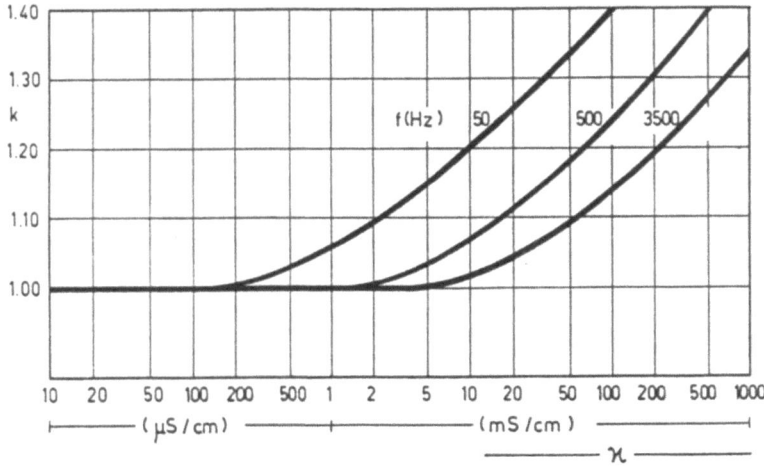

Bild 5-5 Änderung des nutzbaren Meßbereiches der Leitfähigkeit κ einer Kohlrauschzelle aus rostfreiem Stahl mit der Meßfrequenz. Der Bereich wird durch die Konstanz des Zellfaktors k über der Leitfähigkeit κ gekennzeichnet. Er nimmt mit steigender Frequenz zu [85, 87].

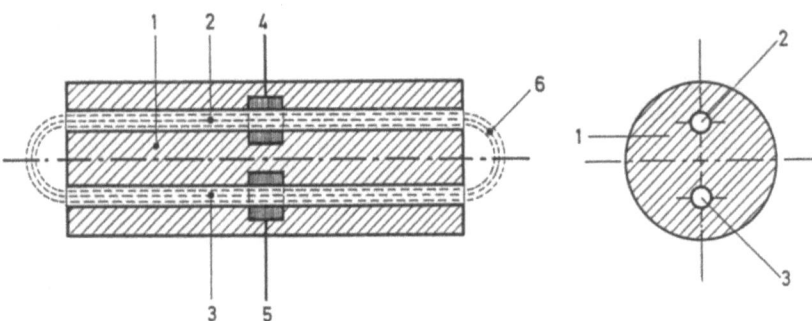

Bild 5-6 Schematisierter Aufbau einer Kohlrauschzelle mit „langem Stromweg" zur Realisierung großer Werte des Zellfaktors k.
1 Zellenkörper aus Polypropylen, 2, 3 von der Lösung durchströmte Kanäle, 4, 5 eingeklebte und durchbohrte Kohleelektroden.
Die mit der Lösung gefüllten und mit Rohranschlüssen versehenen Endkappen des Gebers wurden weggelassen (Polymetron [94]).

besteht [87]. Es ist dabei lediglich für eine Reihe von Lösungen bekannter Leitfähigkeit κ der Zellfaktor k aus $k = \kappa/G$ zu berechnen. Solange k konstant bleibt, treten keine störenden Polarisationserscheinen auf.

Eine Änderung des Zellfaktors k läßt sich durch Abwandlung der Zellenbauform erreichen. Werte um $k = 1 \text{ cm}^{-1}$ werden meist mit Elektrodenanordnungen gemäß Bild 5-2 realisiert (vgl. auch Bild 4-2). Herunter bis $k = 10^{-2} \text{ cm}^{-1}$ führen Bauformen mit großen Flächen A bei kleinem Abstand d. Geber mit konzentrisch angeordneten Elektroden veranschaulicht Bild 4-1 (Kap. 4). Demgegenüber führt das in Bild 5-6 dargestellte Prinzip des „langen Stromweges" zu großen Abständen d bei kleinen Flächen A mit Werten bis zu $k = 100 \text{ cm}^{-1}$.

DIN 38404 [80] macht auch Angaben über die für bestimmte Leitfähigkeitsbereiche besonders geeigneten Zellfaktoren:

Leitfähigkeit in µS/cm	Zellfaktor in cm^{-1}
0,05 – 20	0,01
1 – 200	0,1
10 – $2 \cdot 10^3$	1
100 – $20 \cdot 10^3$	10
$1 \cdot 10^3$ – $200 \cdot 10^3$	50

5.2 Konduktometrie

Durch eine „Platinierung" (elektrolytische Abscheidung von feinst verteiltem schwarzen Platin [88]) kann ganz allgemein der zulässige Meßbereich eines Leitfähigkeitssensors nach oben erweitert werden (vgl. Kurve d in Bild 5-4). Für erschwerte Bedingungen in der Betriebsmeßtechnik muß allerdings auf andere Elektrodenwerkstoffe ausgewichen werden (rostfreier Stahl, mit anorganischen Karbiden wie TiC beschichteter Stahl, Kunstkohlesorten).

Besonderen Anforderungen müssen als Leitfähigkeitsdetektoren in der Ionenchromatographie [89] eingesetzte Sensoren genügen. Bei einem Zellvolumen im Bereich von 10 ... 50 µL sollen sie einen möglichst großen nutzbaren Meßbereich aufweisen [90].

Jetzt ist kurz noch auf die außerhalb des gestrichelten Bereiches in Bild 5-3 liegenden Schaltelementes einzugehen. C_4 und R_4 treten als meßwertverfälschende Nebenschlußpfade ("Shunts") dann auf, wenn die Möglichkeit besteht, daß von den Zuleitungen zu den Elektroden oder nichtmetallischen Armierungen aus C-R-Strecken auftreten können.

Das trifft beispielsweise für die in Bild 4-2 (rechts) gezeigte Meßzelle zu. Über die stützende Glasarmierung der Elektroden kann das elektrische Wechselfeld kapazitiv (C_4) auskoppeln und die leitende Probe als R_4 durchsetzen. In solchen Fällen spricht man vom „Parker-Effekt". Sein Störeinfluß und Maßnahmen zur bauformbedingten Abhilfe werden durch Nichol und Fuoss [91] untersucht. Auch Rommel [86] geht auf die Zusammenhänge ein und zeigt, daß konzentrische Elektrodenanordnungen frei von derartigen Fehlereinflüssen sind. C_3 schlußendlich wird durch die Kapazität des Kabels zwischen dem Sensor und dem Meßwertverstärker bedingt. Die in der Laborpraxis üblichen kurzen Kabellängen können vernachlässigt werden. In der Betriebsmeßtechnik kann eine nahe zum Meßort installierte Vorverstärkeranordnung sinnvoll sein. Auch besteht verstärkerseitig die Möglichkeit, kapazitive Fehler dieser Art durch eine phasenempfindliche Gleichrichtung zu eliminieren.

Alle diese Betrachtungen zeigen, daß bei der Entwicklung und beim Einsatz von Kohlrausch-Zellen eine Vielzahl von Einflußfaktoren zu berücksichtigen sind, wenn fehlerfrei gemessen werden soll. Auf diese Umstände weisen aber keineswegs alle Hersteller von Sensoren zur Leitfähigkeitsmessung hin, was nicht ausschließt, daß dennoch die Datenblätter gegebenenfalls „höchst genaue Messungen" versprechen!

2. Strom-Spannungs-Sensoren. Sensoren aus dieser Gruppe werden meist als 4-Elektrodenzellen oder auch als Multielektrodenzellen (6 Elektroden) ausgelegt. Die Elektroden werden paarweise zu Stromelektroden und zu Spannungselektroden zusammengeschaltet, so wie das Bild 5-7 verdeutlicht. Eine mit fest eingestelltem Strom arbeitende Wechselspannungsquelle sorgt dafür, daß unabhängig vom Elektrolytwiderstand zwischen den beiden Stromelektroden St_1 und St_2 ein konstanter Strom durch die Lösung fließt. Mit den beiden Spannungselektroden Sp_1 und Sp_2 wird mit einer hochohmigen Meßschaltung über die Länge l der zur Leitfähigkeit κ proportionale Spannungsabfall $E_X = I \cdot R$ gemessen. Auch hier wird mit Standardlösungen (siehe Tabelle 5-2) der Zellfaktor k bestimmt, der dann mit $\kappa = k \cdot E_X$ zur gesuchten Leitfähigkeit κ führt.

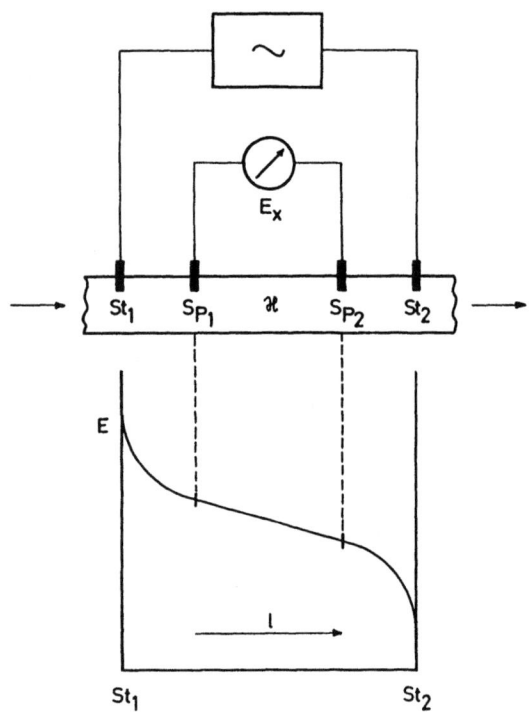

Bild 5-7
Schema einer Messung der Leitfähigkeit κ nach der Strom-Spannungs-Methode (vgl. Text). Es bedeuten: St_1, St_2 Stromelektroden, die von einer Wechselspannungsquelle mit einem konstantem Strom gespeist werden. Sp_1, Sp_2 Meßelektroden, die den über der Strecke l auftretenden Spannungsabfall E_x hochohmig messen. Alle Polarisationserscheinungen laufen an den Stromelektroden ab (nichtlinearer Teil des Spannungsabfalles E).

Bild 5-7 läßt weiter erkennen, daß sich alle Polarisationserscheinungen an den Stromelektroden abspielen, was sich durch eine Unlinearität im $E = f(l)$-Diagramm zu erkennen gibt.

Außer der einfachen in Bild 5-7 gezeigten Anordnung gibt es auch andere, die mit einem inneren Regelkreis arbeiten [82, 86].

Die Bauform von derartigen Strom-Spannungs-Sensoren wird so ausgelegt, daß sich die Spannungselektroden auf einer der sich einstellenden Äquipotentiallinien befinden [86]. Das kann mit ringförmigen Elektroden [93] oder mit planaren Elektroden erreicht werden. Die letztere Bauform wird aus Bild 5-8 ersichtlich [94].

Strom-Spannungs-Sensoren bieten für die Leitfähigkeitsmessung gegenüber klassischer Kohlrausch-Zellen eine Reihe wichtiger Vorteile:

- mit nur einer Geberbauform und nur einem Zellfaktor kann ein Leitfähigkeitsbereich vom 0,1 ... 1000 mS/cm abgedeckt werden,
- es treten keine meßwertverfälschenden Polarisationseffekte auf,
- eine Verschmutzung (Ablagerungen, Ölfilme) der Elektroden, besonders auch der Spannungselektroden, kann in weiten Grenzen toleriert werden.

Besonders der letzte Punkt unterscheidet Strom-Spannungs-Sensoren entscheidend von den Kohlrausch-Zellen. Bei diesen bewirken bereits geringfügige Elektrodenverunreinigungen merkliche Meßfehler!

5.2 Konduktometrie

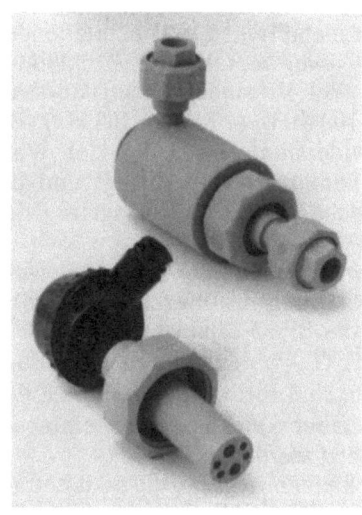

Bild 5-8
Praktischer Aufbau eines Mehrelektroden-Gebers zur Leitfähigkeitsmessung nach der Strom-Spannungs-Methode. Er ist mit zwei Paaren kleinflächiger Spannungselektroden und zwei großflächigen Stromelektroden ausgerüstet (Polymetron [94]).

3. Kontaktlose induktive Sensoren [95]. Das Prinzip solcher Sensoren wurde bereits in Bild 2-2 gezeigt. Der Geber besteht aus zwei magnetisch voneinander entkoppelten Spulen, deren Kerne von der Elektrolytlösung durchflossen werden. So bildet die Lösung eine leitende Koppelschleife mit dem Ergebnis, daß aus der aus Spule 1 ausgekoppelte und auf Spule 2 übertragene Betrag der Wechselspannung bei einer gegebenen Bauform allein von der Leitfähigkeit κ der Lösung abhängt. Es gilt:

$$U_2 = U_1 \cdot k \cdot \kappa \tag{5-8}$$

Eine praktische Realisierung des Prinzips kann Bild 5-9 entnommen werden [96]. Ähnlich wie bei den Strom-Spannungs-Sensoren kann auch hier mit einem Geber praktisch der gesamte Leitfähigkeitsbereich ohne jede Polarisationsfehler gemessen werden. Auch hier ist die Anfälligkeit gegenüber Geberverschmutzung sehr gering, mit dem zusätzlichen Vorteil, daß keinerlei Elektrodenkontakt vorhanden ist. Wenn als Gebermaterial organische Hochpolymere verwendet werden, können auch in hochkorrosiven Lösungen Messungen ausgeführt werden.

Bild 5-9
Aufgeschnittener induktiver Geber zur Leitfähigkeitsmessung (Knick [96]; vgl. auch Bild 2-2).

1, 2 Ringbandkerne, die durch den Schirm 3 voneinander entkoppelt sind; 4 Probenkanal, der die Kerne 1 und 2 in Abhängigkeit von der Leitfähigkeit miteinander verkoppelt. 5 Thermische Isolation; 6 Vorverstärker; 7 Tefzel-Körper des Gebers.

4. Kontaktlose kapazitive Sensoren. Das besondere Merkmal dieser Sensoren besteht darin, daß auf der Außenseite eines nichtmetallischen und lichtleitenden Zellenkörpers von meist rundem Querschnitt zwei metallische Elektroden angebracht werden. Die Elektroden liegen parallel zu einem hochfrequenzen Schwingkreis mit Meßfrequenzen zwischen 1 ... 100 MHz (1 MHz = 10^6 Hz). Bei so hohen Frequenzen ist der kapazitive Blindwiderstand $X = 1/\omega C$ der Wandungskapazität klein, so daß das Feld den Zellenkörper durchdringt und die Probe durchsetzt. Bild 5-10 stellt diese Zusammenhänge dar und bringt zugleich die elektrische Ersatzschaltung der Meßzelle.

Je nach Abstimmart des im Analysatorteil enthaltenen Schwingkreises wirkt die Meßzelle entweder als eine aus der Ersatzschaltung resultierende Kapazität C_{res} oder als ein resultierender Leitwert G_{res}, wie das Bild 5-11 zeigt.

Die zugehörigen Funktionen $C_{res} = f(\kappa)$ oder $G_{res} = f(\kappa)$, die einen Zusammenhang zur Leitfähigkeit κ der Probe herstellen, sind recht unübersichtlich [97] und sollen hier nicht untersucht werden. Wohl aber kann an Hand einfacher Überlegungen das prinzipielle Verhalten abgeschätzt werden.

Bei sehr großen Leitfähigkeiten und damit kleinem R_X in Bild 5-10 entfällt der Beitrag von C_M und es wird nur die Wandungskapazität C_W gemessen. Bei sehr kleinen Leitfähigkeiten und großem R_X dagegen ist der Blindwiderstand von C_M viel kleiner als der Wirkwiderstand R_X. Jetzt wirkt nur die Kapazität der Reihenschaltung von C_W und C_M.

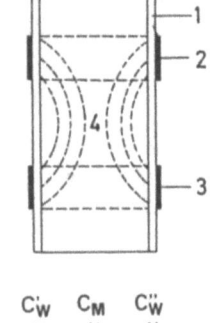

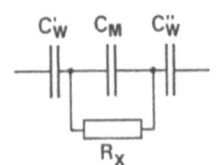

Bild 5-10
Schema einer kontaktlosen kapazitiven Leitfähigkeitsmeßzelle.
Oben: 1 nichtmetallischer Zellenkörper (Glas, Keramik), 2, 3 auf der Außenwandung aufgebrachte ringförmige Elektroden (eingebranntes Metall), 4 vom hochfrequenten Wechselfeld durchsetzter Probenraum.
Unten: Ersatzschaltung mit dem gesuchten Widerstand R_x, der von der Dielektrizitätskonstanten der Lösung abhängende Kapazität C_M und den beiden Wandungskapazitäten C_W [350].

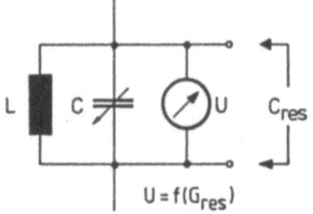

Bild 5-11
Schwingkreis zum Anschluß kontaktloser Meßzellen nach Bild 5-10 [350]. Aus der Kapazität C des auf Resonanz abgestimmten Kreises folgt die Blindkomponente C_{res} der Zelle (vgl. Bild 5-12). Die dann gemessene Resonanzspannung U entspricht der Wirkkomponente G_{res} (vgl. Bild 5-13).

5.2 Konduktometrie

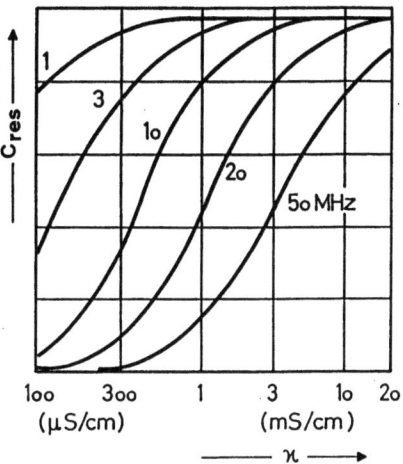

Bild 5-12 Abhängigkeit der Blindkomponente C_{res} einer kontaktlosen Zelle nach Bild 5-10 von der Leitfähigkeit κ und der Meßfrequenz.

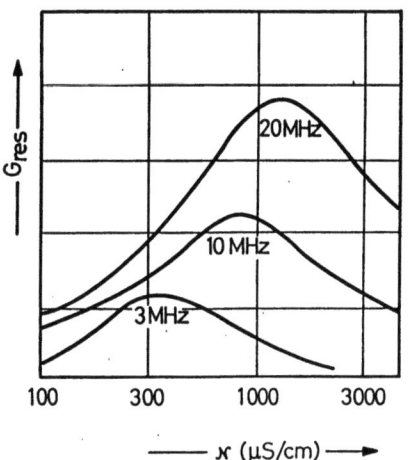

Bild 5-13 Abhängigkeit der Wirkkomponente G_{res} einer kontaktlosen Zelle nach Bild 5-10 von der Leitfähigkeit κ und der Meßfrequenz.

Praktisch heißt das, daß C_{res} mit steigender Leitfähigkeit κ eine Übergangsfunktion – eine „Rampe" – zwischen diesen beiden Bereichen gemäß Bild 5-12 bildet.

In den beidseitigen Grenzbereichen liegen von Ohmschen Anteilen freie Kapazitäten vor. Im Übergangsbereich aber treten durch Beiträge von R_x dielektrische Verluste auf, was sich unter bezug auf Bild 5-13 im Verhalten der $G_{res} = f(\kappa)$-Funktion ausdrückt.

Messungen unter Auswerten von C_{res} (Bild 5-12) werden als *Blindkomponenten-Methode*, die auf G_{res} bezogenen dagegen als *Wirkkomponenten-Methode* bezeichnet.

Aus Bild 5-12 folgt, daß mit einer gewählten Meßfrequenz für eine bestimmte Meßzelle stets nur ein enger Leitfähigkeitsbereich erfaßt wird. Zellenseitig kann wenig getan werden, um diesen Bereich auf der Leitfähigkeitsachse zu verschieben. Das muß vielmehr durch eine Änderung der Meßfrequenz erfolgen.

Das gilt auch für Bild 5-13, nur daß hier als weitere Erschwernis die Doppeldeutigkeit der Meßwerte infolge Maximabildung auftritt. Der Blindkomponenten-Methode (Bild 5-12) ist deshalb der Vorzug zu geben.

Die hier kurz dargestellte Technik der Leitfähigkeitsmessung mit kontaktlosen kapazitiven Zellen hat vor etwa 20 Jahren zur Entwicklung von „Hochfrequenz-Titrimetern" geführt [92], [97], [98]. Schwierigkeiten in der Optimierung und Deutung von damit erhaltenen Titrationskurven haben dazu geführt, daß anderen Methoden der Endpunktindikation von Titrationen der Vorzug gegeben wird (potentiometrische oder photometrische Endpunktbestimmung).

Es sollte aber nicht übersehen werden, daß besonders in der Betriebsmeßtechnik die sehr robust auslegbaren kontaktlosen Sensoren Vorteile mit sich bringen, vorausgesetzt, daß nur relativ begrenzte Änderungen der Leitfähigkeit im Prozeßablauf auftreten. Für derartige Aufgabenstellung kann auch das in Bild

5-10 gezeigte Geberschema umgekehrt werden, mit einem außen glatten Rohr und an der Innenseite angebrachten Elektroden. Generell gelten wieder die Vorteile aller kontaktloser Methoden:

- keine Elektrodenpolarisation,
- sehr geringe Anfälligkeit gegenüber Verschmutzung des Gebers und
- die hier sehr einfache Bauform.

5.3 Potentiometrie

5.3.1 Grundlagen der Potentiometrie

Gegenstand der Potentiometrie ist die Potentialmessung von *Meßketten,* die aus einer *Meßelektrode* und einer *Bezugselektrode* bestehen.

Aufgabe einer Meßelektrode ist es, jede Veränderung der überwiegend wäßrigen Lösungen rasch und fehlerfrei zu erfassen. Die Bezugselektrode soll demgegenüber unabhängig von allen Änderungen der Lösungen ein konstantes Potential beibehalten.

Das Potential E einer Meßkette ergibt sich als Differenz ΔE der Potentiale der Meßelektrode $E(M)$ und der Bezugselektrode $E(B)$.

$$E = E(M) - E(B) \tag{5-9}$$

Eine potentiometrische Meßkette wird nach DIN 19261 [99] auch als *galvanische Zelle* bezeichnet. Die sie aufbauenden beiden Elektroden werden *Halbzellen* genannt.

Alle potentiometrischen Messungen müssen mit Meßwertverstärkern mit extrem hohen Eingangswiderständen ($R_E > 10^{12}$ Ohm) bei geringstmöglicher Strombelastung ($I_E < 10^{-12}$ Ampere) ausgeführt werden. Andernfalls kommt es beim Arbeiten mit oft recht hochohmigen Meßelektroden mit Innenwiderständen $R_I \leq 10^9$ Ohm zu meßwertverfälschenden Spannungsteilereffekten oder bei niederohmigen Redoxelektroden zu Polarisationsvorgängen.

Eine ideale potentiometrische Meßelektrode soll die *Nernst-Gleichung* befolgen:

$$E = E_0 \pm \frac{RT}{nF} \ln a_i \tag{5-10}$$

Die Größen haben die folgende Bedeutung: E = Meßkettenpotential (Volt), E_0 = Standardpotential, R = Gaskonstante (8,3144 Joule · Grad^{-1} · mol^{-1}), F = Faraday-Konstante (96493 Coulomb · mol^{-1}), T = absolute Temperatur (Kelvin), n = Wertigkeit des an der Elektrodenreaktion teilnehmenden Ions i, a_i = Aktivität des Ions i. Vorzeichen: + für Kationen, − für Anionen.

Der Term $RT/(nF)$ in Gl. (5-10) wird als Nernst-Faktor, Nernst-Spannung oder Steilheit bezeichnet. Er gibt die Änderung des Meßkettenpotentials E für eine Änderung der Ionenaktivität a_i um den Faktor 10 an (vgl. Tab. 5-2a). E wird üblicherweise in Millivolt (mV) angegeben. Es ist weiter üblich, den natürlichen Logarithmus ln in Gl. (5-10) durch den dekadischen Logarithmus zu ersetzen. Das führt zu

$$E = E_0 \pm \frac{2{,}303\,RT}{nF} \log a_i. \tag{5-11}$$

5.3 Potentiometrie

Tabelle 5-2 a) Aus der Nernst-Gleichung folgende Steilheiten für verschiedene Temperaturen und einwertige Ionen ($n = 1$)

Temperatur in °C	Steilheit 2,303 (RT/F) in mV
0	54,20
5	55,19
10	56,18
15	57,17
20	58,17
25	59,16
30	60,15
35	61,14
40	62,13
45	63,13
50	64,12
60	66,10
70	68,09
80	70,07
90	72,05
100	74,04

Alle potentiometrischen Sensoren sprechen auf die Ionenaktivität a_i an. Sie steht zu der meßtechnisch meist interessierenden Ionenkonzentration c_i über den Aktivitätskoeffizienten f_i in Beziehung [76, 77]:

$$a_i = f_i \cdot c_i \quad \text{mit} \quad f_i \leq 1 \tag{5-12}$$

f_i ist so gut wie immer unbekannt und auch keiner direkten Messung zugängig. Bei Konzentrationsmessungen mit ionenselektiven Elektroden gibt es aber Möglichkeiten, f_i konstant zu halten und so die Meßketten in Ionenkonzentrationen c_i kalibrieren zu können.

Die Gruppe der ionenselektiven Elektroden zeigt für andere Ionen als der Art i oft störende Querempfindlichkeiten. Das Ausmaß dieser Störeinflüsse kann mit Hilfe einer erweiterten Nernst-Gleichung, der *Nikolskij-Gleichung*, abgeschätzt werden. Darauf wurde bereits in Tabelle 2-3 eingegangen.

Abweichend vom bisher Betrachteten wird das Potential einer *Redoxelektrode* nicht durch die Aktivität (bzw. Konzentration) einer Ionenart, sondern durch ein Verhältnis zweier Aktivitäten (bzw. Konzentrationen) beeinflußt:

$$E = E_0 + \frac{RT}{nF} \ln \frac{a_{Ox}}{a_{Red}} \tag{5-13}$$

Die beiden Ionenarten Ox und Red sind Partner eines Redoxsystems gemäß

$$Ox + n\,e^- \rightleftharpoons Red \tag{5-14}$$

n stellt die an der Redoxreaktion beteiligte Anzahl der Elektronen dar, e^- steht für das Elektron. Gl. (5-13) wird *Peters-Gleichung* genannt [100].

Häufig sind am Redoxgleichgewicht auch noch Protonen H⁺ beteiligt:

$$\text{Ox} + n\,e^- + m\text{H}^+ \rightleftharpoons \text{Red} \tag{5-15}$$

Dann muß die Peters-Gleichung erweitert werden:

$$E = E_0 + \frac{RT}{nF}\ln\frac{a_{\text{Ox}}}{a_{\text{Red}}} + \frac{m}{n}\ln a_{\text{H}^+} \tag{5-16}$$

Zahlreiche potentiometrische Meßelektroden spielen bei der Endpunktbestimmung von Titrationen eine wichtige Rolle. Üblicherweise spricht man dann (nicht ganz korrekt) von „potentiometrischen Titrationen" statt – wie es exakt wäre – von „potentiometrisch indizierten Titrationen" [101].

5.3.2 Begriffe und Definitionen

Alle wichtigen Begriffe der Potentiometrie sind in DIN 19261 zu finden [99]. Hier wird auch festgelegt, wie eine potentiometrische Meßkette zu beschreiben ist.
Beispiel:
Eine Wasserstoffelektrode, die in Salzsäure taucht (1 mol/L), wird mit einer Silberchloridelektrode in einer Kaliumchloridlösung (1 mol/L) mit Hilfe eines Elektrolytschlüssels (Brücke) verbunden.

$$\text{Pt, H}_2/\text{HCl (1 mol/L)}//\text{KCl (1 mol/L)}/\text{AgCl, Ag} \tag{5-17}$$

Dabei werden die Grenzflächen fest-flüssig durch /, die Grenzflächen flüssig-flüssig (Elektrolytschlüssel) durch // angegeben.

Bei der dargestellten Meßkette mit der Wasserstoffelektrode als linker Halbzelle wird das Standardpotential der chlorierten Silberelektrode vorzeichenrichtig erhalten [102].

Die Normen DIN 19263 und 19264 stellen die für pH-Glaselektroden und Bezugselektroden verwendeten Begriffe zusammen, machen aber auch Angaben zu den Abmessungen und der Art der Kennzeichnung [102, 104].

Sehr breiten Raum nehmen in deutschen und internationalen Normen der Begriff und *Definitionen des pH-Wertes* ein [105, 106]. Heute hat weder die klassische Definition pcH = $-\log c_{\text{H}^+}$ noch die auf die Protonenaktivität bezogene mit paH = $-\log a_{\text{H}^+}$ praktische Bedeutung. Der pH-Wert wird vielmehr durch eine „praktische Skala" an Hand von Potentialmessungen in der Probe (E_X, pH$_X$) und in einer Standardlösung (E_{St}, pH$_{St}$) definiert.

$$\text{pH}_X = \text{pH}_{St} - (E_X - E_{St})/S \tag{5-18}$$

S stellt die für die vorliegende Temperatur gültige (theoretische) Steilheit der pH-Meßkette dar (vgl. Gl. (5-10) und Tabelle 5-2a).

Die zur Definition der praktischen pH-Skala erforderlichen Standardlösungen (Pufferlösungen) sind ebenfalls Gegenstand weltweiter Normierungen [105, 106, 107]. Tabelle 5-3 bringt eine Zusammenstellung von solchen Pufferlösungen. Begriffe und Definitionen zur Messung von Redoxpotentialen sind in DIN 38505 zu finden [108].

5.3 Potentiometrie

Tabelle 5-3 Pufferlösungen zur Kalibrierung von pH-Meßketten[a]

Temperatur in °C	15	20	25	30	50	90
Kaliumtetroxalat 0,05 mol/L	1,67	1,68	1,68	1,69	1,71	1,80
Kaliumhydrogenphthalat 0,05 mol/L	4,00	4,00	4,01	4,01	4,06	4,20
Kaliumdihydrogenphosphat + Dinatriumhydrogenphosphat, beide 0,025 mol/L	6,90	6,88	6,86	6,85	6,83	6,88
Natriumtetraborat 0,01 mol/L	9,27	9,22	9,18	9,14	9,01	8,85
Calciumhydroxid, gesättigt, 25 °C	12,81	12,63	12,45	12,30	11,70	_[b]

[a] National Bureau of Standards N.B.S., Washington DC, USA. Die Originaltabelle benennt die Werte von 0 bis 95 °C in Intervallen in 5 °C
[b] kein offizieller Puffer des N.B.S.

Zur Funktionskontrolle von Redoxelektroden stehen ebenfalls „Eichlösungen" zur Verfügung. Sie lassen sich besonders einfach durch Sättigen handelsüblicher pH-Pufferlösungen mit Chinhydron herstellen. Für 25 °C ergeben sich folgende Werte:

Puffer pH 1,68: $E_0 + 660$ mV, $E_m = +393$ mV

Puffer pH 4,00: $E_0 + 462$ mV, $E_m = +255$ mV

Die E_0-Werte nehmen auf die Wasserstoffelektrode bezug. Die E_m-Werte gelten für eine Kombination der Redoxelektrode mit einer Ag/AgCl-Bezugselektrode in KCl, 3,0 mol/L.

5.3.3 Potentiometrische Sensoren

1. Überblick. Die Sensorelemente potentiometrischer Sensoren weisen eine große Vielfalt in der Wahl des Sensormaterials und der damit ablaufenden elektrochemischen Reaktion auf. Das gilt auch für die materialbedingten Bauformen. Tabelle 5-4 vermittelt einen Überblick über Sensormaterialien und Sensorreaktionen.

Die Sensorelemente der am häufigsten verwendeten potentiometrischen Sensoren sind Membranen. Den prinzipiellen Aufbau solcher Membranelektroden zeigt Bild 5-14. Die in Bild 5-14 (links) dargestellte *flüssige innere Kontaktierung* hat im Hinblick auf der an der Membrangrenzfläche ablaufenden Elektrodenreaktion durchaus eine ganze Reihe von Vorteilen gegenüber der zunächst praktikabler erscheinenden festen Kontaktierung (Bild 5-14), rechts) aufzuweisen. Das hat folgende Gründe:

Tabelle 5-4 Sensormaterialien und Sensorreaktionen potentiometrischer Sensoren

1. *Ionenleitende Festkörper*
   LaF_3: Ionenleiter für F^--Ionen, Messung von Fluoridkonzentrationen.
   AgX (X = Cl, Br, I) und Ag_2S: Ionenleiter für Ag^+-Ionen, Messung von Silberkonzentrationen und unter Einbezug von Löslichkeitsgleichgewicht auch von Sulfiden und Halogeniden (X):
   Gemische Ag_2S + MeS (Me = Cu, Cd, Pb): Über doppelte Löslichkeitsgleichgewichte Messung von Schwermetallen (Me).

2. *Ionenleitung + Ionenaustausch*
   Glasmembranen der Grundformel Li_2O-BaO-SiO_2: Das Glas ist ein Ionenleiter für Lithiumionen Li^+, an der Grenzfläche Glas/Lösung Ausbildung einer Quellschicht, hier Ionenaustausch H^+/Li^+, dadurch pH-Sensitivität.
   Glasmembranen der Grundformel Na_2O-$Al_2O_3 \cdot SiO_2$: Ähnliche Reaktionen wie vorstehend, bevorzugt aber Ansprechen auf Na^+-Ionen (Nachweisgrenze 10^{-8} mol/L !).

3. *Ionenaustausch*
   Flüssige Membranen: Ca-Salz von Organophosphorsäuren. Wahl des Lösungsmittels für Austauscher wichtig, trägt über den Verteilungskoeffizienten zwischen wäßriger und organischer Phase zur Selektivität bei.
   Gelmembranen (Polymermembranen): Reaktionen wie vorstehend, nur wird organische Phase mit Austauscher als Weichmacher von organischen Hochpolymeren (meist PVC) verwendet. Gelbildung durch Erwärmen fördern, dann erstarren lassen.

4. *Ioneneinschluß/Komplexbildung*
   Sammelbegriff „Ionophore"
   Bekanntestes Beispiel: Valinomycin zur K^+-Messung, Lösungsmittel Diphenylether.
   Prinzip der Flüssig/Gelmembranen.

5. *Gas-Diffusion durch permeable Membranen*
   Kombination „permeable Membran/Festkörpersensor", dazwischen dünner Elektrolytfilm, dessen Eigenschaften (meist Eigen-pH) durch das saure oder alkalische Gas geändert wird. Prinzip der gassensitiven Elektroden für CO_2, SO_2, NO_x und NH_3.

6. *Sensoren in Bezugselektroden* (innere, äußere)
   Meist Elektroden 2. Art. Schema: $Me/MeX/X^-$.
   Me = Ag, auch Tl, Hg; MeX schwer lösliches Salz mit X^- = Cl, Br.
   Aber auch Redoxsysteme: $Pt/I_2, I^-$.

- Der im Schaft einer Membranelektrode befindliche Innenelektrolyt enthält das gleiche Ion (m), das von der Membran in der Probe gemessen wird und auf das jene anspricht.
- Der Innenelektrolyt enthält zusätzlich das Ion (r), auf das die innere Bezugselektrode anspricht.
- Durch eine Änderung der Aktivität (Konzentration) a_m und/oder a_r läßt sich gemäß Bild 5-15 der Isothermenschnittpunkt in beiden Achsenrichtungen schieben. Im besonderen ergibt sich die Möglichkeit, a_{iso} in die Mitte des von der Elektrode überdeckten Meßbereiches zu legen und nach Zuschalten der äußeren Bezugselektrode $E_{iso} = 0$ mV werden zu lassen, so daß eine *symmetrische Meßkette* entsteht.

5.3 Potentiometrie

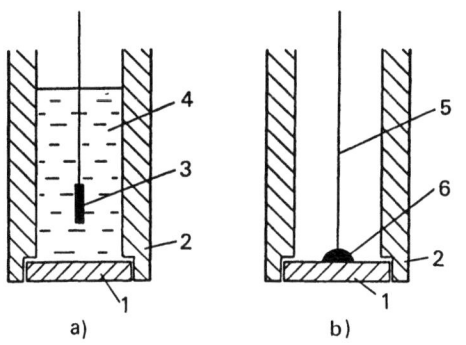

Bild 5-14
Kontaktierung von Festkörpermembranen ionenselektiver Elektroden.
a) Konventionelle flüssige Kontaktierung:
   1 Membran (Sensorelement), 2 Elektrodenschaft, 3 innere Bezugselektrode, 4 Bezugslösung mit Ionen, auf welche die Sensorelemente 1 oder 3 ansprechen.
b) Feste Kontaktierung:
   1 Membran (Sensorelement), 2 Elektrodenschaft, 5 Verbindungsdraht zum Elektrodenkabel, 6 Leitsilberkleber.

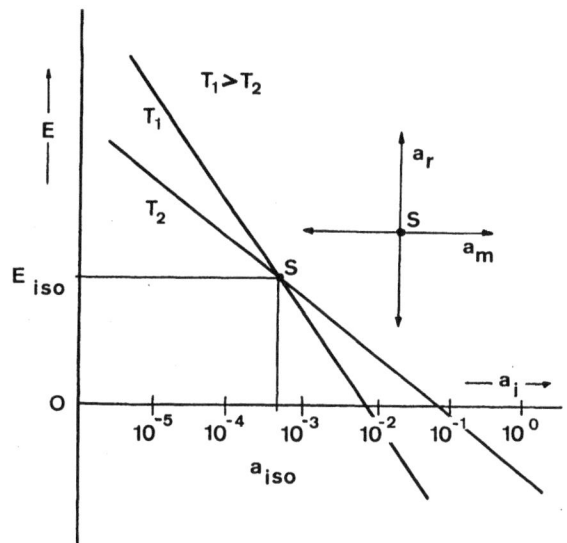

Bild 5-15
Isothermen-Diagramm einer potentiometrischen Meßkette. Der Schnittpunkt S der für die Temperaturen T_1 und T_2 gültigen Isothermen wird durch die beiden Parameter E_{iso} (mV) und a_{iso} bzw. c_{iso} (mol/L) beschrieben. Bei einer idealen Meßkette ist $E_{iso} = 0$ mV und a_{iso} liegt in der Mitte des nutzbaren Meßbereiches (vgl. Text).

- Symmetrische Meßketten mit einem in der Mitte des Meßbereiches liegenden Betrag von a_{iso} (Nullpunkt der Meßkette) zeigen auch ohne Maßnahmen zur Kompensation von schwankenden Probentemperaturen eine nur geringe Temperaturabhängigkeit ihres Potentials E.
- Alle an den Grenzflächen Membran/Elektrolyt/Bezugselektroden ablaufenden Elektrodenreaktionen sind reversibel, eine wichtige Voraussetzung für driftfreie Potentialbildung.

Eine *feste Kontaktierung* ist nur dann statthaft, wenn an der Grenzfläche Membran/Kontaktierungsmaterial eine ebenfalls reversible Reaktion ablaufen kann. Das trifft beispielsweise dann zu, wenn Ag_2S als Sensorelement einer silberselektiven Elektrode mit einem Leitsilberkleber verbunden wird. Hier läuft an der Grenzfläche zwischen dem Ionenleiter für Ag^+-Ionen (Ag_2S) und dem

Elektronenleiter Silber die Redoxreaktion $Ag^+ + e^- \rightleftharpoons Ag$ ab. Sie ist reversibel und weist eine hohe Austauschstromdichte auf.

Dagegen wäre es nicht statthaft, den Fluoridionenleiter LaF_3 mit Silber zu kontaktieren. Fjeldly und Nagy konnten zeigen, daß erst die Zwischenschaltung einer „Mediatorschicht" aus AgF (Ionenleiter für F^--Ionen) eine reversible Redoxreaktion ablaufen läßt. Sie konnten gleichzeitig die Nützlichkeit von Impedanzmessung (Aufnahme von Impedanzspektren) belegen [54, 110, 111].

Das als Sensorelement dienende Membranmaterial hat auch entscheidenden Einfluß auf wichtige Elektrodenmerkmale. So lassen sich pH-Elektroden mit Glasmembranen bis +130 °C einsetzen und auch heiß sterilisieren. Gelmembranen dagegen haben eine obere Temperaturgrenze von nur +40 °C. Bei Festkörpersensoren liegt in der Regel ein reichliches Angebot an Sensormaterial vor das zudem meist ein nur kleines Löslichkeitsprodukt hat. Bei Gelmembranen ist dieses Angebot viel kleiner und die Löslichkeit größer. Die Folge ist, daß Meßelektroden mit Festkörpersensoren eine Lebensdauer in der Größenordnung von 1–2 Jahren haben, daß aber die Lebensdauer von Gelmembranen bei 2 bis 3 Monaten liegt.

Eine Kompensation von Temperatureinflüssen über eine zusätzliche Temperaturmessung und Eingabe des Meßwertes in eine Rechenschaltung ist bei gassensistiven Elektroden nicht möglich. Neben dem Temperaturkoeffizienten der Elektrodenreaktion, der meist bekannt ist [Nernst-Gleichung (5–10)] oder experimentell bestimmt werden kann [112], kommt hier noch die ganz andere Temperaturabhängigkeit der Diffusion des Gases durch eine Polymermembran hinzu. Größere Temperaturschwankungen der Probe müssen hier durch eine Thermostatisierung ausgeschaltet werden [113].

Betrachtungen über die Reversibilität müssen auch auf die in den Bezugselektroden enthaltenen Sensoren übertragen werden.

2. Wasserstoffelektroden und Chinhydronelektroden. Beide Sensoren spielten in den Anfängen der Potentiometrie, als weder Glaselektroden noch Verstärker mit hohem Eingangswiderstand zur Verfügung standen, eine wichtige Rolle. Sie sind beide niederohmig und befolgen streng die Nernst-Gleichung (5–10). Störend kann ihre Querempfindlichkeit gegenüber Redoxsystemen sein. Die Chinhydronelektrode ist in ihrer Anwendung zusätzlich auf pH-Werte < 7 begrenzt, da in stärker alkalischen Lösungen das Chinhydron durch Gelöstsauerstoff oxidativ zerstört wird.

Der Aufbau einer *Wasserstoffelektrode* ist recht einfach. Ein spiralförmiger Platindraht oder ein Platinblech taucht in die zu messende Lösung und wird mit Wasserstoff begast. Die Elektrode muß dabei so aufgebaut sein, daß sie nach Abschalten des Wasserstoffs eine Schutzgasatmosphäre gegenüber Luft aufrecht erhält. Verschiedene Bauformen bringen Bates [114]. Durch Platinieren (vgl. [88]) oder besser noch durch Palladinieren (Vorschriften siehe [114]) wird für eine raschere Potentialeinstellung am Platin gesorgt.

Heute besitzt die Wasserstoffelektrode praktisch nur noch für Entwicklungsarbeiten Bedeutung. Das gilt beispielsweise für neue Pufferlösungen oder Bezugselektroden.

5.3 Potentiometrie

Das Potential der Wasserstoffelektrode ergibt sich zu

$$E(\text{H}) = E_0(\text{H}) + \frac{RT}{F} \ln \frac{a_{\text{H}^+}}{\sqrt{p_{\text{H}_2}}}, \qquad (5\text{-}19)$$

wird also durch den Partialdruck p_{H_2} des Wasserstoffs beeinflußt bzw. hängt vom Luftdruck ab. Es ist stets auf einen Normdruck von 1013 hPa umzurechnen; Gl. (5-19) vereinfacht sich dann durch den Fortfall von p_{H_2}.

Nach internationaler Übereinkunft wird das Standardpotential $E_0(\text{H})$, das sich für eine Protonenaktivität $a_{\text{H}^+} = 1$ mol/L ergibt, für alle Temperaturen gleich Null gesetzt.

Alle Standardpotentiale, aber auch die Potentiale von Bezugselektroden, werden auf eine Meßkette bezogen, deren linke Halbzelle eine Wasserstoffelektrode ist (Gl. (5-17)).

Eine *Chinhydronelektrode* ist in ihrem Aufbau noch einfacher als eine Wasserstoffelektrode. Blankes Platin taucht in die mit Chinhydron gesättigte Probe.

Chinhydron ist eine Additionsverbindung von Chinon und Hydrochinon. Es bildet schwarzgrüne in Wasser schwer lösliche Kristalle. Im Chinhydron liegt ein Redoxgleichgewicht vor:

$$\text{O}=\!\!\langle\bigcirc\rangle\!\!=\!\text{O} + \text{H}_2 \rightleftharpoons \text{HO}-\!\langle\bigcirc\rangle\!-\text{OH}$$

Damit kann Chinhydron als eine Verbindung aufgefaßt werden, die in Lösung einen definierten, wenn auch sehr kleinen Wasserstoffpartialdruck ausbildet. Sie wird damit zu einer Art Wasserstoffelektrode, ohne daß allerdings der Luftdruck zu berücksichtigen wäre.

Das Potential $E(\text{Ch})$ einer Chinhydronelektrode gehorcht der folgenden Gleichung:

$$E(\text{Ch}) = E_0(\text{Ch}) - S \cdot \text{pH} \qquad (5\text{-}20)$$

S stellt die für die vorliegende Temperatur gültige Steilheit (RT/F) aus der Nernst-Gleichung (5-10) dar (vgl. auch Tabelle 5-2a). Das Standardpotential $E_0(\text{Ch})$ wird auf die Wasserstoffelektrode bezogen. Für 25 °C hat es einen Wert von $E_0(\text{Ch}) = +699{,}7$ mV. Damit folgt für einen mit Chinhydron gesättigten Standardpuffer vom pH-Wert 4,01 und einer Steilheit $S = 59{,}16$ mV/pH für das Potential $E(\text{Ch})$ der Chinhydronelektrode ein Wert von $+462{,}5$ mV.

Dieses Potential ist ausgezeichnet reproduzierbar und stabil. Im Labor des Autors (vgl. [94] wurde deshalb die Wasserstoffelektrode generell durch die spezifizierte Chinhydronelektrode ersetzt. Aus dem Potential E einer Meßkette, die aus dieser Chinhydronelektrode $E(\text{Ch})$ und dem Prüfling E_X besteht, errechnet sich das auf die Wasserstoffelektrode bezogene Potential $E_X(\text{H})$ des Prüflings aus $E_X(\text{H}) = 462{,}5 - E$ (alle Angaben in mV für 25 °C).

3. Glaselektroden. Der Aufbau einer Glaselektrode geht aus Bild 5-16 hervor. An einen Schaft aus hochohmigem Glas, das keinerlei Elektrodenfunktion zeigen darf, wird die Glasmembrane angeschmolzen. Dabei können vielfältige Membranformen gemäß Bild 4-3 gewählt werden. Membrankölbchen und Schaft der

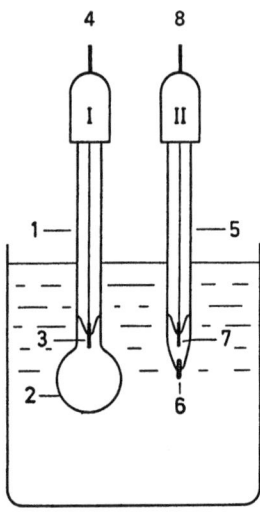

Bild 5-16
Schematisierte Darstellung einer pH-Meßkette (vgl. auch Bild 2.1).
I pH-Glaselektrode, II Bezugselektrode.
1 Schaft der Glaselektrode,
2 pH-sensitive Membrane,
3 innere Bezugselektrode,
4 abgeschirmtes Kabel zum hochohmigen Verstärkereingang,
5 Schaft der Bezugselektrode,
6 Diaphragma,
7 äußere Bezugselektrode.

Glaselektrode enthalten einen Innenelektrolyten. Das bedeutet, daß die Potentiale der Glaselektrode flüssig abgeleitet werden (vgl. Kapitel 5.3.1, Abschnitt 1, und Bild 5-14). Der Innenelektrolyt ist vorzugsweise ein Puffer von pH 7, der zusätzlich Chloridionen enthält.

Die Glaselektrode wird durch eine Bezugselektrode zur Meßkette ergänzt. Beide Elektroden können auch in einem gemeinsamen Schaft untergebracht werden, so daß eine Einstabmeßkette vorliegt (Bild 2-1).

Das Potential E der Meßkette setzt sich aus einer Reihe von Einzelpotentialen e_j zusammen. Die Indizes j nehmen bezug auf Bild 5-16:

$$E = e_3 + e_2(i) - e_2(a) - e_7 + e_6 \qquad (5\text{-}21)$$

Es handelt sich um die folgenden Einzelpotentiale: e_3 = innere Bezugselektrode (Ableitung), $e_2(i)$ = innere Membranoberfläche (pH$_i$ = konstant), $e_2(a)$ = äußere Membranoberfläche (pH$_a$ der Probe), e_7 = äußere Bezugselektrode, e_6 = Diffusionspotential am Diaphragma der Bezugselektrode.

Bei einer symmetrischen Meßkette mit identischen Bezugselektroden (3) und (7) heben sich die Einzelpotentiale e_3 und e_7 gegenseitig auf. Das Diffusionspotential ist im pH-Bereich zwischen 2 und 12 meist vernachlässigbar klein oder im Rahmen der Kalibration der Meßkette kompensiert worden. Damit verbleiben als potentialbestimmende Glieder nur noch $e_2(i)$ und $e_2(a)$. Der Innenelektrolyt der Meßelektrode ist aber eine Pufferlösung, vorzugsweise mit einem pH-Wert bei 7. Nach einigen Umformungen kann das Potential E der Meßkette in seiner endgültigen Form angegeben werden:

$$E = S \cdot (\mathrm{pH}_i - \mathrm{pH}_a), \qquad (5\text{-}22)$$

wobei S wiederum die temperaturabhängige Steilheit ist (vgl. Tabelle 5.2a).

Für pH$_i$ = pH$_a$ verbleibt ein als Asymmetriepotential bezeichnetes Restpotential in der Größenordnung von einigen mV. Es wird durch chemische und

5.3 Potentiometrie

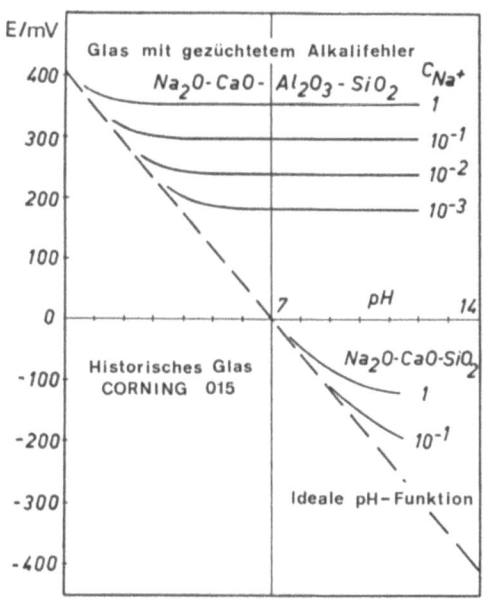

Bild 5-17
Abhängigkeit des Natriumfehlers (meist Alkalifehler genannt) von der Glaszusammensetzung. Moderne pH-Gläser entsprechen praktisch der idealen pH-Funktion. Bei Aluminosilikaten kann der Natriumfehler so stark dominieren, daß eine natriumselektive Elektrode erhalten wird.

mechanische Inhomogeniäten in der Glasmembran ausgelöst [115]. Beim Abgleich eines pH-Meters mit einer bestimmten Meßkette mit Hilfe von Pufferlösungen wird dieses Asymmetriepotential kompensiert, so daß es aus meßtechnischer Sicht bedeutungslos ist.

Für die Messung von pH-Werten ist die Glaselektrode der Sensor der Wahl. Die anfänglich verwendeten Gläser der formalen Zusammensetzung Na_2O-CaO-SiO_2 mit dem Glas Corning 015 als typischem Vertreter waren relativ niederohmig und leicht zu verarbeiten. Sie hatten aber den Nachteil, einen großen Natriumfehler (meist als Alkalifehler bezeichnet) aufzuweisen. Das bedeutet, daß bei Gegenwart von Na^+-Ionen mit steigendem pH-Wert zunehmende Abweichungen vom Idealverhalten, das durch die Nernst-Gleichung vorgegeben wird, auftreten, so wie das Bild 5-17 zeigt. Moderne Gläser haben eine geänderte Zusammensetzung, die dem Schema Li_2O-BaO-SiO_2 entspricht. Ihr Natriumfehler ist vernachlässigbar klein. Das drückt sich auch in der Nikolskij-Gleichung (2-3) in Tabelle 2-3 durch eine Selektivitätszahl von $k_{HNa} = 5 \cdot 10^{-14}$ aus. – Was aber wenig beachtet wird: der Alkalifehler nimmt stark mit der Temperatur zu (Bild 5-18).

Aus Bild 5-17 geht weiter hervor, daß es möglich ist, den Natriumfehler so zu züchten, daß die Glasmembran vorzugsweise auf Na^+-Ionen anspricht, derart, daß natriumselektive Elektroden erhalten werden.

Zur Kontrolle des Natriumfehlers von pH-Glaselektroden müssen Na^+-freie Puffer verfügbar sein, wie sie von Filomena, Camoes und Covington entwickelt wurden [119].

Der Meßbereich einer pH-Meßkette reicht von pH 0 bis pH 14. Die Koordinaten des Isothermenschnittpunktes (vgl. Bild 5-15) sollen dabei so gewählt werden, daß $E_{iso} = \pm 30$ mV und $pH_{iso} = 7.00 \pm 0{,}1$ nicht überschritten werden.

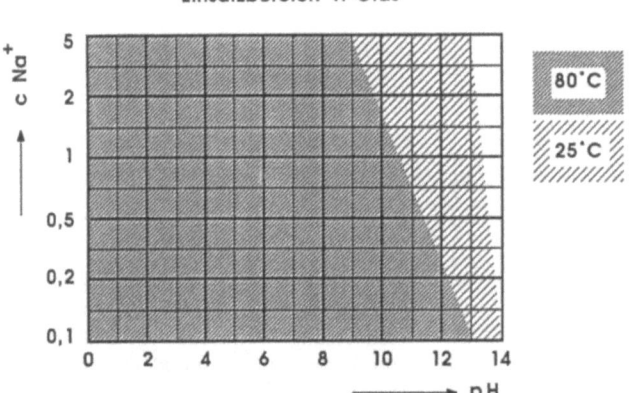

Bild 5-18 Einsatzbereiche einer pH-Glaselektrode mit einer Membran aus einem Hochalkaliglas (H-Glas). Das Glas weist unter normalen Meßbedingungen einen vernachlässigbaren Natriumfehler auf (Schott [343]).

Dann erübrigt sich die Verwendung von Meßwertverstärkern mit Möglichkeiten zur Korrektur dieser Parameter nach DIN 19265 [115, 116]. Diese Zusammenhänge sind wichtig für die automatische Temperaturkompensation, wie sie in der Betriebsmeßtechnik meist unumgänglich ist, vor allem auch deshalb, weil bei Raumtemperatur kalibriert, bei einer hiervon oft aber stark abweichenden Temperatur gemessen wird. Galster [117] diskutiert die durch Fehlanpassungen zustande kommenden Fehler.

Eine elegante „1-Puffermethode" zur Bestimmung der Parameter des Isothermenschnittpunktes beschreiben Clerc, Stefanac und Simon [118].

Zwei besondere Bauformen von pH-Glaselektroden sollen noch erwähnt werden. Die erste ist eine mit einem „kreditkartengroßen pH-Verstärker" integrierte Flachglasmembran (Geräteabmessung 55 × 95 × 5 mm, Gewicht 40 g). Die Probe wird auf ein Meßfenster aufgetropft [120]. Die zweite Bauform zeichnet sich dadurch aus, daß im Kopf einer Einstabmeßkette ein Vorverstärker untergebracht wurde. Der Elektrodenausgang wurde dadurch niederohmig [121].

Alle mit der pH-Messung unter erschwerten Bedingungen auftretenden Fragen, aber auch die methodischen Grundlagen werden ausführlich in einem DIN-Heft behandelt [122].

Materialbedingt unterliegen pH-Glaselektroden einer Reihe von *Einsatzbeschränkungen*:

- In fluoridhaltigen Lösungen kommt es bei pH-Werten unter 4 zu einer Zerstörung der für die Elektrodenfunktion wichtigen Quellschicht und schließlich auch der Glasmembran selbst.
- In stark hygroskopischen Lösungen (glycerinhaltige Gemische, konzentrierte Zuckerlösungen) wird die Quellschicht durch Wasserentzug gestört. Allenfalls können hier Hochalkalielektroden mit einer dünneren Quellschicht verwendet werden.

5.3 Potentiometrie

- Bestimmte meist kationenaktive Netzmittel werden adsorptiv in der Quellschicht gebunden, was oft einen völligen Steilheitsverlust der Elektrode bedingt.

In derartigen Fällen kann meist auf die anschließend beschriebene Antimonelektrode ausgewichen werden.

4. Antimonelektroden. Antimonelektroden wurden in den Anfängen der pH-Meßtechnik häufig verwendet. Die Elektroden lassen sich durch Schmelzgießen leicht herstellen und sind niederohmig.

Frische Antimonelektroden bedürfen einer „Formierung", was auf eine Bedeckung mit einem Hydroxidfilm hinausläuft. Das kann durch mehrtägiges Wässern oder durch eine kurze Behandlung mit Bromwasser (Bildung von $SbBr_3$) und anschließendes hydrolytisches Wässern erfolgen.

Die Notwendigkeit einer solchen Vorbehandlung zeigt, daß Antimonelektroden letztlich Oxidelektroden sind. Sie verdanken ihre Funktion dem Prinzip der Elektroden zweiter Art nach dem Schema Sb, $Sb(OH)_3/OH^-$. Die Elektrode spricht demgemäß auf OH^--Ionen an, für welche aber die temperaturabhängige Beziehung pOH + pH = 14 gilt. So wird über den pOH-Wert der pH-Wert zugängig.

Die beschriebene Formierung kann entfallen, wenn dem Antimon beim Schmelzen Antimon(III)-oxid zugesetzt wird. So gefertigte Elektroden sprechen nicht nur sofort an, sie können auch durch kontinuierliches Überschleifen frei von Ablagerungen gehalten werden [123, 124] (vgl. Bild 2-8 und 2-9).

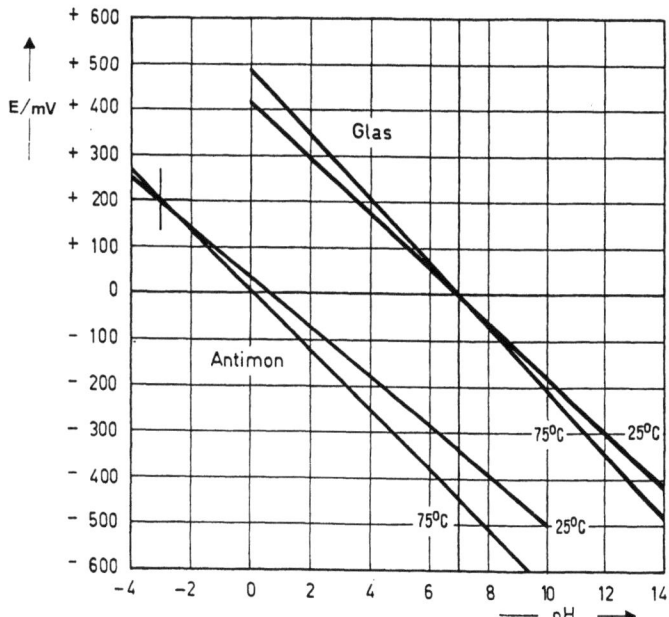

Bild 5-19 Isothermen-Diagramme für pH-Meßketten mit Glaselektroden und Antimonelektroden. Die starke Asymmetrie der Antimon-Meßkette tritt klar hervor [124].

Die bei der pH-Messung mit Antimonelektroden auftretenden Fehler liegen etwa bei ± 0,15 pH. Zusätzliche Fehler werden durch die Gegenwart von Chloriden verursacht [124]. Auch die gesamte Salzkonzentration der Probe hat Einfluß auf die Meßwerte. Es kann vorteilhaft sein, wenn die pH-Meßkette mit Originalproben kalibriert wird, deren pH-Wert im Rahmen des praktisch vorkommenden Bereiches unter Kontrolle des pH-Wertes mit einer Glaselektrodenmeßkette durch Zugabe von NaOH oder H_2SO_4 verändert wird. pH-Glaselektroden lassen sich kurzfristig auch in problematischen Proben einsetzen.

Die Elektrodenfunktion von Antimonelektroden wird sehr stark durch Sulfide und durch die Gegenwart von Komplexbildner für Sb(III)-Ionen (Citrate, Tartrate) gestört.

Die starke Asymmetrie von Meßketten mit Antimonelektroden folgt aus Bild 5-19. Sie hat zur Folge, daß eine automatische Temperaturkompensation nur mit Hilfe von Meßwertverstärkern nach DIN 19265 unter Eingabe der Parameter des Isothermenschnittpunktes $E_{iso} = + 200$ mV und $pH_{iso} = - 3$ möglich ist.

5. Oxidelektroden. Dem Prinzip der Antimonelektrode folgend, wurden auch andere Kombinationen von Metalloxiden mit ihrem Grundmetall untersucht. Das gilt für die Systeme Pd/PdO [125] und Ir/IrO_2 [126]. In beiden Arbeiten sind interessante Hinweise zum Aufbau und zur Untersuchung der Oxidschichten zu finden. Dabei wird besonders auch die cyclische Voltammetrie eingesetzt. Ebenfalls diskutiert werden mögliche Elektrodenreaktionen.

Oxidsensoren dieser Art lassen sich leicht miniaturisieren. Sie kämen als chromatographische Detektoren oder für in-vivo-Messungen in Frage.

Ganz anders gehen Fog und Buck bei der Untersuchung halbleitender Oxide (PtO_2, IrO_2, RuO_2, OsO_2 und Ta_2O_5) als pH-Sensoren vor [127]. Die Oxide werden aber nicht zusammen mit ihrem Grundmetall, sondern nach Auftragen auf Graphitstäbe ausgemessen. Alle untersuchten Oxide zeigen meßtechnische Anomalien. Das gilt für driftende Potentiale, Steilheiten abweichend von der Nernst-Gleichung und mitunter erheblichen Hystereseeffekten bei pH-Cyclen $2 \rightarrow 12 \rightarrow 2$. Es kann angenommen werden, daß die Art der Kontaktierung zumindest zum Teil für diese Erscheinungen verantwortlich zu machen ist. – Keiner dieser Oxidsensoren hat bisher die Fabrikationsreife erreicht.

Eher ungewöhnlich sind Studien von Niedrach [128], welche Zirkoniumdioxid in seiner mit Yttriumoxid stabilisierten Form zum Gegenstand haben. ZrO_2 ist bekanntlich ein Ionenleiter für O^{2-}-Ionen und wird für Sauerstoffmessungen in Gasen auf breiten Basis verwendet (vgl. Kapitel 6.3.1 und 6.3.2). Die von Niedrach beobachtete pH-Funktion ist wohl auf einen Transport von OH-Ionen zurückzuführen. Der recht hohe Innenwiderstand dieser Oxidsensoren läßt allenfalls einen Einsatz im Temperaturbereich von 100 bis 300 °C in Frage kommen. Der Widerstand nimmt mit steigender Temperatur exponentiell ab. Light und Fletcher [129] warten mit eigenen Untersuchungen und kritischen Kommentaren auf.

pH-Sensoren dieser Art könnten in der Kesselwasseranalytik Bedeutung erlangen.

6. Emailelektroden. Einen Sonderfall silikatischer pH-Sensoren stellen die von Pfaudler entwickelten Emailelektroden dar [130]. Sie bestehen aus einer auf einen Stahlträger aufgeschmolzenen Schicht eines Sonderemails. Es wird also fest

5.3 Potentiometrie

kontaktiert. Ergebnisse einer Untersuchung von Grenzflächenreaktionen sind nicht bekannt. Immerhin sorgt die große Fläche des Sensorelementes für ausreichende Niederohmigkeit.

Es wurde bei der Entwicklung der Elektroden vor allem angestrebt, sehr robuste Geber für die Betriebsmeßtechnik verfügbar zu haben, was sich auch in den Geberabmessungen (Maximalmaße: 180 mm Durchmesser, 3300 mm Länge und Zuschnitt für einen Normstutzen DN 200) widerspiegelt [131]. Der Meßbereich der Emailelektrode reicht von pH 0 bis 10, mit Abstrichen bei erhöhter Temperatur. Der Meßfehler liegt bei 0,1 pH.

7. Gelmembranen. Die bereits in Tabelle 5-3 beschriebenen Gelmembranen finden auch in der pH-Messung Verwendung. Als pH-sensitive Substanzen dienen dabei Ionophore, wie etwa N-Octyldecylmorpholin [132] oder Monesin, das im Kodak Ektachem Analysator DT 60 als Chip-Elektrode dient (vgl. Bild 4-7).

Orion (vgl. [45]) hat eine Elektrode für einen pH-Bereich von 0 bis 4 für die Messung flußsaurer Lösungen entwickelt.

8. Redoxelektroden. Aufgabe einer Redoxelektrode ist, den das Gleichgewicht eines Redoxsystems kennzeichnenden „Elektronendruck" zu erfassen. Als Sensormaterial kommen nur Elektronenleiter, vorzugsweise Metalle in Frage, davon wieder bevorzugt Edelmetalle. Aber auch diese unterliegen vielfältigen Störeinflüssen:

- Bildung von Oxidschichten in stark oxidierenden Lösungen.
- Bildung von Wasserstoffschichten oder gar von Hydriden (bei Palladiumelektroden) in stark reduzierenden Lösungen.
- Querempfindlichkeiten gegenüber Ionen, die mit dem Elektrodenmetall schwer lösliche Salze bilden, beispielsweise AgCl, AuCl, AuCN.

Von einer guten Redoxelektrode ist weiter zu verlangen, daß sich die Potentiale rasch und reproduzierbar einstellen. Das ist neben der Reversibilität des Redoxsystems nicht zuletzt auch eine Frage der Austauschstromdichte der Elektrodenreaktion. Diese aber hängt auch eng mit dem Redoxsystem zusammen. Bühler und Galster [133] diskutieren diese und andere für die Auswahl von Redoxelektroden wichtige Fragen. Zur Wahl des Elektrodenmetalls geben sie folgende empirische Hinweise:

Art der Lösung	Elektrodenmetall
stark oxidierende Lösungen	Gold
oxidierende Lösungen, die Chloride enthalten	Platin
natürliche Gewässer	Platin
gechlortes Trinkwasser	Platin

Die beiden Autoren geben auch zahlreiche Hinweise zur mechanischen Reinigung von träge gewordenen Redoxelektroden. Nach eigenen Erfahrungen ist aber eine der besten Methoden zur Elektrodenaktivierung die Aufbewahrung im Puffer pH 4, der mit Chinhydron gesättigt ist. Nach spätestens einer Stunde erhält man eine hochaktive Elektrode.

Die Meßunsicherheit für Redoxpotentiale liegt unter normalen Verhältnissen bei ± 10 mV, kann unter erschwerten Bedingungen oft auch viel größere Werte annehmen.

Das Redoxpotentiale trotz der niederen Elektrodenwiderstände gleichwohl mit Meßwertverstärkern mit hohen Eingangswiderständen gemessen werden müssen, hat seinen Grund in der leichten Polarisierbarkeit der Elektroden. Bereits Ströme von 10^{-7} Ampere wirken polarisierend, ein Umstand, der bei der Polarisationsspannungstitration zur Endpunktbestimmung ausgenutzt wird [101].

5.3.4 Sensoren für die Direkt-Potentiometrie

1. Grundlagen der Direkt-Potentiometrie. Etwa bis 1960 war die Potentiometrie keine analytische Methode in dem Sinne, daß sich mit ihr Konzentrationen hätten messen lassen. Der ursprünglich auf die Wasserstoffionenkonzentration bezogene pH-Wert wurde neu und anders definiert, und die Messung von Redoxpotentialen führte nur zum Konzentrationsverhältnis der beiden Partner eines Redoxsystems. Auch bei den sogenannten potentiometrischen Titrationen kam der Potentiometrie keine eigentliche analytische Aussagekraft zu. Sie diente lediglich als Mittel zur Endpunktbestimmung von Titrationen [101]. Diese Situation änderte sich ab etwa 1965, als die ersten ionenselektiven Elektroden auf den Markt kamen. In nur wenigen Jahren vollzog sich eine stürmische Entwicklung, wie das Tabelle 1-2 erkennen läßt. Mit diesen neuen Elektroden wurden erstmalig Konzentrationsmessungen möglich und es entstand eine neue analytische Disziplin, die bald als Direkt-Potentiometrie von der klassischen Potentiometrie abgegrenzt wurde, obwohl sie sich in ihren methodischen Grundlagen eng an diese anlehnt.

Konzentrationsmessungen mit Hilfe der Direkt-Potentiometrie unter Einsatz ionenselektiver Elektroden sind an eine Reihe von Voraussetzungen gebunden:

(1) Ionenselektive Elektroden vermögen nur *frei* vorliegende Ionen zu messen.

Eine ganze Reihe analytisch interessanter und mit ionenselektiven Elektroden bestimmbarer Ionen sind aber ein Bestandteil des Dissoziationsgleichgewichtes schwacher Elektrolyte. Ihr *Dissoziationsgrad* α hängt von der Dissoziationskonstanten K des Elektrolyten und vom pH-Wert ab. Das wird durch Bild 5-20 unter Bezugnahme auf den pK-Wert gemäß pK = – log K ausgedrückt.

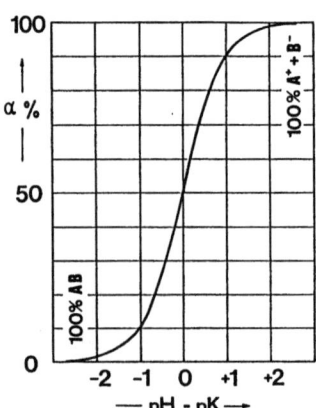

Bild 5-20
Abhängigkeit des Dissoziationsgrades α schwacher Elektrolyte vom pH-Wert. Als Abszisse wurde die Differenz zwischen dem pH-Wert und dem pK-Wert des Elektrolyten aufgetragen, vgl. Text.

5.3 Potentiometrie

Beispiele für pK-Werte schwacher Elektrolyte:

Elektrolyt (AB)	HF	HCN	H$_2$S	NH$_3$
pK (25 °C)	3,2	9,2	14	9,2

Aus Bild 5-20 geht hervor, daß für pH = pK nur 50 % von AB in Form der Ionen A$^+$ + B$^-$ vorliegen. Eine Einstellung des pH-Wertes der Lösung auf pK + 2 führt dagegen zu einer praktisch vollständigen Dissoziation.

H$_2$S macht insofern eine Ausnahme, als die Dissoziation in zwei Stufen erfolgt.

1. Stufe: H$_2$S $\rightleftharpoons$ SH$^-$ + H$^+$ $\qquad$ pK = 7,2

2. Stufe: SH$^-$ $\rightleftharpoons$ S^{2-} + H$^+$ $\qquad$ pK = 14

Die zu Sulfidionen S^{2-} führende zweite Stufe liegt im extrem alkalischen Bereich und die Regel pH + 2 ist nicht realisierbar. Wohl aber läßt sich durch die Einstellung des pH-Wertes auf pH 13 (1:1-Mischung von Probe und NaOH, 1 mol/L) dafür sorgen, daß eine definierte, wenn auch unvollständige Dissoziation vorliegt.

Die erste Aufgabe einer Probenvorbereitung ist somit das Einstellen eines konstanten pH-Wertes.

(2) Alle ionenselektiven Elektroden messen *Ionenaktivitäten* und nicht die analytisch allein interessierenden *Ionenkonzentrationen*.

Ionenaktivität a_i und Ionenkonzentration c_i stehen in einer durch Gl. (5-12) ausgedrückten Beziehung. Hier tritt der Aktivitätskoeffizient f_i der zu messenden Ionenart auf. Er kann nach der Elektrolyttheorie von Debye-Hückel-Onsager [76, 77] zur Ionenstärke J einer Lösung in Beziehung gesetzt werden. J wird durch die Konzentration c_i und Ladung z_i aller in einer Lösung enthaltenen Ionen festgelegt:

$$J = \frac{1}{2}(\Sigma c_i z_i^2). \qquad (5\text{-}23)$$

Für 25 °C und (1,1)-Elektrolyte gilt weiter

$$\log f_i = -0{,}059 \sqrt{J}. \qquad (5\text{-}24)$$

Gleichwohl muß festgestellt werden, daß die Ionenstärke J in der Regel unbekannt ist. Damit verbleibt nur die Möglichkeit, f_i in Gl. (5-12) konstant zu halten, dadurch, daß man die Ionenstärke J der Lösung konstant macht. Das erfolgt durch das Zumischen einer Lösung eines für die ionenselektive Elektrode indifferenten Elektrolyten. Als Regel kann gelten, daß diese Elektrolytlösung eine mindestens um den Faktor 10 höhere elektrolytische Leitfähigkeit als die zu analysierende Probe haben muß. Hat man eine Reihe von Lösungen mit bekannter Ionenkonzentration c_i auf diese Weise identisch behandelt, so kann man Kalibrationsdiagramme von dem in Bild 5-21 gezeigten Prinzip aufstellen. Am einfachsten ist es, mit Koordinatenpapier mit einer logarithmisch geteilten Achse zu arbeiten – eine aus der Nernst-Gleichung (5-11) folgende Notwendigkeit.

Die zweite Aufgabe einer Probenvorbereitung ist also das Einstellen einer konstanten Ionenstärke.

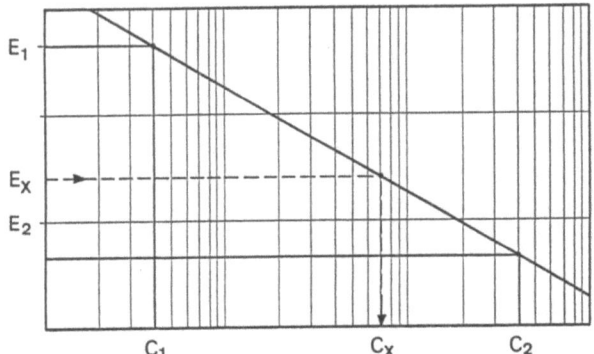

Bild 5-21
Kalibrationsdiagramm einer ionenselektiven Meßkette. Die Konzentrationsachse weist eine logarithmische Teilung auf. Die für optimale Bedingungen gültige „Eichgerade" wird mit zwei Lösungen bekannter Konzentration C_1 und C_2 aufgenommen. Aus dem Meßwert E_X einer Probe folgt dann die gesuchte Konzentration C_X.

(3) Das im Diaphragma einer Bezugselektrode auftretende *Diffussionspotential* e_6 in Gl. (5-21) wird maßgeblich durch die Ionenbeweglichkeiten und die Ionenkonzentrationen der es berührenden Elektrolyte bestimmt (vgl. auch Abschnitt 5.3.5). e_6 kann in Lösungen im pH-Bereich von 2 bis 12 um etwa 2 bis 5 mV schwanken. Eine Meßunsicherheit des Meßkettenpotentials E von ± 1 mV macht aber bereits einen aus der Nernst-Gleichung errechenbaren Fehler von $\pm 4n$ % aus. n ist dabei die Wertigkeit des zu messenden Ions.

In stark sauren oder alkalischen Lösungen kann e_6 infolge der großen Beweglichkeit von H^+-oder OH^--Ionen (siehe Tabelle 5-1) Werte bis zu 10 mV annehmen. e_6 wird damit bei allen direkt-potentiometrischen Analysen der wichtigste Fehlerfaktor.

Eine *Probenvorbereitung* auf eine Konstanz von pH-Wert und Ionenstärke stabilisiert das am Diaphragma der Bezugselektrode auftretende Diffusionspotential und verringert damit die Meßfehler.

Außer den näher betrachteten Auswirkungen einer Probenvorbereitung gibt es noch eine Vielzahl weiterer Maßnahmen, die in Tabelle 5-5 zusammengestellt wurden.

Üblicherweise erfolgt die Probenvorbereitung so, daß die zu analysierende Probe im Volumenverhältnis 1:1 mit der Lösung zur Probenvorbereitung vermischt wird.

Rezepturen für derartige Lösungen sind in einer Übersicht über die direkt-potentiometrrische Analysentechnik zu finden [134]. Die Lösungen werden im Englischen sehr treffend als TISAB bezeichnet, was für **T**otal **I**onic **S**trength **A**djustment **B**uffer steht.

2. Ionenselektive Elektroden. Die Bauformen ionenselektiver Elektroden werden maßgeblich durch die Art des als Sensorelement dienenden Membranmaterials bestimmt.

Auf Glaselektroden zur pH-Messung und auf die grundsätzlich analog aufgebauten natriumselektiven Elektroden wurde bereits eingegangen (Bilder 2-1 und 4-3).

5.3 Potentiometrie

Tabelle 5-5 Durch Probenvorbereitung bewirkte Maßnahmen [44]

Maßnahme	Realisierung
1. Einstellen einer 100 %-igen Dissoziation von schwachen Elektrolyten	Zumischen einer Pufferlösung vom pH-Wert pH = pK + 2
2. Ausschalten von Querempfindlichkeiten gegenüber H^+- oder OH^--Ionen (pNa- und pF-Elektroden)	Zumischen einer Pufferlösung von einem aus der Selektivitätszähl errechneten pH-Wert
3. Konstanthalten der Ionenstärke	Zumischen eines für die Elektrode indifferenten Elektrolyten einer mindestens um den Faktor 10 höheren Leitfähigkeit
4. Dekomplexierung/Umkomplexierung des zu messenden Ions, z.B. F^- aus $[AlF_6]^{3-}$	Zumischen eines Komplexbildners, der mit dem Zentralatom des Komplexes einen stabileren neuen Komplex bildet
5. Komplexierung zum Vermeiden von Niederschlägen, z.B. von $CaCO_3$	Zumischen eines Komplexbildners, z.B. Calgon für Ca^{2+}
6. Oxidationsschutz labiler Ionen, z.B. S^{2-}	Zumischen eines Reduktionsmittels für Gelöstsauerstoff, z.B. Ascorbinsäure
7. Hilfskomplexbildung für die Messung von Ionen ohne verfügbare Elektrode	Zumischen eines F^--Überschusses für die Al^{3+}-Messung oder von CN^- für Ni^{2+}

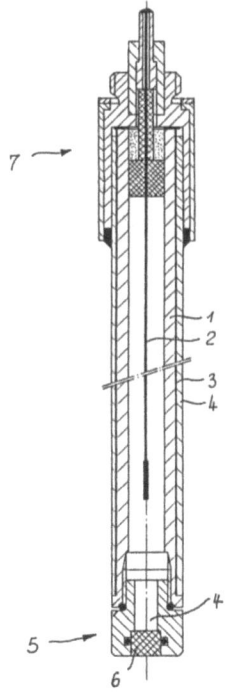

Bild 5-22
Ionenselektive Elektrode mit einem Festkörper als Sensorelement (Ingold [344]).
1 Elektrodenschaft,
2 innere Bezugselektrode im flüssigen Kontakt mit der Bezugslösung 4,
3 Abschirmmantel,
5 einschraubbarer Träger für das Sensorelement,
6 Abmessungen des Sensorelementes: Durchmesser 5 mm, Dicke 5 mm.

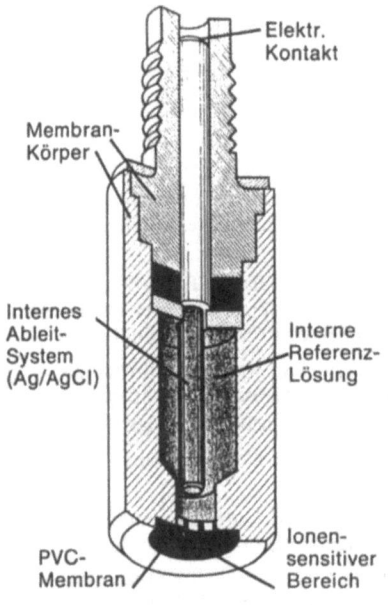

Bild 5-23
Ionenselektive Elektrode mit einer chemisch sensitivierten Polymermembran als Sensorelement, ausgebildet als Wechselpatrone zum Anschrauben an den Schaft (Orion [45]).

Ionenselektive Elektroden mit Festkörpermembranen sind im Aufbau ähnlich (Bild 5-22). Hier liegt stets reichlich Material des Sensorelementes vor. Das ist einer der Gründe für eine bei 1 bis 2 Jahren liegende Lebensdauer solcher Elektroden.

Die wesentlich kürzere Lebensdauer von Elektroden mit Gelmembranen wird dadurch berücksichtigt, daß der Sensor Bestandteile einer Wechselpatrone ist, die an den Schaft der Elektrode angeschraubt werden kann, wie das Bild 5-23 zeigt.

Mit diesen drei Bauformen lassen sich alle handelsüblichen ionenselektiven Elektroden realisieren. Der mit Tabelle 5-6 gegebene Überblick bringt auch Hinweise auf die Bauformen.

Elektroden mit Glasmembranen können bis +130 °C verwendet werden, solche mit Festkörpermembranen dagegen nur bis +80 °C, und bei Gelmembranen liegt die obere Temperaturgrenze bei +40 °C.

Zu den Elektrodenbezeichnungen muß noch vermerkt werden, daß häufig auch der p(Ion)-Begriff verwendet wird. Er geht von der Definition $p(Ion) = -\log a_i$ aus, wenn i das von der Elektrode erfaßte Ion darstellt. So wird also analog zu den pH-Elektroden von pNa-, pF-, pCl- und anderen Elektroden gesprochen.

Außer den bisher betrachteten Bauformen gibt es eine Vielzahl anderer. Ein Beispiel sind die von Pungor [138] entwickelten Elektroden, die einen Membran aus Silikonkautschuk aufweisen, in welche die ionaktive Substanz eingebettet ist. Diese Elektroden konnten sich aus technischen Gründen gegenüber den wenig später auf den Markt gekommenen Elektroden mit Festkörpersensoren nicht behaupten.

5.3 Potentiometrie

Tabelle 5-6 Handelsübliche ionenselektive Elektroden

zu messenden Ion	Membrantyp	Konzentrationsbereich	Querempfindlichkeiten
1. Ammonium	PG	10^{-6} –10^{-1}	K^+ $5 \cdot 10^{-2}$
2. Blei	FK	10^{-6} –10^{-1}	$Ag^{2+}, Cu^{2+}, Cd^{2+}$ stören
3. Bromid	FK	10^{-6} –10^{-1}	CN^- 25, I^- 20
4. Cadmium	FK	10^{-7} –10^{-1}	$Ag^{2+}, Cu^{2+}, Cd^{2+}$ stören
5. Calcium	PG	10^{-6} –10^{-1}	Mg^{2+} 10^{-2}, Na^+ 10^{-4}
6. (Chlor)	FK	10^{-7} –10^{-4}	Starke Ox.-Mittel stören
7. Chlorid	FK	10^{-5} –10^{-1}	CN^- 400, I^- 20, Br^- 2
8. Chlorid	PG	10^{-6} –10^{-1}	Red.-Mittel stören nicht
9. Cyanid	FK	10^{-6} –10^{-3}	I^- 3, Red.-Mittel stören
10. Fluoborat	PG	10^{-5} –10^{-1}	Acetat, Phosphat stören
11. Fluorid	FK	10^{-6} –10^{-1}	OH^- 10^{-1}
12. Protonen	G	10^{-14} –10^{-0}	(Na^+ 10^{-13})
13. Iodide	FK	10^{-7} –10^{-1}	CN^- 10^{-1}, S^{2-} stört
14. Kalium	PG	10^{-6} –10^{-1}	NH_4^+ 10^{-2}, Na^+ 10^{-5}
15. Kupfer	FK	10^{-6} –10^{-1}	Ag^{+}, Cd^{2+}, Pb^{2+} stören
16. Natrium	G	10^{-8} –10^{-1}	10^{-1}, K^+ 10^{-2}
17. Nitrat	PG	10^{-5} –10^{-1}	Cl^- 10^{-2}, HCO_3^- 10^{-2}
18. Perchlorat	PG	10^{-5} –10^{-1}	NO_3^- 10^{-1}
19. Rhodanid	FK	10^{-6} –10^{-1}	S^{2-}, OH^-, Cl^- stören
20. Silber	FK	10^{-6} –10^{-1}	Hg^{2+}, S^{2-} stören
21. Sulfid	FK	10^{-6} –10^{-1}	Hg^{2+}, Ag^+ stören
22. (Wasserhärte)	PG	10^{-5} –10^{-3}	2-wertige Ionen stören

1. Spalte: Die Elektrode Nr. 6 für Gelöst-Chlor stellt eine Kombination aus einer Redoxelektrode mit einer iodidselektiven Elektrode dar. Probenvorbereitung auf pH 3, dann Passage über PbI_2 (Lösung durch eine PbI_2-Patrone laufen lassen) [116, 117].
2. Spalte: Gewählte Abkürzungen
G = Glasmembran, FK = Festkörpermembran, PG = Gelmembran.
3. Spalte: Abgerundete realistische Konzentrationsbereiche in mol/L
4. Spalte: Angabe der Selektivitätszahlen aus der Nikolskij-Gleichung (2-1) in Tabelle 2-3 oder allgemeine Hinweise zu Querempfindlichkeiten.
Die Daten der Tabelle stammen aus Unterlagen der Orion Research AG, CH-8700 Küsnacht.
Ausnahme: Elektrode Nr. 1 für Ammonium-Ionen. Hersteller ist die Philips GmbH, Abt. WVU, D-3500 Kassel.

Die von Freiser entwickelten „coated-wire-Elektroden" sollen ebenfalls noch kurz erwähnt werden [139]. Der 1. Patentanspruch aus einer deutschen Patentanmeldung beschreibt ihren Aufbau recht gut:
„Ionenselektive Meßelektrode mit einer Membrane aus einer Gelmatrix und einer Ableitelektrode, dadurch gekennzeichnet, daß die Membrane direkt auf die aus Metall oder Kohlenstoff bestehende Ableitung aufgebracht ist" [140].
Kritisch ist bei diesen Elektroden, daß die ionenaktive Membrane mit Elektrodenreaktionen, die einer Ionenleitung entsprechen, auf Ableitelektroden mit Elektronenleitung aufgetragen wird. Das führt zu blockierten Grenzflächen und zu einer kumulativen Drift der Elektrodenpotentiale. Im 1. Abschnitt von Kapitel 5.3.3 wurde auf die Problematik bereits eingegangen.

3. Gassensitive Elektroden. Es ist hier üblich, die Elektroden als „sensitiv" und nicht als „selektiv" zu bezeichnen. Der Grund ist der, daß sie summarisch auf saure oder alkalische Gase ansprechen. Erst durch die Einsatzbedingungen und die Art der Probenvorbereitung kommt eine gewisse Selektivität zustande.

Das Prinzip gassensitiver potentiometrischer Meßelektroden geht auf Arbeiten von Severinghaus und Bradley im Jahre 1958 zurück [141]. Bei der Partialdruckmessung von CO_2 in Blut gingen die Autoren so vor, daß sie eine pH-Glaselektrode mit einer für CO_2 permeablen Polymermemrane überzogen. Zwischen Membran und Oberfläche der Glaselektrode befand sich ein dünner film einer Bicarbonatlösung. Der pH-Wert dieser Lösung erfuhr in Abhängigkeit von der durch die Membran diffundierenden CO_2-Menge eine pH-Verschiebung, die von der Glaselektrode gemessen wurde. Solche Severinghaus-Elektroden finden in der klinischen Analyse in den Blutgasanalysatoren weite Verbreitung. Ross, Riseman und Krüger übertrugen dieses Prinzip auf die Messung anderer saurer oder alkalischer Gase [173]. An Hand von Bild 5-24 soll die Funktion näher betrachtet werden.

Auch diese Elektroden werden für die Messung gelöster Gase verwendet. Da die Gase meist Bestandteil eines pH-abhängigen Gleichgewichtes sind, muß durch eine geeignete Probenvorbereitung dafür gesorgt werden, daß das es weitgehend zur Seite des Gases verschoben ist.

zu messendes Gas	Gleichgewicht	pH-Wert
NH_3	NH_4^+/NH_3	11
NO_2 (NO_x)	NO_2^-/N_2O_3 *)	2
SO_2	SO_3^{2-}/SO_2	1

*) N_2O_3, das Anhydrid der salpetrigen Säure, zerfällt in $NO + NO_2$

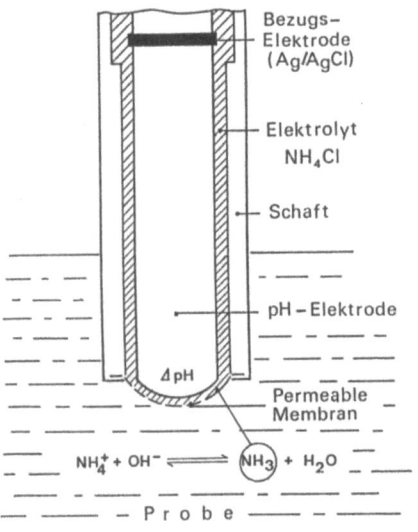

Bild 5-24
Aufbau und Funktionsprinzip einer gassenitiven Elektrode für Ammoniak [173]. Das durch eine alkalische Probenvorbereitung gebildete Ammoniak diffundiert durch die gaspermeable Membran und erhöht in Abhängigkeit von der Konzentration den pH-Wert des aus Ammoniumchlorid bestehenden Flüssigkeitsfilms.

5.3 Potentiometrie

Gassensitive Elektroden bilden Potentiale aus, die der Nernst-Gleichung entsprechen. Das gilt auch für die Temperaturabhängigkeit der Elektrodenreaktion, nicht aber für die Diffusion des Gases durch die Membran. Das ist der Grund, weshalb keine automatische Temperaturkompensation möglich ist, sondern durch Thermostatisierung für konstante Temperatur von Proben und Kalibrationslösungen zu sorgen ist [113].

Im Interesse einer kurzen Ansprechzeit der Elektroden werden mikroporöse Membranen verwendet. Sie haben aber den Nachteil, daß in der Probe enthaltene Netzmittel zum „Durchnetzen" der Membran und damit zum Ausfall der Elektrode führen können.

Weiter muß bedacht werden, daß auch Wasserdampf über die gasepermeablen Membranen transportiert wird. Bei Dauermessungen mit langen Kalibrationsintervallen führt das dadurch zu Problemen, daß der Elektrolytfilm hinter der Membran dann Wasser verlieren oder aufnehmen kann, wenn nicht der Wasserdampfpartialdruck des Elektrolyten dem der vorbereiteten Probe gleich gemacht wird. Eine Optimierung des Elektrolyten ist einfach, wenn flache mit dem Elektrolyt gefüllte Schalen in einem mit der meßfertigen Probe gefüllten Exsikkator bei konstanter Temperatur für einige Tage konditioniert werden. Durch Wägen der Elektrolytschale ist leicht zu erkennen, in welcher Richtung der Wassertransport läuft. Durch Zugabe indifferenter Salze läßt sich der Wasserdampfdruck auf beiden Seiten verändern.

Die Wasserdampfdruckproblematik hat dazu geführt, daß das für die Entwicklung von gassensitiven Elektroden genutzte Air-Gap-Prinzip von Ružička

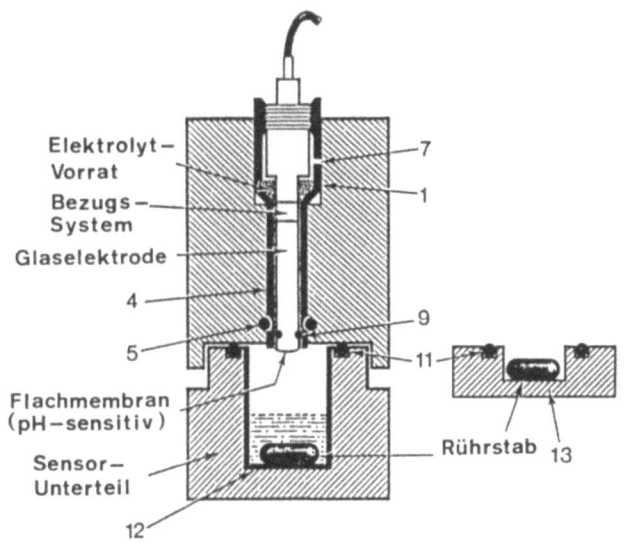

Bild 5-25 Aufbau einer Air-Gap-Elektrode nach Ružička und Hansen [142]. Die Probenvorbereitung folgt den Regeln für gassensitive Elektroden (vgl. Bild 5-24 und Kapitel 5.3.4, Abschnitt 3). Dann wird auf den Sensor-Unterteil mit der meßfertigen Probe (Volumen ca. 3 ml) das eine pH-Glaselektrode enthaltende Oberteil aufgesetzt. Die Glasmembran wird aus einem Vorrat durch einen der Aufgabenstellung angepaßten Elektrolytfilm benetzt.

und Hansen [142] nicht praktisch realisiert wurden. Dabei sind Air-Gap Elektroden frei von der beschriebenen Membranproblematik. Ihr Aufbau geht aus Bild 5-25 hervor. Es ist ersichtlich, daß sowohl die Probe als auch ein auf der Glasmembran befindlicher Elektrolytfilm über einen gemeinsamen Gasraum – also einen Luftspalt („Air Gap") – direkt und ohne Zwischenschaltung einer Membran in Verbindung stehen. Die Autoren versuchen die Probleme unterschiedlicher Wasserdampfpartialdrucke von Probe und Elektrolyt dadurch zu umgehen, daß vor einer jeden Messung der Elektrodenoberteil auf einen mit dem Elektrolyt getränkten Schwamm aufgesetzt und dadurch erneuert wird. Der Erfolg dieser Maßnahme läßt aber zu wünschen übrig und es kommt zu einer Signaldrift der Elektrode.

Grundsätzlich sollten gassensitive Elektroden auch für die Gasanalyse geeignet sein. Das wird experimentell auch bestätigt gefunden, nur daß die Anstiegszeit zwar kurz, die Abfallzeit meist aber unzulässig lang ist (vgl. Abschnitt 2.4.4) [360]. Das hat seine Ursache im Verteilungskoeffizienten des Gases zwischen dem Elektrolyt und der Gasphase. Durch rasche Probenströmung lassen sich die Verhältnisse verbessern, vorausgesetzt, daß das Gas in geeigneter Weise auf den Wasserdampfpartialdruck des Elektrolyten gebracht wird, eine nicht immer erfüllbare Voraussetzung.

5.3.5 Bezugselektroden

Die wichtigste Aufgabe einer Bezugselektrode ist das Einhalten eines konstanten Potentials, unabhängig von allen Änderungen einer Probe.

Nach Bild 5-26 wird das dadurch erreicht, daß das Bezugssystem (3) mit einer Lösung konstanter Zusammensetzung (2) in Kontakt steht. Die leitende Verbindung zur Probe selbst wird durch ein Diaphragma (1) hergestellt.

Als Bezugssysteme werden meist Elektroden 2. Art verwendet, bei welchen ein Grundmetall Me mit einem seiner schwer löslichen Salze MeX beschichtet oder in Berührung gebracht wird. Diese Kombination taucht in eine Lösung mit dem Anion X^- ein: Me, MeX/X^-.

Das von einer solchen Kombination erreichte Potential E_B wird auf die Wasserstoffelektrode bezogen. Es hängt zusätzlich von der Konzentration von X^- ab. Folgende Bezugssysteme sind die gebräuchlichsten:

Bezugssystem	Konzentration des Bezugselektrolyt in mol/L	E_B in mV
1. Hg, Hg_2Cl_2	KCl, gesättigt	+ 244
2. Ag, AgCl	KCl, gesättigt	+ 198
3. Ag, AgCl	KCl, 3,0	+ 207
4. Hg-Tl, Tl	KCl, 3,5	– 568
5. Hg, Hg_2SO_4	K_2SO_4, 1,0	+ 614

Für diese Bezugssysteme sind die folgenden Bezeichnungen üblich: 1. *Kalomelektrode*, 2,3. *Silberchloridelektrode*, 4. *Thalamidelektrode* (Schott) [343], 5. *Quecksilbersulfatelektrode*. Die Elektroden 1. und 5. können nur für Temperaturen bis maximal + 60 °C, die anderen dagegen bis + 130 °C eingesetzt werden.

5.3 Potentiometrie

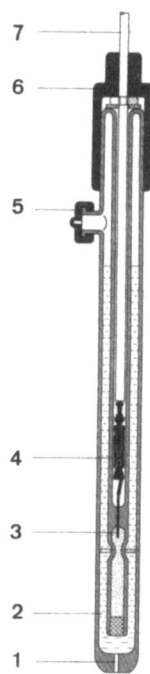

Bild 5-26
Aufbau einer Bezugselektrode auf der Basis Silber/Silberchlorid (Ingold [339]).
1 Diaphragma,
2 Bezugselektrolyt (KCl-Lösung definierter Konzentration, z.B. 3,0 mol/L),
3 Silberdraht in Kontakt mit einer Ag/AgCl-Patrone, die ein zusätzliches inneres Diaphragma aufweist,
4 Kabelverbindung,
5 Nachfüllstutzen für den Bezugselektrolyten,
6 Elektrodenkopf,
7 Elektrodenkabel, nicht abgeschirmt.

Die Wahl des Bezugselektrolyten hat entscheidenden Einfluß auf das Verhalten einer Bezugselektrode. So wird das am Diaphragma der Bezugselektrode auftrtende *Diffusionspotential* e_6 in Gl. (5-21) durch die folgenden Größen beeinflußt:

- die Ionenbeweglichkeit von Kationen und Anionen des Bezugselektrolyten,
- die Konzentration des Elektrolyten, und
- die Ionenstärke.

Aber auch das Konzentrationsverhältnis von Bezugselektrolyt und Probe spielt neben allen genannten Größen ebenfalls eine wichtige Rolle.

Zur Berechnung von Diffusionspotentialen kann mit den aufgeführten Größen die *Henderson-Gleichung* dienen, mit dem Ergebnis, daß möglichst konzentrierte Lösungen von (1,1)-Elektrolyten mit möglichst ähnlicher Beweglichkeit von Kationen und Anionen zur Ausbildung nur kleiner Diffusionspotentiale führen. Einen Überblick mit Zahlenangaben bringt Bates [114]. Als der Elektrolyt der Wahl dient KCl mit Ionenbeweglichkeiten $l(K^+) = 74\ \Omega^{-1}\ cm^2\ mol^{-1}$ und $l(Cl^-) = 76\ \Omega^{-1}\ cm^2\ mol^{-1}$ (vgl. auch Tabelle 5-1).

Aus ganz anderen Gründen gibt es nun aber Bedenken gegen den Einsatz einer gesättigten KCl-Lösung. AgCl löst sich in KCl zunehmend mit steigender Konzentration unter Bildung des Chlorargentatkomplexes $[AgCl_2]^-$.

Durch diesen Effekt kann es zu einer Verarmung von AgCl im System Ag, AgCl und damit zu einer Potentialdrift kommen. Abhilfe schafft ein reichlicher AgCl-Vorrat in Form einer Patrone mit einer innigen Mischung aus Ag und AgCl (vgl. Bild 5-26). Eine solche Mischung kann entweder aus den gepulverten

Komponenten oder aber durch eine partielle Reduktion von AgCl mit einer alkalischen Lösung von Formaldehyd hergestellt werden. Das Reduktionsmittel wird also im Unterschuß eingesetzt.

In Kontakt mit chloridarmen Proben zerfällt der Chlorokomplex unter Ausfällen von AgCl im Diaphragma, was zu erhöhten Werten von e_6 und einem unerwünschten Anstieg seines Innenwiderstandes führen kann (Richtwerte nach DIN 19265: ≤ 5 kΩ, vgl. [104]).

Im Diaphragma kann es aber auch zu chemischen Störungen kommen, beispielsweise durch Bildung von Silbersulfid Ag_2S aus dem Chloroargentat in Kontakt mit einer sulfidhaltigen Probe. Auch die Chloridionen des Bezugselektrolyten können unerwünschte Reaktionen auslösen (Ausfällen von AgCl oder $PbCl_2$). Dann kann auf chloridfreie Systeme, wie etwa mit der Quecksilbersulfatelektrode, übergegangen werden.

Thalliumchlorid in der „Thalamidelektrode" bildet keine Chlorokomplexe. Ein Kompromiß ist der Übergang von gesättigter KCl-Lösung auf eine der Konzentration 3,0 oder 3,5 mol/L. Die Bildung des Chlorokomplexes ist dann stark eingeschränkt, ohne daß das Diffusionspotential e_6 stark ansteigen würde.

Orion hat einen Bezugselektrolyten entwickelt, der auch im Kontakt mit Lösungen höherer Konzentration ($> 10^2$ mol/L) kleine und konstante Diffusionspotential ausbildet. Er wird als „Equitransference Lösung" bezeichnet [144].

Bezugssysteme spielen nicht nur für den Bau von „äußeren" Bezugselektroden eine Rolle. Sie werden bei pH-Glaselektroden und flüssig kontaktierten ionenselektiven Elektroden gleichermaßen als „innere" Bezugselektroden verwendet. Daß für den Aufbau einer symmetrischen Meßkette beide Bezugselektroden möglichst identisch sein sollen, wurde bereits betont.

Neben allen bisher betrachteten Einflußgrößen ist für konstante und möglichst kleine Diffusionspotentiale am Diaphragma wichtigste Voraussetzung, daß der Flüssigkeitsaustausch im Diaphragma frei erfolgen kann. Dies erreicht man in der Praxis dadurch, daß der Bezugselektrolyt stets unter einem kleinen hydrostatischen Überdruck steht. Das führt zu einem ständigen Elektrolytverbrauch, der bei Laborelektroden entweder durch einen Nachfüllstutzen [(5) in Bild 5-26] oder in der Betriebsmeßtechnik aus einem reichlich bemessenen Vorrat entnommen wird. Ein Gegendruck bei in-line-Messungen muß dabei durch einen erhöhten Luftdruck auf der Elektrolytseite leicht überkompensiert werden (vgl. Bild 2-6).

Überall dort, wo am Diaphragma besondere chemische Probleme entstehen, lassen sich Bezugselektroden einsetzen, die zwei Elektrolyträume haben – einen Elektrolyten, der auf das Bezugssystem abgestimmt ist, und einen zweiten, der für die Probe optimiert wurde. Derartige Elektroden werden auch in DIN 19264 beschrieben. Sie sind mit einem „Elektrolytschlüssel" ausgerüstet, werden aber auch „Doppeldiaphragma-Elektroden" genannt.

Aus Gründen der Wartungsfreundlichkeit einerseits und zum Verhindern des Eindiffundierens von störenden Probenbestandteilen in den Elektrolytraum andererseits kann der Bezugselektrolyt auch mit organischen Polymeren versteift werden [145].

Alle bisher betrachteten Bezugssysteme bauten auf Elektroden 2. Art auf Sie können aber auch durch Redoxsysteme ersetzt werden [146]. Das wird praktisch durch die Kombination Pt/I_2, I^- in einer von Orion entwickelten

5.3 Potentiometrie

Bezugselektrode genutzt [147]. Da bei dieser bei einer Temperaturänderung keine Gleichgewichtseinstellungen schwer löslicher Salze zur Potentialbildung beitragen, spricht sie besonders rasch und frei von Überschwingvorgängen bei Temperatursprüngen an.

Die Eigenschaften einer Bezugselektrode werden zusätzlich zum gewählten Bezugssystem durch das Diaphragma festgelegt. Ein gutes Diaphragma soll sich durch die folgenden Merkmale auszeichnen:

- freier Elektrolytfluß,
- Innenwiderstand ≤ 5 k (vgl. auch DIN 19264 [104]),
- gute Verschmelzbarkeit des Diaphragmawerkstoffes mit dem Schaft der Bezugselektrode.

Verschiedene Diaphragmabauformen veranschaulicht Bild 5-27. Überlicherweise wird mit einem zylindrischen Diaphragma (1) gearbeitet (Material: Oxidkeramik, z.B. ZrO_2). Optimales Verhalten zeigt ein Schliffdiaphragma (5), das zudem noch zur Reinigung demontiert wrden kann. Auch ein Diaphragma aus einem Platindrahtzopf (3) (Schott) [343] weist gute Eigenschaften auf. Bei stark oxidierenden oder reduzierenden Redoxsystemen kann sich an ihm aber ein Störpotential ausbilden, das sich zum Diffusionspotential e_6 addiert.

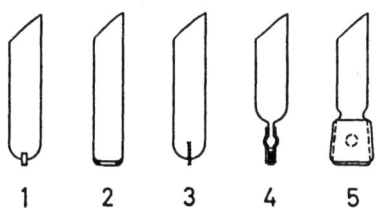

Bild 5-27
Bauformen von Diaphragmen von Bezugselektroden.
1 Ton- oder Keramikstift,
2 Scheibendiaphragma,
3 Platinzopf,
4 elastisch gefaßtes Diaphragma für Meßketten, die mit Ultraschall gereinigt werden (vgl. Bild 2-8),
5 Schliffdiaphragma, lösbar.

Elastisch gefaßte Diaphragmen (4) werden dann eingesetzt, wenn die gesamte Meßkette durch Einwirkung eines Ultraschallfeldes automatisch gereinigt wird (vgl. Bild 2-8).

Speziell für den Einsatz in der Betriebsmeßtechnik wurde eine Bezugselektrode mit einem „Ringspalt" als Diaphragma [148]. Funktionell entspricht es in etwa dem Schliffdiaphragma (5), obwohl mit einem gelversteiften Elektrolyt gearbeitet wird. Alle diese Betrachtungen zeigen, daß Bezugselektroden Sensoren sind, an die mindestens so hohe Anforderungen wie an die Meßelektroden zu stellen sind. Einen Gesamtüberblick zum Thema geben Ives und Janz [149].

5.3.6 pH-Meter und Ionen-Meter

Es kann nicht Aufgabe eines auf den Sensor ausgerichteten Buches sein, auch über die zugehörigen Meßwertverstärker im Detail zu berichten. Speziell in der Potentiometrie bestehen aber zwischen beiden Bereiche sehr enge Beziehungen, die im wesentlichen durch den Einsatz von Mikroprozessoren geschaffen wurden. So entstanden pH-Meter und Ionen-Meter, die nicht nur einen erheblich höheren Bedienungskomfort aufweisen, sondern auch durch Vorgabe von zwei Lösungen bekannten pH-Wertes oder bekannter Konzentration bei zwei verschiedenen Temperaturen alle sensorspezifischen Merkmale errechnen, anzeigen und speichern. Das gilt beispielsweise für die Steilheit der Meßkette, die Parameter E_{iso}, pH_{iso} bzw. a_{iso} und für Temperaturkoeffizienten. Aus diesen Daten werden dann die gesuchten Meßwerte unbekannter Proben errechnet. Beim Arbeiten mit ionenselektiven Elektroden kommen dann noch Methoden hinzu, die nicht auf die bereits beschriebene Probenvorbereitung bezogen sind. Vielmehr wird der mit bekanntem Volumen vorgelegten Probe ein „Eichzusatz" mit bekanntem Volumen und bekannter Konzentration zugemischt. Das Ionen-Meter errechnet dann die Konzentration.

Die Rechenprogramme dieser Methoden beschreiben Ebel und Parzefall [135] sowie Midgley und Torrance [136]. Galster gibt einen sehr aktuellen Überblick über diese Methoden und über die gesamte Potentiometrie [150].

5.4 CHEMFETs

5.4.1 Einleitung

Mit dem Oberbegriff CHEMFET, der für Chemically sensitive Field Effect Transistor steht, werden eine ganze Reihe weiterer Abkürzungen verbunden, welche aus Tabelle 5-7 hervorgehen. Stets handelt es sich um die Kombination von Bauelementen aus der Halbleitertechnologie mit Sensorelementen. Die Arbeiten begannen vor 20 Jahren durch Bergveld [28] (vgl. auch Tabelle 1-2). Rasch kam es weltweit zu Entwicklungsaktivitäten, die zunächst in den Händen von Halbleitertechnologen oder auch von Mikrobiologen und Physiologen lagen. Das erklärt sich daraus, daß eines der ersten Ziele ein BioChip war. Er ist ein miniaturisierter pH-FET, dessen pH-sensitives Gate mit einem immobilisierten Enzym beschichtet ist.

Die Entwicklungsarbeit beruhte lange Zeit auf rein empirischen Untersuchungen, ohne daß es zu einer interdisziplinären Zusammenarbeit kam, und die Möglichkeiten wurden gewiß – auch in Publikationen – zu optimistisch eingeschätzt. Heute gibt es eine Reihe gut ausgearbeiteter Theorien, die das Verhalten von CHEMFETs erklären können [152, 153]. Weitgehend unbekannt sind aber noch die an den Grenzflächen von Isolator und chemisch sensitivem Gate ablaufenden Mechanismen.

Eine teilweise Aufklärung kann durch Einsatz von Großgeräten erwartet werden, die in der Festkörperphysik chemischer Sensoren mit Erfolg eingesetzt wurden [52] (vgl. auch Kapitel 4).

So untersuchten Göpel und Gimmel [52, 161] Sensorschichten aus Tantalpentoxid, das durch thermische Oxidation von aufgedampftem Tantal erhalten wurde, mit Hilfe des Ionenstrahlätzens (beam-etching). Dazu wird ein Strahl von energiereichen Argon-Ionen auf die Schicht gerichtet. Die abgetragenen Teilchen werden mit Hilfe der Röntgenstrahlen-induzierten Photoemissions-Spektroskopie untersucht. Sie erlaubt eine Aussage über die Anwesenheit von Ta^0 (metallisches Tantal), von O^0 (Sauerstoff) sowie von Ta^{5+}, letzteres als Beweis für die Anwesenheit von Ta_2O_5. Im Laufe der Schichtabtragung werden zugleich Tiefenprofile der Sensorschichten erhalten.

5.4 CHEMFETs

Tabelle 5-7 Abkürzungen und Erläuterungen zur CHEMFET-Technologie

Abkürzungen	Erläuterung
FET	Field Effect Transistor (Feldeffekttransistor) Halbleiterbauelemente mit Eigenschaften, die einer Triode (Verstärkerröhre) entsprechen. Nach Bild 5-28 ergeben sich folgende Analogien: Source = Kathode, Drain = Anode, Gate = Gitter. Die am Gate angelegte Spannung steuert hochohmig den Stromfluß zwischen Source und Drain. Alle pH-Meter enthalten heute in der Eingangsstufe FETs (vgl. Bild 5-29).
IGFET	Insulated Gate FET FET, dessen Gate über eine sehr dünne Oxidschicht (SiO_2) mit der Basis (Bulk, Si) in Verbindung steht (vgl. Bild 5-28).
MOSFET	Metal Oxide Silicon FET Übliche Bauform eines IGFET: Al/SiO_2/Si.
OSFET	Oxide Silicon FET.
OGFET	Open Gate FET, beide gehen aus einem MOSFET durch Weglassen des metallischen Gate hervor.
CHEMFET	Chemically sensitive FET, Oberbegriff
GASFET	Gassensitiver FET Beispiel: FET mit Pd als Gate Metall, sensitiv für H_2 oder auch NH_3.
ISFET	Ionensensitiver FET Beispiel: der Isolator Si_3N_4 eines OGFET/OSFET zeigt pH-Funktion, sofern das Randgebiet des Isolators hochohmig gegen die Anschlüsse abgedeckt wird (Epoxverguß, vgl. Bild 5-30).
pH-FET	pH-sensitiver ISFET mit einem für die pH-Messung optimiertem Gate, z.B. Ta_2O_5. Hier liegt also ein nichtmetallisches Gate vor.
ENFET	Enzym-FET Meist ein pH-FET, dessen Gate pH-Änderungen als Folge enzymatischer Reaktionen erfaßt.
BioChip	Vorzugsweise ein ENFET auf der Basis eines pH-FET

Es verbleiben aber eine ganze Reihe technologischer Probleme, etwa im Zusammenhang mit der hochohmigen Gate-Abdeckung oder der Miniaturisierung von Bezugselektroden.

Materialbedingte Einsatzeinschränkungen lassen es fragwürdig erscheinen, ob in der Betriebsmeßtechnik CHEMFETs in größerem Umfang eingesetzt werden können. Hier ist auch die Miniaturisierung, die technologisch vorgegeben ist, keineswegs immer von Nutzen. Bei in-vivo-Messungen in der klinischen Chemie, als Detektoren von chromatographischen Methoden und im Personenschutz mit tragbaren kleinen Geräten können aber die CHEMFETs mit bemerkenswerten Eigenschaften aufwarten, wenn es gelingt, die noch anstehenden Probleme zu lösen.

Es ist zum gegenwärtigen Zeitpunkt schwer, vorauszusagen, welchen Stellenwert CHEMFETs bekommen könnten. Daran ändern auch die oft anzutreffenden Marktprognosen nichts [65].

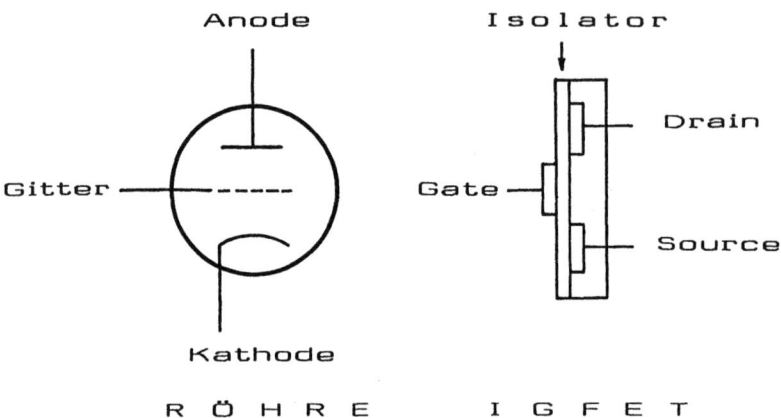

Bild 5-28 Formale Übereinstimmung einer Röhre (Triode) mit einem Feldeffekt-Transistor.

5.4.2 Methodische Grundlagen

Ein FET weist nach Bild 5-30 in einer Basis (Bulk) aus p-leitendem Silicium zwei durch kontrollierte Diffusion eines Dotierungsmittels erzeugte „Elektroden" mit n-Leitfähigkeit auf. Legt man einer äußeren Spannung an die Elektronen S (Source) und D (Drain), fließt in einem in der p-Si-Oberfläche liegendem Leitfähigkeitskanal ein Strom, der durch die an einer dritten Elektrode G (Gate) liegende Spannung gesteuert werden kann. Das metallische Gate steht mit der p-Si-Basis über eine dünne Schicht, z.B. 0,1 μm SiO_2, in Kontakt. Das sich aufbauende elektrische Feld greift auf den Leitfähigkeitskanal über und steuert den Strom. Dieser „Feldeffekt" hat dem Transistor den Namen gegeben.

Der Eingangswiderstand eines FET über das Gate liegt in der Größenordnung von 10^{15} Ω. Damit wird die hochohmige und leistungslose Messung von potentiometrischen Meßketten möglich. Spanungsteilereffekte beim Arbeiten mit hochohmigen Meßelektroden ($R > 10^9$ Ω) oder Polarisationserscheinungen durch Strom an Redoxelektroden werden damit ausgeschlossen.

Alle modernen potentiometrischen Verstärker enthalten heute in der Eingangsstufe FETs, wie das Bild 5-29 zeigt. Das Potential der Meßkette wird durch reine Elektronenleitfähigkeit dem metallischen Gate aufgeprägt. Alle mit der Potentialbildung verknüpften Elektrodenreaktionen, welche oft genug auch auf Ionenleitfähigkeit beruhen, laufen an den Grenzflächen der die Elektroden aufbauenden Sensorelemente reversibel ab.

CHEMFETs weichen in der Bauform von diesem Konzept in einigen wesentlichen Punkten ab. So liegt konstruktiv bedingt stets eine feste Kontaktierung der Sensorelemente vor. Wenn dabei nicht der Isolator (SiO_2, Si_3N_4) sensorisch genutzt wird, steht er in Kontakt mit der ionenselektiven Schicht. Das bedeutet beim Auftragen von Gelmembranen, daß diese mit einer pH-sensitiven Schicht Verbindung haben. Die Folge ist oft ein undefiniertes Selektivitätsverhalten eines solchen Sensors.

5.4 CHEMFETs

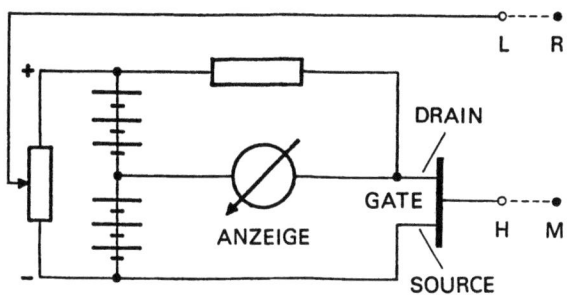

Bild 5-29 Einfache Prinzipschaltung eines pH-Meters mit einem Feldeffekt-Transistor (vgl. auch Tabelle 5-7). Der niederohmige Eingang (L) steht mit der Bezugselektrode R, der hochohmige (H) mit der Meßelektrode M (Glaselektrode) in Verbindung.

Tabelle 5-8 Eigenschaften von pH-FETs

Gate-Material	Si_3N_4	Al_2O_3	Ta_2O_5
Eigenschaften			
1. pH-Bereich	2...10	2...10	1...13[a]
2. Steilheit in mV/pH (25 °C)	45...62[b] [162]	42...67 [160]	57,5...59,5 [155]
3. Drift			
3.1 Einlaufzeit Dauer/mV	?	15...60 min/ 0...25 mV [160]	15 min/ 15 mV [155]
3.2 Langzeitdrift	1 mV/h	0,5...1,5 mV/h	0,1...0,2 mV/h [167]
4. Temperaturabhängigkeit in mV/°C	?	1,5	1,0...1,5
5. Ansprechzeit in ms	100	100	50
6. Querempfindlichkeit für Na^+ Selektivitätszahl k_{H-Na}	c)	$< 10^{-9}$	$< 10^{-9}$
7. Hysteresis [167] pH 7 → 4 → 7 und/oder pH 7 → 10 → 7 in mV nach 1 h	3 [167]	0,8 [167]	0,2 [167]
8. Lebensdauer in d	90	5...30[d]	90

[a] Oberer Bereich zu hoch,. vgl. Pos. 6: bei pH 10 und 0,1 mol/L Na^+ bereits bis zu 30 % Fehler
[b] Streubereich handelsüblicher pH-FETs [162, 352]
[c] Im Datenblatt finden sich nicht verwertbare Angaben [162]
[d] Erfahrungen des Autors mit 10 Mustern

Bergveld [28] benutzte bei seinem ersten pH-FET den Isolator SiO_2 direkt als pH-Sensor. Die pH-Abhängigkeit kommt dabei wohl in Kontakt mit wäßrigen Lösungen durch die hydrolytische Bildung von dissoziationsfähigen OH-Gruppen zustande. Die erhaltenen Steilheiten liegen weit unter den von der Nernst-Gleichung vorgegebenen Werten. Das gilt auch für das zusätzlich als zweite Isolatorschicht aufgetragene Si_3N_4. Bergveld und de Rooij geben einen guten Überblick über das Verhalten solcher als pH-Sensoren genutzten Isolatoren [126] (vgl. auch Tabelle 5-8). β-Al_2O_3 als protonenleitender pH-Sensor brachte

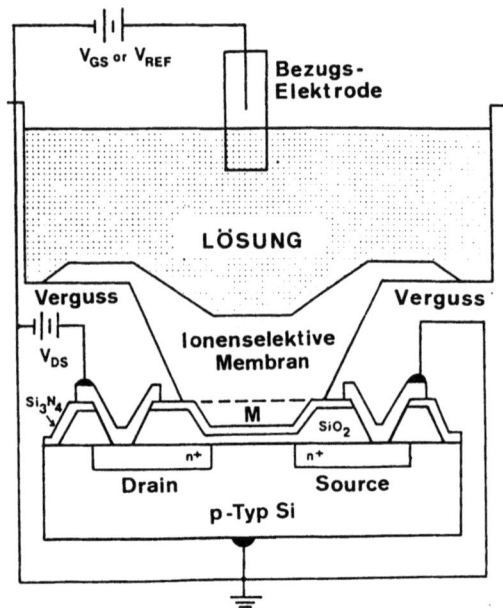

Bild 5-30
Schematisierter Aufbau eines ionenselektiven Feldeffekt-Transistors (nach Janata [153]).
Das üblicherweise vorhandene metallisch Gate M wird hier durch eine ionenselektive Membran ersetzt. In einer Schaltung mit konstantem Drain-Strom befolgt die Gate-Spannung V_{GS} im Bezugselektrodenkreis die Nernst-Gleichung.

wesentliche Verbesserungen [154]. Aber erst die Einführung von Ta_2O_5 ließ den Bau von pH-FETs mit Nernst-Steilheiten zu [155].

FETs für die Messung weiterer Kationen und Anionen werden dadurch erhalten, daß Gelmembranen auf den Isolator aufgebracht werden (Bild 5-30). Neben allen anderen Schwierigkeiten kann es auch dadurch zu Problemen kommen, daß die ionenselektive Membran ihr „Quellwasser" an den Isolator (Si_3N_4) weitergibt und hier wieder eine pH-sensitive Schicht aufgebaut wird.

Es ist keineswegs zutreffend, wenn behauptet wird, daß ionenselektive Elektroden, Coated-Wire-Elektroden und ISFETs alle nach dem gleichen Prinzip funktionieren [153].

Die zwangsläufig feste Kontaktierung kann bei ionenleitenden Sensormaterialien Anlaß zu Drifterscheinungen geben, wie das Fjieldly und Nagy in anderem Zusammenhang zeigen konnten [109]. Unklar ist auch die Einteilung von chemisch sensitiven Gate-Materialien in polarisierbare (kapazitive) und nichtpolarisierbare (ohmsche), wie das Janata tut [153]. Die Sensorreaktionen sind ja oft unbekannt. Klein schließlich unterscheidet dielektrische, kristalline und heterogene Sensormaterialien und vermischt dabei meßtechnische und physikalische Merkmale [156]. Auf die naheliegende Möglichkeit, in echter Analogie zu den ionenselektiven Elektroden wohl fundierte ISFETs aufzubauen, weist Klein nur am Rande hin [156]. Dazu müßten metallische Gates im Schichtaufbau nach den in Bild 4-7 herausgestellten Regeln chemisch sensitiviert werden. Vage deuten sich diese Möglichkeiten an, wenn beim Arbeiten mit Ionenleitern von der Notwendigkeit gesprochen wird, Mediatorschichten (z.B. AgCl) einbauen zu müssen.

5.4 CHEMFETs

Alle diese Betrachtungen lassen erkennen, wie wenig die Regeln des Baues potentiometrischer Sensoren bisher in die CHEMFET-Entwicklung eingeflossen sind. Die weit entwickelten Theorien zum Verständnis der CHEMFET-Funktionen können hier allein nicht helfen [152, 153].

5.4.3 CHEMFET-Fertigung und -Bauformen

Die fertigungstechnischen Grundlagen aller CHEMFET-Entwicklungen liegen in der üblichen FET-Produktion nach den Prinzipien der Silicium-Planar-Technologie. Methoden der Photolithographie, des additiven Schichtaufbaues und des Ätzens sind dabei in logischer Folge miteinander verknüpft. Bild 4-10 nahm bereits darauf bezug, wie auch sonst in Kapitel 4 und Tabelle 4-1 auf Fertigungsbelange eingegangen wurde. Eine ausgezeichnete Übersicht über die Fertigungsschritte bringt Janata [153]. Bei der Fertigung aus Wafern (runde Silicium-Scheiben) fallen 160 FETs pro 7.5-cm-Wafer an. Bei der CHEMFET-Entwicklung führt die Fertigung meist zum OGFET, der auch von einigen Entwicklungsstellen bezogen werden kann [157].

Alle vom OGFET zum CHEMFET führenden Schritte werden manuell durchgeführt. Automatisierungsmöglichkeiten lassen sich nur sehr bedingt absehen. Ein Beispiel wäre eine lift-off-Technik [158]. Besonders heikel ist hier auch die gezielte hochohmige Abdeckung des Gate unter Einsatz organischer Polymere, was eine der Ursachen der meist nur kurzen Lebensdauer von CHEMFETs ist. Eine fertigungstechnisch etwas aufwendigere Kontaktierung von Source und Drain von der Rückseite des Si-Chips her könnte die Lebensdauer erhöhen [159], zumal hier die Notwendigkeit der Gate-Abdeckung mit Epoxyharzen entfällt. Große Bedeutung haben auch Methoden zur Verbesserung der Haftung von Gelmenbranen als Gate-Materialien.

Über die Ausbeute von CHEMFETs ist wenig bekannt, zum Teil ist sie auch ein sorgfältig gehütetes Geheimnis. Hinzu kommen mitunter erhebliche Exemplarstreuungen. Reelle Angaben hierzu sind bei Schepel und Mitarbeitern zu finden [160].

Gimmel et al. [161] konnte für pH-sensitiver Ta_2O_5 eindringlich die Fertigungsproblematik zeigen. Er setzte Methoden zur Schichtuntersuchung (vgl. Kapitel 4) und des Schichtabtrages durch „beam etching" ein.

Bei der CHEMFET-Fertigung werden in jedem Falle „mini-Sensoren" mit Abmessungen im mm Bereich erhalten, die nicht ohne weiteres für die Analyse flüssiger oder gasförmiger Proben eingesetzt werden können. Wie viele herkömmliche Sensoren benötigen auch CHEMFETs eine „Armierung". Klein montiert dazu den pH-FET an die flache Unterseite eines Schaftes mit 16 mm Durchmesser [155]. Damit werden leicht handzuhabende Meßelektroden erhalten.

Die von Haus aus kleinen Abmessungen kommen demgegenüber der Entwicklung von in-vivo-Sensoren entgegen (Bild 5-31). Auch als Detektoren für Methoden der Flüssigkeitschromatographie (HPLC, FIA) eignen sich ähnlich konfektionierte Sensoren, wobei die sehr kurzen Ansprechzeiten einen Vorteil haben.

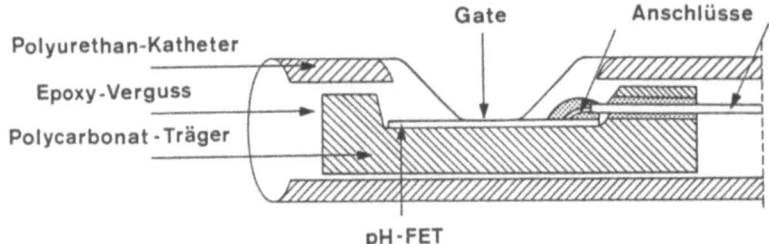

Bild 5-31 Als Katheder für in-vivo-pH-Messungen ausgelegter pH-FET. Durchmesser der Sonde: 2,3 mm [154].

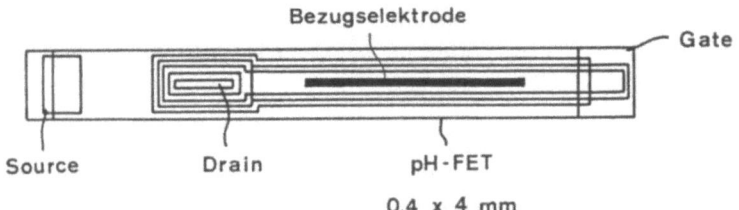

Bild 5-32 Auslegung eines pH-FET als gassensitiver Sensor [210], vgl. Bild 5-24. Der Bereich der Bezugselektrode und das Gate werden mit einem gelversteiften Elektrolytfilm überzogen, der auch die Funktion einer gaspermeablen Membran übernimmt.

Daß keine miniaturisierten Bezugselektroden zur Verfügung stehen, stört bei diesen Anwendungen wenig. Entweder kann mit handelsüblichen Elektroden mit den DIN-Abmesdungen [104] gearbeitet werden, oder aber es kommen anodisch chlorierte Silberdrähte in einem KCl-Gel zur Verwendung. Auch pH-FETs in einem Puffer-Gel mit einem definierten pH-Wert eignen sich gut als Mini-Bezugselektrode.

ISFETs sind bisher nicht im Handel. Eine Ausnahme macht ein pH-FET mit den Unzulänglichkeiten eines Si_3N_4-Gates als pH-Sensor [162, 352].

Vom Konzept her interessant ist ein GASFET, der nach dem Prinzip der potentiometrischen gassensitiven Elektroden arbeitet (vgl. Abschnitt 5.3.4). Sein Aufbau geht aus Bild 5-32 hervor. Hierzu muß allerdings festgestellt werden, daß beide Sensortypen zwar rasch auf steigende Konzentrationen ansprechen, bei fallender Konzentration dagegen recht lange Einstellzeiten haben. Für den Personenschutz ist das nicht relevant, da es in der Hauptsache gilt, plötzliche Ausbrüche gefährlicher Gase zu erkennen. Ein Analogon zur Severinghaus-Elektrode zur Messung von Gelöst-CO_2 auf der Basis eines pH-FET beschreiben Hu, van den Vlekkert und de Rooij [109]. Der pH-FET wird interessanterweise von der Rückseite des FET kontaktiert.

GASFETs auf der Basis von MOSFETs haben in dieser Hinsicht bessere Eigenschaften. Das gilt beispielsweise für einen Wasserstoffsensor mit einem Pd-Gate [163]. Zur rascheren Einstellung des Gleichgewichtes der Elektrodenreaktion wird der Sensor auf 130 °C beheizt. Ein entsprechendes Gerät wird bereits angeboten [164].

Zum Schluß soll noch kurz auf *Biosensoren* auf der Basis von pH-FETs eingegangen werden. Sie sind so aufgebaut, daß die pH-sensitive Schicht mit einem immobilisierten Enzym beschichtet ist. Werden bei der einzymatischen Reaktion saure oder alkalische Reaktionsprodukte frei, also etwa H^+-Ionen oder NH_3, kommt es zu einer von der Substratkonzentration abhängigen pH-Verschiebung, welche vom pH-FET gemessen wird [353].

Viel Arbeit wurde für die Entwicklung eines auf dieser Grundlage arbeitenden Glucosesensors aufgewandt. Glucose reagiert in Gegenwart von Sauerstoff mit Glucoseoxidase unter Bildung von Gluconsäure, so daß die beschriebenen Voraussetzungen erfüllt sind. Es hat sich aber gezeigt, daß die Abhängigkeit des Meßwertes von der Sauerstoffkonzentration und das im Laufe der Messungen sich aufbauende Puffergleichgewichte die ohnehin schon unlineare Konzentrations-Signal-Funktion so entscheidend beeinflussen, daß große Meßfehler auftreten. Ein solcher BioChip wurde von namhaften Entwicklungsgruppen bereits aufgegeben [165, 166]. Dabei ging es um einen Paradefall des BioChips.

5.4.4 ISFET-Eigenschaften

Bei allen chemischen Sensoren hängen die meßtechnischen Eigenschaften weitgehend vom Material des Sensorelementes und der Bauform ab. Das gilt auch für ISFETs. Als repräsentativer und am besten untersuchter Vertreter soll der pH-FET dargestellt werden. Für drei verschiedene Gate-Materialien bringt Tabelle 5-8 eine Zusammenstellung der wichtigsten Daten. Im Vergleich zu pH-Glaselektroden bestehen deutliche Unterschiede in Bereich, Steilheit, Natriumfehler und Drift. Am besten schneiden Sensoren mit Ta_2O_5 als Gate-Material ab.

Im Schrifttum sind auch zahlreiche Angaben zu anderen ISFETs zu finden. Das gilt beispielsweise für einen Multisensor für Na^+- und Cl^--Ionen [169]. Im Vergleich zu herkömmlichen ionenselektiven Elektroden wird bei ISFETs mit Gelmembranen mit der Zeit eine Abnahme der Selektivität beobachtet. Die Lebensdauer beträgt zwischen 40 und 70 Tagen und ist damit nicht allzu verschieden von der handelsüblichen Elektroden mit Gelmembranen.

Für pK-FETs beschreiben Blackburn und Janata wesentliche Verbesserungen der Langzeitdrift, wenn die kaliumsensitive Gelmembran durch ein dem Gate vorgelagertes Maschengitter („suspended mesh") mechanisch stabilisiert wird [170]. Die für einige Gate-Materialien ausgeprägte Drift während der Einlaufzeit ist nicht nur auf Festkörpersensoren beschränkt [160, 171].

Alle bisherigen Untersuchungen – dies gilt insbesondere auch für pH-FETs, wurden unter idealen Laborbedingungen ausgeführt. So wurde beispielsweise bei konstanter Temperatur gearbeitet, ohne daß jemals über einen weiteren Temperaturbereich das Funktionieren einer automatischen Temperaturkompensation getestet wurde. Gerade die Betriebspraxis der pH-Meßtechnik stellt hier hohe Anforderungen. Eigene orientierende Versuche ließen bei pH-FETs mit Gates aus Si_3N_4 und Al_2O_3 eine erhebliche thermische Hysteresis erkennen.

Hervorzuheben ist die kurze Ansprechzeit von ISFETs, die wesentlich durch die Integration von Sensor und Vorverstärker bzw. Impedanzwandler bedingt ist, ohne daß schaltungstechnische RC-Glieder oder Kabelkapazitäten auftreten. Bei Titrationen mit potentiometrischer Endpunktindikation und für Detektoren in der Flüssigkeitschromatographie sind „schnelle Sensoren" unerläßlich. Hier erschließen sich somit interessante Einsatzmöglichkeiten von ISFETs. Parameteränderungen im Laufe der Lebenszeit sind entweder ohne Bedeutung (Endpunktindikation) oder aber werden durch ohnehin übliche Kalibrationsmaßnahmen (HPLC, FIA) berücksichtigt.

5.4.5 Ausblick

Auch nach 20 Jahren CHEMFET-Forschung und Entwicklung läßt sich noch nicht zuverlässig feststellen, in wie weit CHEMFETs eine echte Alternative zu herkömmlichen potentiometrischen Sensoren sein können [172]. Die sich abzeichnenden Verbesserungen durch technologische und sensorische Maßnahmen (Kontaktierung von der Rückseite, reversible Sensoren im Schichtaufbau) werden erst in einigen Jahren zum Tragen kommen. Bestimmte Einsatzbereiche, die den CHEMFET-Merkmalen entgegenkommen, lassen sich bereits jetzt definieren. Die anfangs hoch gesteckten Ziele [niedriger Preis, große Stückzahlen, Ersatz konventioneller potentiometrischer (ionenselektiver) Elektroden] werden sich aber wohl kaum erreichen lassen.

5.5 Amperometrie

5.5.1 Begriffe und Definitionen

Eine klare Begriffsbestimmung stößt bei der Amperometrie im Gegensatz zu anderen elektrochemischen Meßmethoden auf einige Schwierigkeiten. Das Fehlen von verbindlichen Normen für die methodischen Grundlagen hat zu einer Vielfalt von verwirrenden Begriffen geführt. So wird von *galvanischen Zellen* gesprochen, was Konflikte mit der Potentiometrie mit sich bringt (vgl. DIN 19261 [99]). Eine Benennung als *elektrochemische Zellen* ist üblich, aber zu allgemein gefaßt. Auch die Bezeichnung *Brennstoffzelle* für amperometrische Sensoren ohne Anlegen einer äußeren Spannung ist nicht korrekt. Brennstoffzellen werden nicht im Bereich des Diffusionsgrenzstromes betrieben, und das sich verbrauchende Material einer Gegenelektrode (Ag, Pb) als Brennstoff zu bezeichnen, ist nicht stichhaltig.

Die Amperometrie ist eine Methode der Voltammetrie, und so sollte sie sich an dieser orientieren. Aber auch hier gibt es insofern Probleme, als die Union of Pure and Analytical Chemistry (IUPAC) eine Nomenklatur vorgibt, welche sich an der Kinetik der Elektrodenreaktion orientiert [174]. Die an sich klaren Darstellungen sind für den Meßtechniker und Analytiker schwer verständlich und damit eher mißverständlich. Am einfachsten werden die Zusammenhänge, wenn auf ältere Definitionen von Meites zurückgegriffen wird [175]. Danach handelt es sich bei der Voltammetrie als Oberbegriff um eine elektrochemische Meßmethode, welche Strom-Spannungs-Kurven auswertet. Tabelle 5-9 bringt eine Zusammenstellung der methodischen Varianten und Begriffe unter Einbezug der Amperometrie. In Tabelle 5-10 sind amperometrischer Begriffe zusammengestellt und erläutert.

5.5 Amperometrie

Tabelle 5-9 Voltammetrische Methoden

Methode	Funktionen	Merkmale
1. Voltammetrie	$I = f(U)_c$, U von $0 \ldots -U_{max}$ oder von $0 \ldots +U_{max}$	Durchfahren eines weiten Bereiches der Polarisationsspannung U unter Registrieren des Stromes I für verschiedene Konzentrationen c.
2. Cyclische Voltammetrie	$I = f(U)$, U von $0 \ldots \pm U_{max}$	Durchfahren eines weiten Bereiches der Polarisationsspannung U mit wechselnder Polarität unter Registrieren des Stromes für konstante Konzentration c.
3. Polarographie	$I = f(U)_c$,	wie 1., jedoch Quecksilbertropfelektrode als Arbeitselektrode.
4. Amperometrie	$I = f(U)_c$, U konst.	Festhalten der Spannung U im Bereich des Plateaus des Stromes I. Arbeiten mit festen Elektroden.

Anmerkungen:
1. stellt den Oberbegriff für alle folgenden Varianten dar.
2. wird vorzugsweise zum Studium von Elektrodenreaktionen verwendet.
3. und 4. sind wichtige elektrochemische Analysenmethoden, wobei mit 3. verschiedene Depolarisationen simultan bestimmt werden können, während 4. nur für einen Depolarisator in Frage kommt.

Alle von außen an eine Meßzelle angelegten Spannungen werden mit dem Symbol U bezeichnet.

Tabelle 5-10 Begriffe der Amperometrie

Begriff	Erläuterung
1. Meßzelle	Amperometrischer Sensor, der zwei oder drei Elektroden enthalten kann.
2. Arbeitselektrode	Meßelektrode mit einem elektronenleitendem Sensorelement, an dem die analytisch interessierende Elektrodenreaktion abläuft.
3. Gegenelektrode (I)	Sensor einer amperometrischen 2-Elektrodenmeßzelle, der sowohl als Stromkontakt als auch als Bezugselektrode funktioniert. Wichtige Voraussetzung: konstantes Potential auch unter Stromeinfluß.
4. Gegenelektrode (II)	Bestandteil einer amperometrischen 3-Elektrodenmeßzelle, an welcher keine Elektrodenreaktion abläuft. Sie dient nur als Stromkontakt. Metallischer Leiter.
5. Bezugselektrode	Sensor einer amperometrischen 3-Elektrodenmeßzelle, der räumlich eng zur Arbeitselektrode sitzt und ihre vorgewählte Spannung kontrolliert.
6. Potentiostat	Regelbare Spannungsquelle für amperometrische 3-Elektrodenmeßzellen. Der Potentiostat hält regeltechnisch eine vorgewählte Spannung der Arbeitselektrode aufrecht. Vorgabe der Vergleichsspannung durch eine Bezugselektrode.
7. Depolarisator	Chemische Verbindung, die anodisch oxidiert oder kathodisch reduziert werden kann und damit die Polarisation einer Arbeitselektrode aufhebt und das Fließen eines elektrischen Stromes auslöst.

5.5.2 Grundlagen der Amperometrie

1. Der Diffusionsgrenzstrom. Die Abhängigkeit des Stromes von der an eine Arbeitselektrode angelegten Spannung bei Gegenwart einer elektrodenaktiven Substanz – eines Depolarisators gemäß Tabelle 5-10 – wird durch eine Strom-Spannungs-Kurve der in Bild 5-33 gezeigten Art ausgedrückt. Sie wird kurz als *Voltammogramm* bezeichnet.

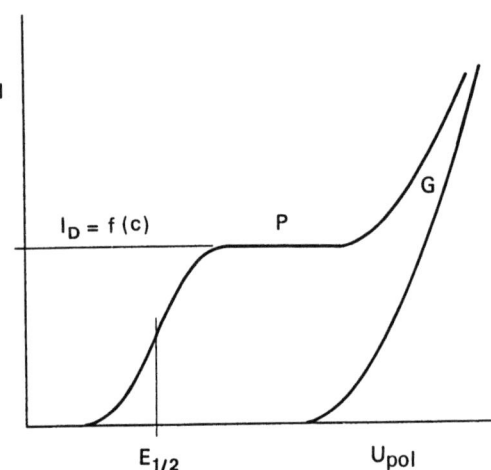

Bild 5-33
Voltammetrische Strom-Spannungs-Kurve, ein sogenanntes Voltammogramm. Im Bereich des Plateaus P wird der Diffusionsgrenzstrom I_D durch die Konzentration der elektrodenaktiven Substanz bestimmt. Der Stromanstieg G kommt durch elektrolytische Zersetzung des „leeren" Grundelektrolyten zustande. $E_{1/2}$ ist das Halbstufenpotential des Depolarisators.
(Anmerkung: Im Abschnitt 5.5 (Amperometrie) werden mit U von außen an Meßzellen angelegte Spannungen, mit E dagegen vom Sensor selbst abgegebene Spannungen bezeichnet.)

Beim Durchlaufen der an der Arbeitselektrode wirkenden Spannung U_{pol} ist die Elektrode anfangs voll polarisiert und es fließt – von einem meist vernachlässigbar kleinen Reststrom abgesehen – kein Strom. Beim Vergrößern von U_{pol} beginnt ein zunehmend größer werdender Strom zu fließen, der dadurch zustande kommt, daß die Energiebarriere Elektrode/Lösung zunehmend überwunden wird. Dieser Bereich wird als Durchtrittsbereich bezeichnet. Er kann durch die Butler-Volmer-Gleichung beschrieben werden [176]. Der Strom strebt schließlich einem konstantem Wert (dem Diffusionsgrenzstrom) zu. Hier ist nicht mehr die Durchtrittsarbeit, sondern der durch Diffusion bestimmte Stofftransport maßgebend. Die Elektrodenreaktion läuft hier so schnell ab, daß alle an die Elektrodenoberfläche gelangenden Teilchen eines Depolarisators elektrochemisch umgesetzt werden. Der Strom hängt in diesem Bereich von der Nachlieferung ab, welche wiederum auch konzentrationsabhängig ist.

Es ist eines der Merkmale der Amperometrie, daß die an der Arbeitselektrode wirkende Spannung U_{pol} so gewählt wird, daß sie im Bereich des Plateaus des Diffusionsgrenzstromes liegt.

Für den Diffusionsgrenzstrom gilt die Beziehung

$$I_D = \frac{A \cdot n \cdot D}{\delta} \cdot c. \tag{5-25}$$

5.5 Amperometrie

Dabei ist A die Oberfläche der Arbeitselektrode, n die Anzahl an der Elektrodenreaktion beteiligten Elektronen, D der Diffusionskoeffizient des Depolarisators, und c die Konzentration des Depolarisators. δ stellt die Dicke des Diffusionsgrenzschicht an der Grenzfläche Elektrode/Lösung dar.

Der Diffusionskoeffizient D ist temperaturabhängig, womit auch der Diffusionsgrenzstrom I_D von der Temperatur abhängt. Typische Werte liegen bei 2 bis 7 %/K. Die Dicke δ der Diffusionsgrenzschicht wird durch die Relativbewegung von Elektrode und Lösung beeinflußt. Daraus folgt eine Strömungsabhängigkeit des Stromes I_D. Membranlose Arbeitselektroden müssen deshalb mit konstanter Probengeschwindigkeit angeströmt werden. Bei membranbedeckten Elektroden ist die Diffusion des Depolarisators durch die Membran meist der geschwindigkeitsbestimmende Schritt und die Probenströmung hat weit weniger Einfluß auf den Strom I_D.

2. Die Elektrodenreaktion. Art und Geschwindigkeit der an einer Arbeitselektrode ablaufenden Elektrodenreaktion hängen von einer Vielzahl von Faktoren ab, die in ihrer Gesamtheit auch die Gestalt eines Voltammogramms beeinflussen.

Es handelt sich um

- die Reversibilität des als Depolarisator wirkenden Redoxsystems,
- um die Austauschstromdichte des die Elektrodenreaktion bestimmenden Partners und
- um die Diffusionsgeschwindigkeit aller an der Elektrodenreaktion beteiligten Bestandteile des Redoxsystems.

Diese Abhängigkeiten sollen näher betrachtet werden. Redoxyseme, an welchen nur Elektronen beteiligt sind [siehe Gl. (5-13)], zeichnen sich meist durch eine gute Reversibilität aus. Ein Beispiel von praktischer Bedeutung ist die amperometrische Bestimmung von Gelöst-Chlor mit der im sauren Bereich ablaufenden Redoxreaktion

$$Cl_2 + 2e^- \rightleftharpoons 2Cl^-. \tag{5-26}$$

Im alkalischen Bereich liegt das Chlor demgegenüber als das Hypochlorit-Anion ClO^- vor, und es gilt die Redoxreaktion

$$ClO^- + H_2O + 2e^- \rightleftharpoons Cl^- + 2OH^-. \tag{5-27}$$

Die Hypochloritreduktion weist als Reaktionspartner auch H_2O-Moleküle und OH^--Ionen auf. Die Reversibilität ist schlechter als die der Chlorreduktion und die Reaktionsgeschwindigkeit kleiner. Die Folge ist, daß Voltammogramme des pH-abhängigen Systems Chlor/Hypochlorit eine starke Abhängigkeit ihrer Form vom pH-Wert zeigen. Das geht so weit, daß beim Hypochlorit kaum noch ein Plateau des Diffusionsgrenzstromes zu beobachten ist (Bild 5-34).

Zur Diffusionsgeschwindigkeit tragen nicht nur die primär an der Elektrodenreaktion beteiligten Partner, sondern auch die von der Elektrode wegdiffundierenden Reaktionsprodukte bei. Letztere können sich bei kleiner Diffusionsgeschwindigkeit an der Grenzfläche Elektrode/Lösung anreichern und den weiteren Reaktionsablauf hemmen.

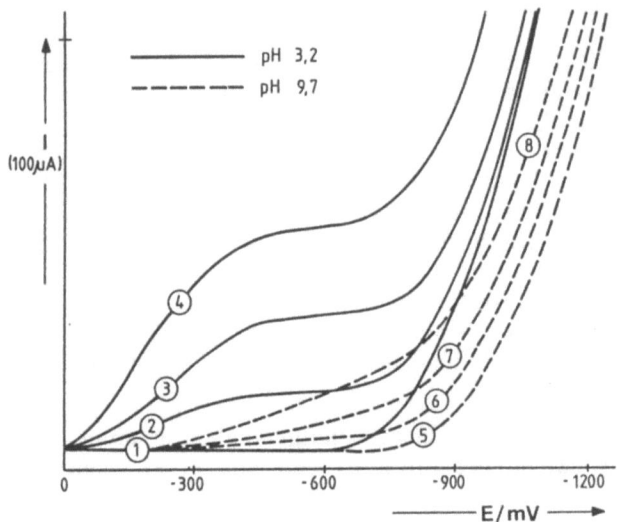

Bild 5-34 Voltammogramme von Hypochloritlösungen unterschiedlicher Konzentration bei pH 3,2 (Reduktion von Cl_2) und pH 9,7 (Reduktion von ClO^-) [348]. Die Hypochlorit-Konzentrationen betragen: Kurven 1 und 5: 0 mg/L, Kurven 2 und 6: 3 mg/L, Kurven 3 und 7: 6 mg/L, Kurven 4 und 8: 10 mg/L.

Die Austauschstromdichte schließlich hängt nicht nur vom Redoxsystem, sondern auch vom Material der Arbeitselektrode ab. Diese Zusammenhänge sind wenig bekannt, obwohl sie von erheblicher Bedeutung für die Optimierung amperometrischer Sensorsysteme sein können. Es sei besonders auf die Untersuchungen von Bühler und Galster hingewiesen [133].

Eine Definition der wenig bekannten Austauschstromdichte baut darauf auf, daß bei allen Redoxreaktionen ein Übertritt von Elektronen aus dem Elektrodenmaterial in die Lösung und auch umgekehrt stattfindet. Durch Anlegen einer äußeren Gleichspannung wechselnder Polarität lassen sich die auf die Fläche bezogenen Teilströme i_+ und i_- (sog. Teilstromdichten) messen. Ihr auf die Spannung Null extrapolierter Wert $i_0 = i_+ = i_-$ (A cm^{-2}) wird Austauschstromdichte genannt [77, 133].

Diese vielfältigen Einflußgrößen auf den Ablauf von amperometrischen Elektrodenreaktionen sind die Ursache dafür, daß das in einem Voltammogramm auftretende Halbstufenpotential $E_{1/2}$ (vgl. Bild 5-33) so gut wie nie mit dem Standardpotential eines Redoxsystems übereinstimmt. Das bedeutet praktisch, daß nur an Hand von experimentell bestimmten Voltammogrammen Arbeitspunkte von amperometrischen Sensoren festgelegt werden können.

Es darf auch nicht übersehen werden, daß neben den analytisch interessierenden Elektrodenreaktionen auch noch andere ablaufen, welche Einfluß auf das Verhalten von Arbeitselektroden haben. Das gilt beispielsweise für die Bildung von Oxidschichten im Bereich stark positiver Werte von U_{pol}, oder für eine Belegung der Elektroden mit absorbiertem Wasserstoff bei stark negativen

5.5 Amperometrie

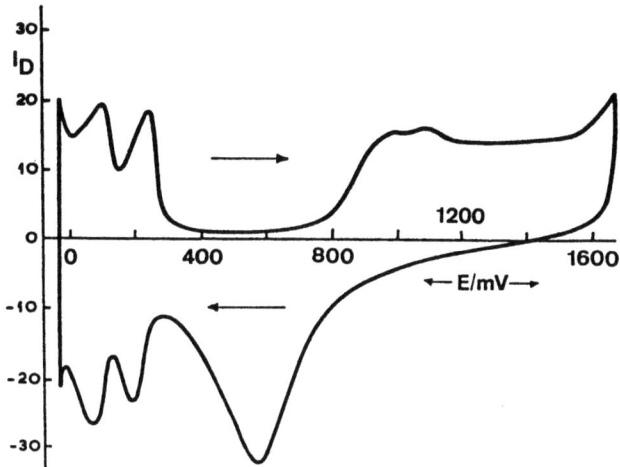

Bild 5-35 Cyclisches Voltammogramm einer Platinelektrode in 0,5 mol/L H_2SO_4 (nach J. Weber, vgl. [77], S. 293). Potentialangaben auf eine Wasserstoffelektrode bezogen, $dE/dt = 30$ V/s, sauerstofffreie Lösung.
Deutung der Kurven: *Spannungsanstieg:* Oxidation von auf dem Platin adsorbierten H_2-Schichten vom vorhergehenden Cyclus, ab 800 mV Bildung von Pt-Oxiden und O_2-Entwicklng. *Spannungsabfall:* Verzögerte Reduktion der Pt-Oxide, dann H_2-Entwicklung und Bildung von Adsorbaten Pt-H_2.
Nutzbarer Meßbereich der Pt-Elektrode: 400 ... 800 mV, bedingt 400 ... 1500 mV, wenn die Pt-Oxide reversibel an der Elektrodenreaktion mit einem Lösungsbestandteil teilnehmen.

Werten von U_{pol}. An Hand der cyclischen Voltammetrie (vgl. Tabelle 5-9) lassen sich Aussagen über optimale Arbeitsbereiche bestimmter Elektrodenmaterialien machen (Bild 5-35).

3. Nutzbare Spannungsbereiche. Der nutzbare Bereich der Polarisationsspannung U_{pol} hängt vom Elektrodenmaterial, vom pH-Wert und von der Art des Lösungsmittels ab. Letzteres muß nicht immer Wasser sein. Speziell bei amperometrischen Gassensoren kann oft vorteilhaft auf aprotische organische Lösungsmittel umgestiegen werden, wie noch zu zeigen sein wird.

In wäßrigen Lösungen kommt es bei zunehmend negativen Werten von U_{pol} schließlich zur Wasserstoffentwicklung, bei zunehmend positiven Werten dagegen zur Sauerstoffentwicklung. Die damit verbundenen steilen Stromanstiege begrenzen gemäß Bild 5-36 den nutzbaren Spannungsbereich eines amperometrischen Sensors. Bestimmend ist dabei sowohl das Material der Arbeitselektrode als auch der pH-Wert der Lösung.

Besondere Probleme ergeben sich dann, wenn die Arbeitselektrode zur Beschleunigung des Ablaufs der Elektrodenreaktion durch Beschichtung ihrer Oberfläche mit Katalysatoren aktiviert werden muß. Dann kann es in unerwünschter Weise zu einer vorzeitigen Entwicklung von Wasserstoff oder von Sauerstoff kommen und dadurch der nutzbare Spannungsbereich eingeengt werden. Auch hier verhalten sich aprotische organische Lösungsmittel im Ver-

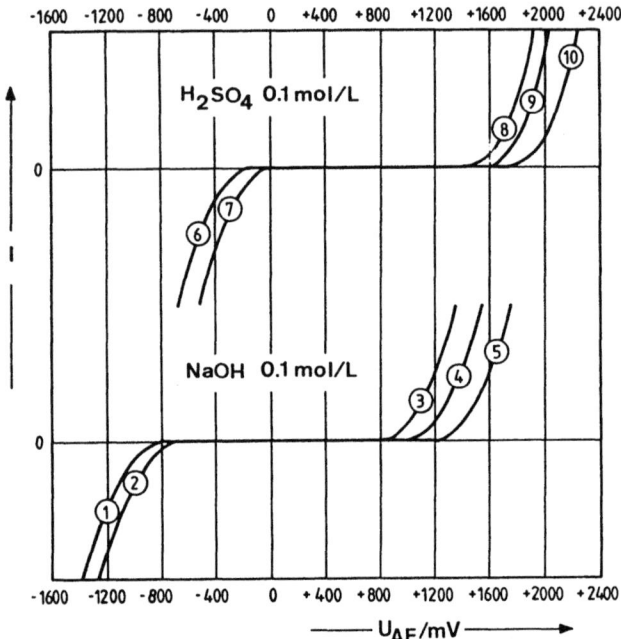

Bild 5-36 Nutzbare Bereiche der Polarisationsspannung U_{AE} verschiedener Elektrodenmaterialien in stark saurer oder stark alkalischer Lösung [348].
Materialien: Gold 1, 5, 7 und 10, Platin 2, 4, 7 und 9, Borcarbid 1, 3 und 8.

gleich zu Wasser weitaus besser. Im günstigsten Fall kann der nutzbare Spannungsbereich über die für Wasser als Lösungsmittel gültigen Werte so weit hinausgehen, daß Substanzen wie Kohlenwasserstoffe oder Kohlendioxid amperometrisch bestimmbar werden. Fleischmann und Pletcher belegen das für Methan [177].

4. Selektivitätsbetrachtungen. Amperometrische Sensoren sind nur sehr begrenzt selektiv, so daß grundsätzlich mit erheblichen Querempfindkeiten zu rechnen ist (vgl. Position 3 in Tabelle 2-3).

Bei Gegenwart mehrerer Depolarisatoren kann nur der mit dem kleineren Halbstufenpotential $E_{1/2}$ (vgl. Bild 5-33) gemessen werden.

Beispiel: Messung von Gelöst-Chlor ($E_{1/2} = -150$ mV) in Gegenwart von Gelöst-Sauerstoff ($E_{1/2} = -230$ mV). Chlor als stärkeres Oxidationsmittel wird dabei leichter als Sauerstoff reduziert.

Bei membranbedeckten amperometrischen Sensoren (siehe Abschnitt 5.5.3) kann die Wahl des Membranmaterials zur Verbesserung der Selektivität beitragen. So diffundiert Sauerstoff durch Dimethylsilikonkautschuk um einen Faktor 100 schneller als Chlor. Bei makroporösen Silikonkautschuk-Membranen erhöht sich der Faktor sogar auf 1000 [173].

5.5 Amperometrie

Anwendungsbedingt kommt es meist zu einer Entschärfung der Selektivitätsproblematik. So wird Gelöst-Chlor in Wasser nur dort gemessen, wo die Konzentration von Gelöst-Sauerstoff meist ohne Belang ist. Amperometrische Sensoren in tragbaren Geräten für den Personenschutz müssen meist nur auf das Auftreten einer einzigen toxischen Luftkomponente ansprechen, beispielsweise auf Schwefelwasserstoff in begehbaren Kanalisationsschächten.

Echte Selektivitätsprobleme bestehen jedoch bei der Abgasanalyse von Verbrennungsmotoren mit amperometrischen Sensoren. Rechnerische Korrekturen mit Multisensor-Systemen sind nur bedingt möglich.

5. Amperometrische Meßschaltungen. Meßschaltungen für den Anschluß amperometrischer Sensoren sind verhältnismäßig einfach aufgebaut. Gemäß Bild 5-37 enthalten sie eine Gleichspannungsquelle U, von welcher mit Hilfe eines Potentiometers P eine wählbare Zellenspannung U_Z abgegriffen werden kann. Der durch die Zelle fließende Strom in der Größenordnung von 10 ... 100 µA wird nach einer Verstärkung gemessen.

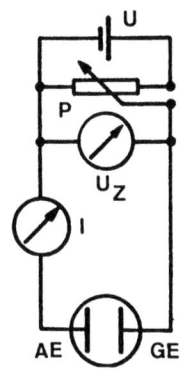

Bild 5-37
Amperometrische Meßschaltung für 2-Elektroden-Meßzelllen.
U Gleichspannungsquelle +/– 2 V,
P Potentiometer zum Abgriff der Zellenspannung U_Z,
I Strommesser,
AE Arbeitselektrode,
GE Gegenelektrode (Bezugselektrode).

Die an der Arbeitselektrode wirksame Spannung U_{pol} hängt mit U_Z wie folgt zusammen:

$$U_{pol} = U_Z - E_{GE} - I \cdot R. \tag{5-28}$$

Die Eigenspannung E_{GE} der als Bezugselektrode wirkende Gegenelektrode und der vom Strom I und vom Innenwiderstand R der Zelle abhängige Spannungsabfall $I \cdot R$ haben folglich beide Einfluß auf den Betrag von U_{pol}.

Alle diese Einflußgrößen können nur dann vernachlässigt werden, wenn das Plateau des Diffusionsgrenzstromes im Voltammogramm für die analytische Aufgabenstellung gut und hinreichend „breit" ausgebildet ist (vgl. Bild 5-33). In allen anderen Fällen, besonders auch bei der Chlormessung in alkalischen Lösungen (harte Wässer!) mit den Kurven 6, 7 und 8 in Bild 5-34, muß U_{pol} in engen Grenzen konstant gehalten werden. Das kann so erfolgen, daß das Potential U_{pol} mit dem einer Bezugselektrode RE verglichen wird. Alle Abweichungen von einem vorgegebenen Sollwert werden mit Hilfe eines Potentiostaten automatisch korrigiert. Bild 5-38 veranschaulicht die für 3-Elektrodenmeßzellen zur Verwendung kommende Schaltung.

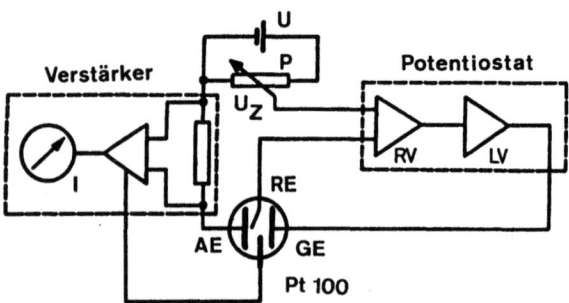

Bild 5-38 Meßschaltung für die potentiostatische Amperometrie mit einer 3-Elektroden-Meßzelle. Bedeutung der Abkürzungen wie in Bild 5-37. Zusätzlich treten auf: GE Gegenelektrode, RE Bezugselektrode, Pt 100 Temperatursensor, RV Regelkreis mit Vorwahl der Spannung an der Arbeitselektrode AE, LV Leistungsverstärker.

Daß der durch eine amperometrische Meßzelle fließende Strom temperaturabhängig ist, wurde bereits früher vermerkt (siehe Gl. (5-24)). Der Temperaturkoeffizient liegt zwischen 2 und 7 %/K. Mit Hilfe einer zusätzlichen Temperaturmessung (vgl. Bild 5-38) und einer Kompensationsschaltung lassen sich Temperatureinflüsse automatisch ausschalten.

Bei 2-Elektrodenmeßzellen besteht die Möglichkeit, die Sensormaterialien für die Arbeitselektrode AE und die Gegenelektrode GE so auszuwählen, daß beide zusammen im Kontakt mit der Probe oder einem Hilfselektrolyt bei membranbedeckten Sensoren ein galvanisches Element bilden, dessen Eigenspannung einem im Bereich des Stromplateaus liegenden Wert von U_{pol} entspricht. Bei derartigen Kombinationen entfällt die Notwendigkeit einer äußeren Spannungsquelle U. Beispiele für solche selbst-polarisierende amperometrische Sensoren sind die Chlormeßzelle von Riedeal und Evans [6] und die Mackereth-Zelle zur Messung von Gelöstsauerstoff [178].

Beide Zellen genügen den amperometrischen Regeln der Messung eines konzentrationsabhängigen Diffusionsgrenzstromes. Sie weisen aber *nicht* die Merkmale einer Brennstoffzelle auf [179] und sollten folglich auch nicht als solche bezeichnet werden!

5.5.3 Amperometrische Sensoren

1. Allgemeines

Unter amperometrischen Sensoren werden einsatzbereite Meßzellen verstanden, die für Konzentrationsmessungen von kathodisch reduzierbaren oder anodisch oxidierbaren chemischen Verbindungen verwendet werden können.

Bis etwa 1975 lag das Hauptanwendungsgebiet amperometrischer Sensoren in der Gelöstsauerstoffmessung in Wässern und wäßrigen Lösungen. Die Bestimmung von Gelöstchlor fiel demgegenüber zurück, was nicht zuletzt auf das ungünstige meßtechnische Verhalten der selbstpolarisierenden Zellen von Riedeal und Evans [6] zurückzuführen ist. Gleichwohl fanden und finden diese Sensoren weite Verbreitung, obwohl die Elektrodenkombination Platin (Kathode) und Kupfer (Anode) problematisch ist. So muß der Sensor vor dem

5.5 Amperometrie

Einsatz „vorpolarisiert" werden. Auch weist er bei plötzlichen Konzentrationssprüngen Hysterese und lange Rückstellzeiten auf. Die seit einigen Jahren auf dem Markt befindlichen membranbedeckten Chlorsensoren zeichnen sich durch wesentlich bessere Eigenschaften aus und kommen zunehmend zum Einsatz [195].

Der Durchbruch zum steigenden Einsatz amperometrischer Sensoren kam aber aus zwei ganz anderen Bereichen – der Biosensorik und der Gasanalytik.

Die wichtigsten amperometrischen Biosensoren machen von der Tatsache Gebrauch, daß viele biochemisch und bioverfahrenstechnisch wichtige Substanzen („Substrate") mit dem Enzym Glucoseoxidase oder anderen ähnlichen Oxidasen reagieren können. Dabei wird proportional zur Substratkonzentration Wasserstoffperoxid gebildet, welches amperometrisch durch anodische Oxidation zu Wasser umgesetzt wird [180, 181].

In der Gasanalyse sind zunächst Sauerstoffsensoren zur Überwachung der Luft auf Sauerstoffmangel zu nennen [182]. Besonders große Bedeutung kommt aber Sensoren zur Messung toxischer Gase zu, beispielsweise von CO, Cl_2, $COCl_2$, H_2S, SO_2 und NO_x [182, 183]. Das anfängliche Einsatzgebiet des Personenschutzes mit tragbaren Geräten erfuhr eine Ausweitung in Richtung einer Optimierung von Feuerungsanlagen [184] und der Rauchgasanalyse [49].

Die Verbesserung bestehender und die Entwicklung neuer amperomerischer Sensoren ist noch in vollem Gange. Damit gewinnt die Amperometrie gegenüber den beiden anderen traditionellen elektroanalytischen Methoden, der Potentiometrie und Konduktometrie, erheblich an Boden.

Bei den in der Flüssigkeits-Chromatographie (HPLC) eingesetzten „elektrochemischen Detektoren" handelt es sich ebenfalls um amperometrische Sensoren im weiteren Sinn [185]. Bestimmt werden anodisch oxidierbare Verbindungen. Eine Selektivität der Sensoren ist nicht gefragt, da diese durch die chromatographische Trennung vorgegeben wird.

2. Amperometrische Sensoren für Lösungen

Ausgehend von der Beschaffenheit der Arbeitselektrode lassen sich zwei Gruppen von Sensoren unterscheiden, nämlich a) Sensoren mit freier Arbeitselektrode und b) Sensoren mit membranbedeckter Arbeitselektrode.

a) Sensoren mit freier Arbeitselektrode. Die Arbeitselektrode steht unmittelbar mit der Probe in Kontakt. Das bewirkt, daß neben der analytisch angestrebten Elektrodenreaktion durch sonstige Lösungsbestandteile auch unerwünschte Nebenreaktionen ablaufen können. Auch haben Änderungen der Leitfähigkeit der Lösung Einfluß auf den Innenwiderstand R des Sensors (siehe Gl. (5-28)).

Durch diese Umstände wird das Einsatzgebiet dieser Sensoren auf „saubere" und/oder nur geringe Leitfähigkeitsschwankungen aufweisende Lösungen beschränkt. Das gilt beispielsweise für die Überwachung von hochreinem Kesselspeisewasser auf Gelöstsauerstoff oder auf die Chlormessung bei der Trinkwasseraufbereitung.

Von Vorteil ist, daß durch Vergrößern der Oberfläche A der Arbeitselektrode (siehe Gl. (5-24)) hohe Empfindlichkeiten mit Nachweisgrenzen im ppb-Bereich erzielt werden können. Darüber hinaus müssen die Sensoren wegen ihres einfachen Aufbaus nur selten gewartet werden; zudem kann die Wartung noch recht einfach ausgeführt werden.

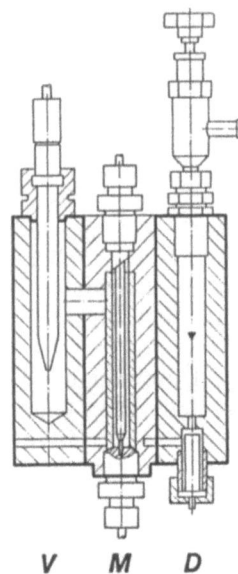

Bild 5-39
Membranloser Durchlauf-Geber (Sensorblock) der DIGOX-Geräte [36]. 3-Elektroden-Meßzelle.
V Bezugselektrode,
M Konzentrische Anordnung von Meß- und Gegenelektrode,
D Durchflußmesser mit Nadelventil.

Erste Versuche mit freien Arbeitselektroden führte Tödt im Zusammenhang mit der Bestimmung von Gelöstsauerstoff aus [188], wobei er empirisch ohne Kenntnis von Strom-Spannungs-Kurven vorging. Seine Arbeiten gaben aber den Anstoß zur Entwicklung verbesserter Sensoren.

Den Aufbau eines handelsüblichen 3-Elektroden-Sensors zeigt Bild 5-39. Je nach der Wahl der Polarisationsspannung kann er für Sauerstoff- oder Chlormessungen verwendet werden [190].

Auf Arbeiten von Kalmann geht eine Entwicklung von Züllig zurück [186]. Das besondere Merkmal des in Bild 5-40 dargestellten Sensors besteht darin, daß Arbeitselektrode und Gegenelektrode als konzentrische Ringe ausgebildet sind. Sie werden zur Sauberhaltung ihrer Oberflächen kontinuierlich mit Sinterkorundstäben überschliffen (vgl. auch Bild 2-9) [187]. Züllig untersuchte eine Vielzahl von Einflußgrößen auf das Verhalten des Sensors, der vorzugsweise zur Messung von Gelöstsauerstoff Verwendung findet. Er hat sich besonders bei der Regelung der Belüftung in Belebtschlammbecken von Abwasserreinigungsanlagen bewährt.

b) Sensoren mit membranbedeckten Arbeitselektroden. Mit der Entwicklung eines Sauerstoffsensors mit membranbedeckter Arbeitselektrode gelang Clark 1965 ein großer Wurf [14]. Das in Bild 5-41 zu finden Prinzip fand rasch weite Verbreitung und ist auch heute noch die Grundlage für universell einsetzbare amperometrische Sensoren.

Das wesentliche Merkmal der Clarkschen Erfindung besteht darin, die Arbeitselektrode von der Probe durch eine für Sauerstoff permeable Polymermembran abzutrennen. Der durch die Membran diffundierende Sauerstoff löst sich in einem dünnen Elektrolytfilm, mit welchem die Arbeitselektrode in Kontakt steht. So wird es möglich, die meisten probenseitigen Störeinflüsse

5.5 Amperometrie

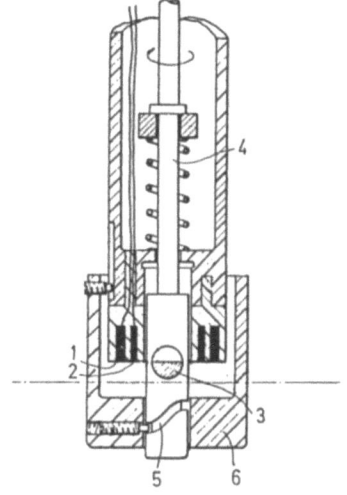

Bild 5-40
Membranloser Tauch-Geber mit konzentrisch angeordneter Meß- und Gegenelektrode, die beide kontinuierlich durch Überschleifen mit Sinterkorundstäben gereinigt werden [187], vgl. auch Bild 2-9.
1 Meßelektrode,
2 Gegenelektrode,
3 Träger für Korundstäbe,
4 Antriebsachse,
5 Ausfräsung für den Hubantrieb des die Elektroden umfangender Bechers 6 (Bewegung auf/ab).

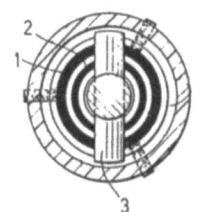

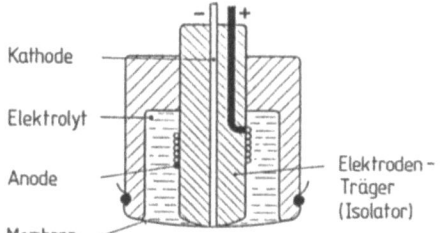

Bild 5-41
Aufbau eines membranbedeckten amperometrischen Sensors nach Clark [14]. Als Kathode (Arbeitselektrode) dient Gold, als Anode (Gegenelektrode, Bezugselektrode) Silber/Silberchlorid. Der Elektrolyt besteht aus einer KCl-Lösung, mitunter mit puffernden Zusätzen.

auszuschalten und die Elektrodenreaktion in einem optimierten Medium (Hilfselektrolyt) ablaufen zu lassen.

Als Material der Arbeitselektrode dient vorzugsweise Gold. Die Gegenelektrode besteht aus Silber. Der Elektrolyt ist eine KCl- oder KBr-Lösung, die gegebenenfalls auch als Puffer ausgelegt werden kann. Das gilt beispielsweise bei der Messung von Gelöstsauerstoff in stark CO_2-haltigen Medien (Beispiel: Bier).

In einem Clark-Sensor in neutralen oder schwach alkalischen Elektrolyten laufen folgende Elektrodenreaktionen ab:

Kathode:
(Arbeitselektrode) $\quad O_2 + H_2O + 4e^- \rightleftharpoons 4\,OH^-$ (5-29)

Anode:
(Gegenelektrode) $\quad 4\,Ag + 4\,X^- \rightleftharpoons 4\,AgX + 4e^-$
$\quad (X = Cl, Br)$ (5-30)

Die für die Sauerstoffreduktion an der Kathode erforderlichen Elektronen werden also anodenseitig durch eine Umsetzung von Silber mit Halogenidionen geliefert.

Dadurch kommt es zu einer Verarmung des Elektrolyten an X^--Ionen und zu einer Erhöhung des Innenwiderstandes R des Sensors durch die auf dem Silber aufwachsende AgX-Schicht. Beide Vorgänge bewirken, daß der Sensor gewartet werden muß. Die Wartung besteht in einem Ablösen des AgX mit Ammoniakwasser, einem Erneuern des Elektrolyten und einem Membranwechsel.

Beim Überschreiten der Standzeit des Sensors und einem weitgehenden Verlust an X^--Ionen läuft anodenseitig eine ganz andere zu Ag_2O führende Elektrodenreaktion ab. Das Eigenpotential E_{GE} der als Bezugselektrode funktionierenden Gegenelektrode verschiebt sich dann um 120 mV ($X = Cl^-$) bzw. um 300 mV ($X = Br^-$) und es kommt zum Ausfall des Sensors (vgl. Gl. (5-28)) durch eine so starke Änderung von U_{pol}, daß der Arbeitspunkt nicht mehr optimal im Plateau des Diffusionsgrenzstromes liegt (Bild 5-33).

Mit Hilfe einer speziellen 3-Elektrodenanordnung kann das Potential der Gegenelektrode überwacht und eine jede unzulässige Abweichung signalisiert werden [189, 198]. Dieses Konzept macht die sonst „blind" periodisch vorgenommene Wartung erst dann notwendig, wenn ein Ausfall des Sensors bevorsteht – ein Kostenvorteil und eine Zuverlässigkeitsgarantie.

Eine Abwandlung des Clark-Prinzipes wurde durch Mackereth vorgenommen [178, 191]. Auch hier handelt es sich um einen Sensor mit membranbedeckter Arbeitselektrode. Als Arbeitselektrode wird aber Silber, als Gegenelektrode Blei verwendet. Der Elektrolyt ist Kalilauge. Die Elektronen liefernde Anodenreaktion ist

$$3\,Pb + 6\,OH^- \rightleftharpoons 2\,Pb_3O_2(OH). \tag{5-31}$$

Das Blei geht in einen löslichen Hydroxokomplex über. Es kommt also nicht zu einer Erhöhung des Innenwiderstandes durch Ablagerungen auf der Anode. Ein weiteres Merkmal des Mackereth-Sensors ist, daß er selbstpolarisierend funktioniert, also keine äußere Polarisationsspannungsquelle benötigt.

Membranbedeckte amperometrische Sauerstoffsensoren sind Gegenstand einer IEC-Norm [194]. Hier sind auch (englische) Definitionen amperometrischer Begriffe und Anleitungen zur Kalibration und Kontrolle der Sensoren zu finden. – Auf zwei weiter in Details gehende Monographien zur Sauerstoffmessung sei noch hingewiesen [64, 176].

Nach dem Clark-Prinzip sind auch verschiedene seit kurzem auf dem Markt befindlichen Sensoren zur Messung von Gelöstchlor aufgebaut [195]. Unterschiede bestehen in der Art der Membran und des Elektrolyten. Auch U_{pol} muß geändert werden.

Kane und Young setzen sich mit den Möglichkeiten und Problemen der amperometrischen Sauerstoff- und Chlormessung eingehend auseinander und bringen auch Bauformbeispiele von Sensoren [191].

3. Sonstige amperometrische Sensoren für Lösungen

Hier muß noch erwähnt werden, daß Trinkwasser nicht nur durch Chlorung, sondern auch durch eine kombinierte Behandlung mit Ozon und Chlordioxid ent-

5.5 Amperometrie

keimt werden kann. Es besteht die Möglichkeit, beide als „Summe Oxidationsmittel" mit Sensoren mit freier Arbeitselektrode zu bestimmen [190]. Die Sensoren entsprechen im Aufbau Bild 5-39.

Hydrazin spielt in der Aufbereitung von Kesselspeisewasser als Reduktionsmittel für Gelöstsauerstoff eine Rolle. Hier liegt ein pH-abhängiges Gleichgewicht zwischen Hydrazin N_2H_4 und dem Hydrazoniumion $N_2H_5^+$ vor. Der pK-Wert liegt bei 8,2. Nach dem in Bild 5-20 gezeigten Diagramm bedeutet das, daß erst bei pH-Werten über 10 alles Hydrazin frei vorliegt. Praktisch eingesetzt Hydrazin-Sensoren arbeiten mit freien Arbeitselektroden, die außen auf einem porösen Zylinder sitzen. Durch die Poren tritt Kalilauge aus, welche die erforderliche Alkalisierung des Wassers bewirkt [197]. Die Messungen werden unter Luftausschluß in-line in einem entnommenen Wasserprobenstrom ausgeführt.

4. Amperometrische Sensoren für Gase – Methodische Grundlagen

Die meisten membranbedeckten Sensoren für Lösungen funktionieren auch als Gassensoren. Das steht im Gegensatz zu den ebenfalls Permeationsmembranen enthaltenden potentiometrischen Sensoren für gelöste Gase („Gassensitive Elektroden"), die zwar schnell auf steigende Gaskonzentrationen ansprechen, bei einer Konzentrationsabnahme aber sehr lange Rückstellzeiten haben. Der Grund für das bessere Abschneiden amperometrischer Sensoren ist der hinter der Membran ablaufende Stoffumsatz. Er sorgt für eine rasche Konzentrationsabnahme im Elektrolytfilm. Bei den ohne Stoffumsatz arbeitenden potentiometrischen Sensoren muß gegenüber die im Elektrolyt gelöste Gaskomponente durch Diffusion nach außen treten, und das bei einem sehr auf der Seite des Elektrolyten liegenden Verteilungsgleichgewichtes.

Für eine ganze Reihe amperometrischer Gassensoren besteht gleichwohl die Notwendigkeit einer Modifikation. Das hat eine Reihe von Gründen:

Die Elektrodenreaktion ist für bestimmte analytisch interessante Gase stark gehemmt und läuft gar nicht oder nur sehr langsam ab. Das gilt beispielsweise für die Oxidation von CO zu CO_2 an einer anodisch polarisierten Arbeitselektrode. Hier muß die Elektrode katalytisch aktiviert werden. Bild 5-42 veranschaulicht den Aufbau einer solchen Elektrode, die aus zwei Schichten besteht [199]. Die poröse Elektrode wird durch Verpressen des metallischen Ausgangsmaterials mit einem organischen Hochpolymeren, meist PTFE, hergestellt. Sie wird vom Elektrolyt benetzt. Auf der Gasseite befindet sich eine poröse und hydrophobe zweite Schicht. Sie ermöglicht den Gasdurchtritt, verhindert aber einen Elektrolytaustritt.

Es kann weiter vorteilhaft sein, mit organischen Lösungsmitteln mit geeigneten leitenden Zusätzen als Elektrolyt zu arbeiten, etwa mit Dimethylsulfoxid oder Propylencarbonat (Kohlensäurepropylenglycolester, 4-Methyl-1,3-dioxolan-2-on) [200]. Die Löslichkeit vieler anorganischer Gase ist in organischen Lösungsmittel oft wesentlich größer als in Wasser. Das aber bewirkt eine Anreicherung der Gase im Elektrolyten und kommt einer Erhöhung der Empfindlichkeit durch Absenken der Nachweisgrenze zugute. Daß außerdem in aprotischen organischen Lösungsmitteln der Stromanstieg durch Wasserstoff- oder Sauerstoffentwicklung viel mehr zu höheren Werten von U_{pol} verschoben ist, wurde bereits in anderem

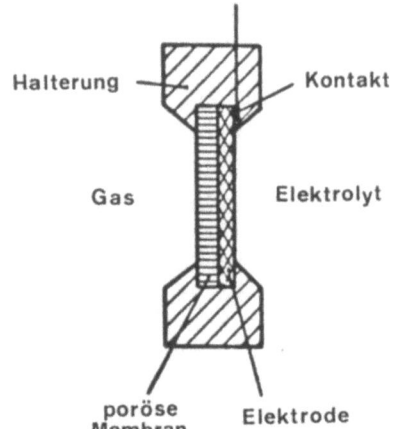

Bild 5-42
Aufbau einer katalytisch aktivierten amperometrischen Arbeitselektrode (nach Böhm [199]).

Zusammenhang erwähnt [177]. Durch diesen Effekt läßt sich in kritischen Fällen das Plateau des Diffusionsgrenzstromes ausweiten.

Weiter besteht die Möglichkeit, Elektrolyte durch Zusatz organischer Polymere als Gel zu versteifen. Sensoren dieser Art können lageunabhängig betrieben werden. Zudem kann die poröse Arbeitselektrode direkt in das Gel eingedrückt werden, was die Bauform vereinfacht [200]. Von Nachteil ist, daß derartige Sensoren zwar schnell ansprechen, dagegen längere, durch gebremste Diffusionserscheinungen ausgelöste Rückstellzeiten zeigen.

Das Plateau des Diffusionsgrenzstromes ist für die meisten anorganischen Gase schlecht ausgebildet. Es wird deshalb oft notwendig werden, mit 3-Elektrodenmeßzellen zu arbeiten und so konstante und optimale Werte von U_{pol} einhalten zu können.

Stets nach dem 3-Elektrodenprinzip aufgebaut müssen Sensoren sein, die gemäß Bild 5-43 mit einer "Luft-Gegenelektrode" arbeiten [201]. An dieser ebenfalls katalytisch aktivierten Elektrode soll die an der Arbeitselektrode ablaufende Reaktion bezüglich der Reaktionsprodukte wieder rückläufig gemacht werden, so daß sich der Elektrolyt nicht mit Reaktionsprodukten anreichert und die Standzeit des Sensors verlängert wird. Da das Potential einer Luftelektrode schlecht definiert ist, muß es gegen eine Bezugselektrode gemessen und für das Korrigieren von Abweichungen mit einem Potentiostaten gesorgt werden.

Bei der Rückreaktion an der Luftelektrode handelt es sich meist nur um die Reduktion von Sauerstoff zu Wasser, wobei Protonen abgefangen werden:

$$O_2 + 4H^+ + 4e^- \rightleftharpoons 2H_2O. \tag{5-32}$$

Die Reaktionsprodukte der an der Arbeitselektrode umgesetzten Gase können aber vielfältige Sekundärreaktionen eingehen. Das ist beispielsweise bei der Messung von NO der Fall, das an der Arbeitselektrode zu NO_2 oxidiert wird. NO_2 reagiert mit einem sauren Elektrolyten unter Bildung von Salpetersäure, die sich anreichert:

$$4NO_2 + 2H_2O + O_2 \rightleftharpoons 4HNO_3. \tag{5-33}$$

5.5 Amperometrie

$$NO + H_2O \underset{kath.}{\overset{anod.}{\rightleftharpoons}} NO_2 + 2H^+ + 2e^-$$

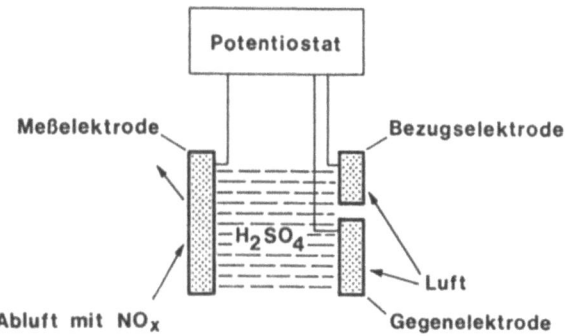

Bild 5-43 Schema eines amperometrischen Gassensors nach dem potentiotatischen 3-Elekroden-Prinzip (nach Böhm [199]). Je nach der Polarität der Meßelektrode (Arbeitselektrode) wird die Bestimmung von NO_2 (reduktiv) oder von NO (oxidativ) möglich.

Nach eigenen Erfahrungen ist das Arbeiten mit Luftelektroden nicht immer ein guter Kompromiß. Dann sollte besser auf Gegenelektroden mit den Eigenschaften echter Bezugselektroden umgestellt werden. Für saure Lösungen kann das System Pb, $PbSO_4/H_2SO_4$, für alkalische Lösungen dagegen die Kombination Ag, Ag_2O/KOH Verwendung finden.

5. Bauformen und Anwendungen von Gassensoren

Sauerstoffsensoren. Das bereits beschriebene Mackereth-Prinzip ermöglicht den Bau einfacher und zuverlässiger Sensoren für die Luftüberwachung auf Sauerstoffmangel. Von der City-Technology Ltd. [182, 193] wurde ein sehr kompakter Sensor entwickelt, der durch eine Diffusionsbarriere in Form einer Kapillare gekennzeichnet ist. Sie reduziert den Stoffumsatz an der Arbeitselektrode so, daß eine Lebensdauer der Sensoren von 100 000 % · h („Prozentstunden" mit der Volumenkonzentration von O_2) erreicht wird. Die Kapillare übernimmt zugleich auch noch die Kompensation von Temperatureinflüssen.

Chlorsensoren. Sie werden zur Überwachung von Flüssigchlorlagern eingesetzt, beispielsweise im Zusammenhang mit der Trinkwasserchlorung. Handelsübliche Sensoren arbeiten mit freien Arbeitselektroden (Bild 5-44). Die Elektrode sitzt auf einem porösen Körper, durch den aus einem Vorrat ständig sich erneuernder Elektrolyt austritt. Im Elektrolytvorrat befindet sich die Gegenelektrode [203]. Die Benetzung der Arbeitselektrode kann auch mit Hilfe eines Dochtes erfolgen [204, 205]. Derartige Sensoren sprechen zwar im Gefahrenfall schnell an, genügen ansonsten aber keinen allzu hohen meßtechnischen Anforderungen. Die durch Benetzung wirkende Fläche der Arbeitselektrode ist schlecht definiert, was auch für den Innenwiderstand des Sensors gilt. Die Bauform bedingt zudem eine Beschränkung auf feste Installationen.

Für tragbare Personenschutzgeräte stehen auch andere Sensoren mit verbesserten Eigenschaften zur Verfügung [182, 207].

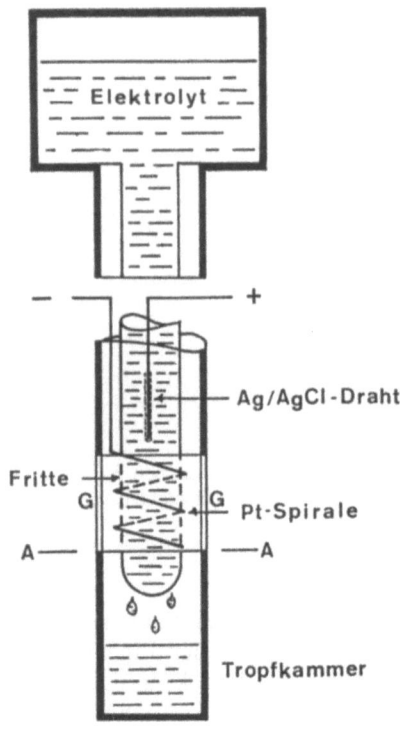

Bild 5-44
Amperometrischer Chlor-Sensor mit freier Arbeitselektrode [203]. Die negativ polarisierte Platin-Spirale wird aus einem Elektrolytvorrat befeuchtet. Ein chlorierter Silberdraht dient als Gegenelektrode (Bezugselektrode). Es bedeuten: G Aussparungen für den Gaszutritt, Linie A–A Trennebene zum Abnehmen und Ausleeren der Tropfkammer.

Kohlenmonoxidsensoren. Die Sensoren haben katalytisch aktivierte Arbeitselektroden und sind wahlweise in 2- oder 3-Elektroden-Anordnung erhältlich [182]. Ein besonders wichtiger Einsatzfall ist der Personenschutz im Steinkohlenbergbau.

Eine als „Lanze" ausgebildete Bauform macht die CO-Messung in Abgaskanälen von Feuerungsanlagen möglich [206]. Über eine CO-Messung können Feuerungsanlagen optimiert werden [184].

Hydridsensoren. Bei den Hydriden handelt es sich um hochtoxische Verbindungen, wie Phosphin PH_3, Arsin AsH_3, Silan SiH_4, German GeH_4 und Diboran B_2H_6. Sie werden bei der Dotierung von Halbleitern im technischen Maßstab eingesetzt und müssen in der Raumluft überwacht werden. Durch anodische Oxidation können alle genannten Gase gemessen werden [208, 209]. Der empfindlichste Meßbereich liegt bei 0 ... 1 ppm.

Ammoniaksensoren. Die direkte amperometrische Bestimmung von Ammoniak erweist sich als schwierig. Es besteht aber die Möglichkeit, eine chemische Hilfsreaktion derart auszunutzen, daß als Arbeitselektrode Kupfer in Kontakt mit einem alkalischen Elektrolyten verwendet wird. Die Elektrode wird anodisch so polarisiert, daß noch kein Strom fließt. Erst bei Gegenwart von Ammoniak kommt es zu einem Stromfluß und Kupfer geht als Tetramminkomplex in Lösung [209]. Der Sensor ist membranbedeckt.

5.5 Amperometrie

Säuresensoren. Ebenfalls mit einer chemischen Hilfsreaktion arbeiten Sensoren, die auf Säuredämpfe ansprechen. Der membranbedeckte Sensor enthält ein Iodid-Iodat-Gemisch als Elektrolyt. Die Gegenwart von Wasserstoffionen läßt beide Komponenten unter Iodbildung reagieren:

$$IO_3^- + 5\,I^- + 6\,H^+ \rightleftharpoons 3\,H_2O + 3\,I_2. \tag{5-34}$$

Das Iod wird amperometrisch gemessen.

Sensorübersicht. Tabelle 5-11 bringt eine Zusammenstellung von amperometrischen Gassensoren und belegt die analytisch erfaßbare Vielfalt chemischer Verbindungen.

Tabelle 5-11 Mit amperometrischen Sensoren meßbare toxische Verbindungen (Gase, Dämpfe)

Toxische Verbindung	Formel	Meßbereiche [a]	
		COMPUR [183]	BIONICS [208]
Ammoniak	NH_3	–	0...75 ppm
Arsin	AsH_3	–	0...100 ppb
Bortrichlorid	BCl_3	–	0...15 ppm
Brom	Br_2	–	0...3 ppm
Chlor	Cl_2	0...15 mg/m^3	0...3 ppm
Cyanwasserstoff	HCN	0...100 mg/m^3	0...30 ppm
Diboran	B_2H_6	–	0...3 ppm
Dichlorsilan	SiH_2Cl_2	–	0...15 ppm
Hydrazin	N_2H_4	0...1,5 mg/m^3	0...10 ppm
Kohlenmonoxid	CO	0...650 mg/m^3	–
Phosgen	$COCl_2$	0...5 mg/m^3	0...5 ppm
Phosphin	PH_3	–	0...500 ppb
Selenwasserstoff	H_2Se	–	0...1 ppm
Schwefelwasserstoff	H_2S	0...150 mg/m^3	0...10 ppm
Schwefeldioxid	SO_2	–	0...15 ppm
Silan	SiH_4	–	0...60 ppm
Stickstoffdioxid	NO_2	0...200 mg/m^3	0...15 ppb

[a] COMPUR gibt üblicherweise das Zehnfache des MAK-Wertes an. Daraus wurden die Werte der Tabelle errechnet.

6 Festkörper-Gassensoren

6.1 Einleitung

Mit dem eher willkürlichen Begriff der Festkörper-Gassensoren soll eine Gruppe von Sensoren bezeichnet werden, deren Sensorelemente aus den verschiedensten Materialien bestehen können, in welchen die unterschiedlichsten Sensorreaktionen ablaufen. Sie haben aber eine Reihe von Gemeinsamkeiten:

- es sind alles Gassensoren,
- ihre Sensorelemente sind Festkörper,
- Kontaktierungen erfolgen mit metallischen Leitern,
- sie enthalten keine flüssigen Hilfsphasen,
- ihre Lebensdauer liegt in der Größenordnung von Jahren.

Anwendungstechnisch decken sie wichtige Bereiche der chemischen Sensorik ab. Bestimmte Bauformen werden in Stückzahlen von 5 bis 10 Millionen pro Jahr gefertigt. Ein Teil der Sensoren entspricht dabei dem, was man unter einem Low Cost Sensor versteht [66]: Massenproduktion bei günstigem Preis, aber reduzierte „Genauigkeit".

Von den Sensorreaktionen her lassen sich die Festkörper-Gassensoren in drei Hauptgruppen einteilen: 1. Halbleiter-Sensoren, 2. Ionenleiter-Sensoren und 3. Thermokatalytische Sensoren. Die hier oft einbezogenen Piezo-Sensoren sollen erst später behandelt werden (Kapitel 9.3). Die Sensorelemente bestehen bei ihnen oft aus Gelmembranen mit wasserhaltigen Polymeren, daß also das Festkörperkriterium nicht erfüllt wird.

6.2 Halbleiter-Gassensoren

6.2.1 Der Begriff des Halbleiters

Der Begriff „Halbleiter" drückt bereits qualitativ das elektrische Verhalten dieser Stoffe aus: Ihre Leitfähigkeit liegt zwischen der von Isolatoren (Nichtleitern) und der von Metallen. In jedem Fall wird ihre Leitfähigkeit durch Elektronen verursacht, in Sonderfällen auch durch Leerstellen im Kristallgitter, welche durch Elektronen wieder aufgefüllt werden können. Im ersten Fall spricht man von n-Leitern, im zweiten von p-Leitern.

Die theoretischen Vorstellungen von Halbleitern sind gut entwickelt. Sie bauen auf Energieniveau-Darstellungen auf, wie das Bild 6-1 zum Ausdruck bringt. Die Fermie-Grenze W_F regelt die Möglichkeit des Elektronenübertritts vom Valenzband mit der Elektronenenergie W_V zum Leitfähigkeitsband mit der Energie W_C.

Kommt es an der Oberfläche von Halbleitern zur Adsorption von Atomen (Molekülen), so kann es in Abhängigkeit vom Besetzungszustand ihrer äußeren Elektronenschale zu einem Elektronenaustausch mit dem Leitfähigkeitsband

6.2 Halbleiter-Gassensoren

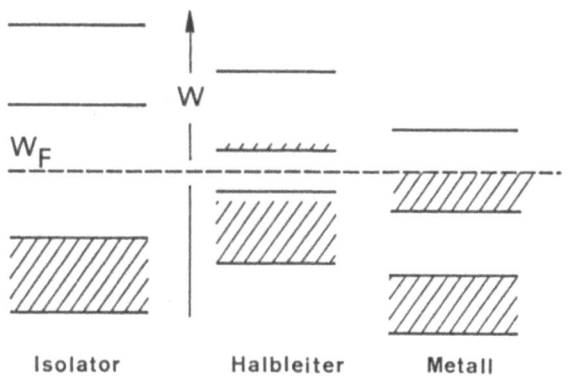

Bild 6-1
Energetisches Bändermodell von Isolatoren, Halbleitern und metallischen Leitern. Die schraffierten Bänder bestimmen mit ihrer Lage zur Fermienergie W_F die statistischen Möglichkeiten zum Elektronenübertritt in energetisch höhere Zustände.

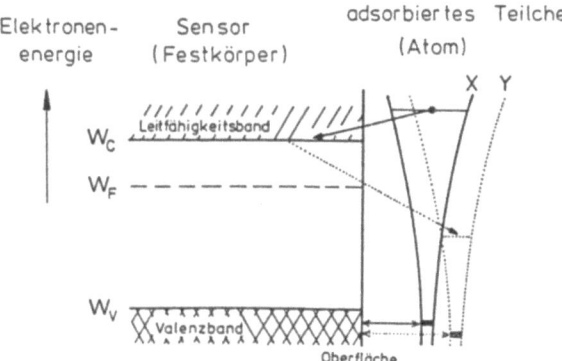

Bild 6-2
Schematisierte Darstellung des Elektronenaustausches zwischen adsorbierten Atomen und der Oberfläche eines Halbleiters für Gassensoren [52]. Es bedeuten: X Elektronen-Donator (bewirkt Zunahme der Leitfähigkeit), Y Elektronen-Akzeptor (bewirkt Abnahme der Leitfähigkeit).

kommen. Elektronendonatoren (Beispiel: reduzierende Gase) führen dabei zu einer Zunahme, Elektronenakzeptoren (Beispiel: oxidierende Gase) zu einer Abnahme der Oberflächenleitfähigkeit des Halbleiters. Bild 6-2 veranschaulicht diese Zusammenhänge [52]. Damit zeichnet sich bereits das Funktionsprinzip von Halbleiter-Gassensoren ab, die das Prinzip von Änderungen der Oberflächenleitfähigkeit nutzen.

Leitfähigkeitsmechanismen können aber auch im Volumen des Sensorelementes stattfinden, so daß sich die Notwendigkeit einer getrennten Betrachtung beider Sensorgruppen ergibt.

6.2.2 Meßtechnische Grundlagen

Die Wechselwirkungen zwischen einem meßbaren Gas und einer halbleitenden Sensoroberfläche können vielfältiger Art sein, wie das Bild 6-3 am Beispiel von ZnO – einem halbleitenden Oxid – mit Sauerstoff zum Ausdruck bringt [52]. Göpel stellt hierzu detaillierte Betrachtungen an [52].

Im Bereich der Chemiesorption können auch katalytisch beeinflußte chemische Umsetzungen ablaufen.

Beispiel [212]:
Der erste Schritt der Sensorreaktion besteht in einer Adsorption von Sauerstoff:

$$O_2 + 2e^- \rightarrow 2O^- \quad \text{(Ausgangszustand)} \quad (6\text{-}1)$$

Es kommt dadurch an der Oberfläche des Halbleiters zu einer Verarmung an Elektronen und die resultierende Leitfähigkeit ist klein.

Bei der Wechselwirkung mit einem reduzierenden Gas RH_2 kommt es wieder zu einer Aufnahme von Elektronen und die Leitfähigkeit des Halbleiters nimmt zu:

$$RH_2 + 2O^- \rightarrow RO + H_2O + 2e^- \quad (6\text{-}2)$$

Eine weitere wichtige Erscheinung ist, daß durch eine Dotierung halbleitender Oxide die Fermie-Energie verschoben werden kann, wodurch die Wechselwirkung von Halbleitern und Gasen stark beeinflußt werden können. Die Realisierung einer solchen Dotierung wurde bereits in Bild 4-4 mit dem Beispiel des Einbaues von Pd in SnO_2 dargestellt.

Die bei solchen Modifikationen auftretenden Änderungen der Eigenschaften von Halbleitern untersuchten Schierbaum [213] und Kowalkowski [214]. Erst mit dem Einsatz anspruchsvoller Untersuchungsmethoden ließen sich Einblicke in die Sensormechanismen erzielen.

Eine umfassende Darstellung aller Zusammenhänge zwischen Aufbau und Eigenschaften von Halbleitersensoren unter Berücksichtigung der theoretischen Zusammenhänge bringt Kohl [215].

Neben den bisher betrachteten anorganischen Halbleitern spielen auch organische beim Aufbau von Gassensoren eine wichtige Rolle. Das gilt besonders für Metallkomplexe des Phthalocyanins im Zusammenhang mit der Messung von

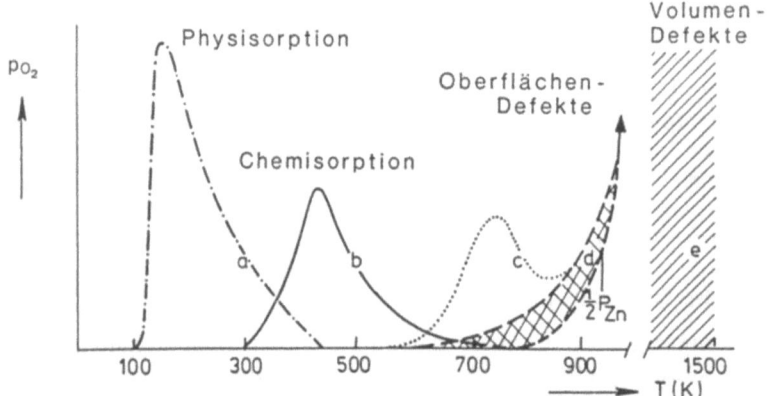

Bild 6-3 Wechselwirkungen zwischen Sauerstoff und einem Zinkoxid-Kristall [52]. Die Temperaturabhängigkeit des Partialdruckes p_{O_2} kann unterschiedlichen Desorptionsmechanismen zugeordnet werden, die auch bei Adsorptions-/Desorptions-Gleichgewichten an der Oberfläche von Halbleiter-Gassensoren eine Rolle spielen.

6.2 Halbleiter-Gassensoren

Gasen, die als Elektronenakzeptoren wirken können. Es geht dabei um die Messung oxidierender Gase wie NO_2, Cl_2 und O_3 [216].

Daß die Art der Fertigung der Sensorschichten (Aufdampfen, Siebdruck) entscheidenden Einfluß auf die Eigenschaften haben kann, heben Von Geloven und Mitarbeiter hervor [217].

6.2.3 Sensoren mit Oberflächenleitfähigkeit

Die Bauformen derartiger Halbleiter-Gassensoren wurden bereits im Zusammenhang mit Betrachtungen über die Sensorfertigung in Kapitel 4 bechrieben und durch die Bilder 4-5 und 4-6 veranschaulicht.

Über die Sensoreigenschaften liegt eine Fülle von Informationen vor, die in ihrem Sachgehalt nicht immer leicht zu bewerten ist. Man kann aber von den Tagushi-Sensoren ausgehen, die auch als „Figaro-Sensoren" bekannt sind [49, 218]. Sie wurden ursprünglich als Sensoren für den Ex-Schutz verwendet, dies vor allem zur Überwachung der in Japan vorzugsweise mit Erdgas (Methan) beheizten Häuser. Dieser Aufgabenstellung werden sie mit einer hinreichend tief liegenden Nachweisgrenze voll gerecht (vgl. auch Tabelle 6-2). Erhebliche Exemplarstreuungen sind hier ohne Bedeutung.

Weiterentwicklungen gelten einer Verbesserung der Sensoreigenschaften und einer Ausweitung ihrer Einsatzmöglichkeiten. Handelsüblich sind bereits Figaro-Sensoren, deren Eigenschaften durch gezieltes Altern und Vorsortieren verbessert sind. Ein einfaches Mittel, die an sich wenig befriedigende Selektivität zu beeinflussen, liegt in einer Änderung der Arbeitstemperatur (Bilder 6-4 und 6-5) [219].

Kowalkowski [214] hat für den Figaro-Sensor TGS 812 auf die Leitfähigkeitsänderungen bezogene Bestimmungsgleichungen entwickelt, die zugleich auch Selektivitätsaussagen beinhalten. Ausgewertet wurde das Verhältnis der Sensor-Leitwerte G (Wert mit Gasbeaufschlagung) zu G_A (Ausgangswert). Für eine

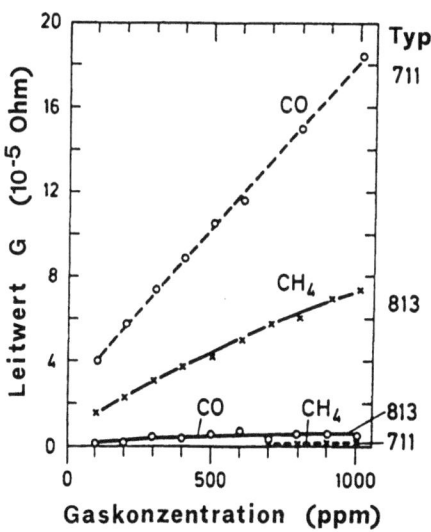

Bild 6-4

Abhängigkeit des Leitwertes G von zwei verschiedenen Figaro-Gassensoren auf der Basis SnO_2 von der Konzentration von CO und CH_4 (nach Heiland und Kohl [218, 219]).

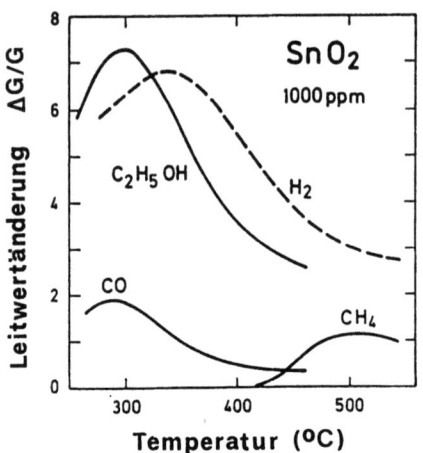

Bild 6-5
Änderung der Ansprechempfindlichkeit, ausgedrückt als Leitwertänderung $\Delta G/G$, eines mit 0,05 Gew.-% Sb dotierten SnO_2-Sensors von der Arbeitstemperatur (nach Heiland und Kohl [219]).

Arbeitstemperatur von 400 °C ergeben sich für Methan, Kohlenmonoxid und Wasserstoff die folgenden Beziehungen:

Methan: $\quad G/G_A = 13 \cdot (p_{CH_4}/p_{CH_4,0})^{0,35}$ (6-3)

Kohlenmonoxid: $G/G_A = 12 \cdot (p_{CO}/p_{CO,0})^{0,38}$ (6-4)

Wasserstoff: $\quad G/G_A = 157 \cdot (p_{H_2}/p_{H_2,0})^{0,49}$ (6-5)

Die Konzentrationen werden durch die Partialdrucke angegeben, wobei der Index 0 den Nullwert bedeutet.

Ein Vergleich zeigt, wie ähnlich der Sensor auf Methan oder Kohlenmonoxid anspricht, aber auch, daß er besonders empfindlich für Wasserstoff ist.

Praktischen Einsatz haben auch Sensoren für Schwefelwasserstoff gefunden [220]. Hier kann es aber Probleme mit einer Querempfindlichkeit gegenüber Wasserdampf geben. Zudem kann der Sensor „blind" werden, wenn er längere Zeit keinen Kontakt mit Schwefelwasserstoff hatte.

In neuerer Zeit kam auch ein Halbleiter-Gassensor für Chlor auf den Markt [221, 222]. Er ist gegenüber Wasserdampf nicht querempfindlich, was insofern verständlich ist, daß Chlor ein oxidierendes Gas ist, Wasserdampf sich aber wie ein reduzierendes Gas verhält. Nach persönlichen Informationen soll der Chlor-Sensor aber auch auf Chlorwasserstoff ansprechen.

Generell ist festzustellen, daß es über Meßfehler, Drift und Ansprechverhalten sehr wenig brauchbare Angaben gibt. Gleichwohl bringen Heiland und Kohl eine recht nützliche summarische Bewertung von Halbleiter-Gassensoren [219]. Sie kommen zu den folgenden Ergebnissen:

Die *Empfindlichkeit* (untere Nachweisgrenze) wird allgemein als gut erachtet.

Die *Selektivität* läßt generell zu wünschen übrig. In diesem Zusammenhang wird das Vorschalten von Filtern diskutiert. So verhindert Aktivkohle Fehlmessungen von CO-Sensoren durch NO_x. Zeolithe (Molekularsiebe) absorbieren bevorzugt H_2, lassen aber H_2S passieren. Unsicherheiten ergeben sich aber in allen

Fällen durch die undefinierte und nicht ohne weiteres kontrollierbare Standzeit der Filter. Hierzu siehe Bild 2-10.

Die *Langzeitstabilität* läßt zu wünschen übrig. Einer der Gründe, ist, daß es im praktischen Sensorbetrieb – also bei erhöhter Temperatur – zu einer Entmischung der Komponenten im Sensorelement kommen kann, wobei bereits im Ausgangszustand erhebliche Inhomogenitäten zu beobachten sind. In der Arbeit von Kowalkowski [214] sind diesbezügliche Bilder zu finden.

Die *Art der Kontaktierung* (Wahl der Metalle) und die *Meßtechnik* können ebenfalls die Resultate stark beeinflussen. Nach eigenen Erfahrungen ergeben sich bei Leitfähigkeitsmessungen mit Wechselspannung erheblich weniger Probleme als bei der üblichen Gleichspannungsmessung.

Die *Ansprechzeiten*, besonders die einsatzbedingt wichtige Anstiegszeit, sind mit 30 bis 90 s durchaus gut. Die Abfallzeiten sind demgegenüber oft erheblich länger. Vor allem kann auch eine betonte Hysterese auftreten, was aus registrierten Diagrammen leicht ersichtlich wird [224].

Auch hier wird das Multisensorkonzept aufgegriffen, das bereits in Bild 2-10 dargestellt und in Kapitel 2.4.2 auch diskutiert wurde. Bei den Halbleiter-Gassensoren sollte es nur in Erwägung gezogen werden, wenn die Drifteigenschaften verbessert werden können.

Eine Nachkalibration der Sensoren vor Ort ist allenfalls im Rahmen einer einfachen Funktionskontrolle sinnvoll.

6.2.4 Sensoren mit Volumenleitfähigkeit

Bei diesen Sensoren nimmt nicht nur die Oberfläche, sondern das gesamte Volumen des Sensors an der Signalbildung teil.

Als Sensormaterialien eignen sich bestimmte Oxide (TiO_2) oder oxidische Verbindungen (Spinelle, wie $MgCo_2O_4$, oder Titanate $MeTiO_3$, mit Me = Ba, Sr, Ca). Bei derartigen Materialien ändern sich bei hohen Temperaturen in Abhängigkeit vom Sauerstoffpartialdruck des umgebenden Gases die stöchiometrische Zusammensetzung und die Anzahl atomarer Fehlstellen im Kristallgitter.

So hat TiO_2 beispielsweise bei 900 °C und einem Sauerstoffpartialdruck von 1 bar seine stöchiometrische Zusammensetzung. Bei sehr niedrigen Partialdrucken aber, etwa bei 10^{-10} bar, kommt es im Oxid zu einem Sauerstoffdefizit x, entsprechend einer Formel TiO_{2-x}. Das Sauerstoffdefizit wird im Oxid durch eine entsprechende Anzahl unbesetzter Sauerstoffplätze (Leerstellen) oder durch Ti^{3+}-Ionen im Kristallgitter gekennzeichnet [225, 226]. In einem elektrischen Feld kommt es zu einem durch Transportmechanismen charakterisierten Ladungsausgleich, wie das Bild 6-6 zum Ausdruck bringt. Das aber ist die Grundlage der Leitfähigkeitsänderung im Rahmen einer Sensorreaktion.

Bemerkenswert ist, daß diese Änderungen der Stöchiometrie und der Gitterstruktur zu einem grundsätzlich verschiedenen Sensorverhalten führen können. So weisen Titanate bei hohen Sauerstoffpartialdrucken durch die Konzentration von Defektelektronen (Leerstellen) gegebene p-Leitfähigkeit auf. Sie nimmt mit dem Sauerstoffpartialdruck ab. Bei tiefen Sauerstoffpartialdrucken dagegen übersteigt die Elektronendichte die Konzentration der Leerstellen und das Material wird n-leitend. Jetzt aber steigt die Leitfähigkeit mit abnehmendem Sauerstoffpartialdruck. Damit kommt es zu einem temperaturabhängigen Mini-

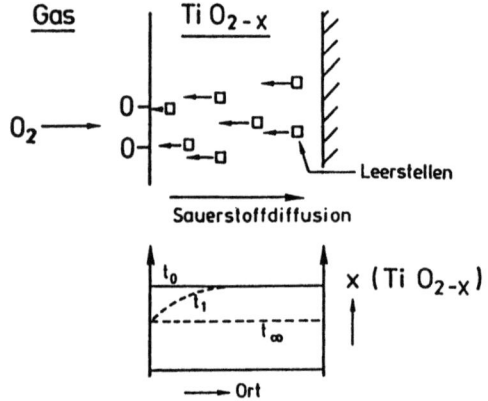

Bild 6-6
Prinzip der Volumenleitfähigkeit eines TiO$_2$-Sensors für Sauerstoff [225].
Oben: Transportmechanismen über das Volumen des Sensors.
Unten: Räumliche und zeitliche Ausbildung von Fehlstellen x.

mum der Leitfähigkeit als Funktion des Sauerstoffpartialdruckes [227]. Ein gegebenes Sensormaterial muß also einsatzmäßig bestimmten Sauerstoffpartialdruck-Meßbereichen zugeordnet werden.

Ähnliche Zusammenhänge beschreibt Wiemhöfer [225] für Oxide mit p-Leitfähigkeit ($Cu_{2-x}O$, $Ni_{1-x}O$, $Co_{1-x}O$). Für diese Gruppe ergeben sich aber eindeutige Konzentrationsfunktionen ohne ein durch ein Minimum gekennzeichnetes Übergangsgebiet.

Schönauer [227] hebt auch die Voraussetzungen für schnell ansprechende Volumensensoren hervor. Es geht um möglichst dünne und poröse Schichten der Sensor-Oxide, wie sie nach einem Siebdruckverfahren hergestellt werden können. Nach dem Einbrennen liegen Schichtdicken von einigen µm vor. Schönauer bringt eine Zusammenstellung der Merkmale von volumenleitenden Gassensoren:

1. Die Leitfähigkeit ändert sich exponentiell mit dem Sauerstoffpartialdruck.
2. Die Meßwerte stellen sich schnell und reversibel, ohne Hysterese, ein.
3. Es stehen Sensormatterial zur Verfügung, die Messungen über 30 Sauerstoffpartialdruck-Dekaden erlauben.
4. Im Gegensatz zu Sauerstoffmessungen mit ionenleitenden Sensoren (vgl. Kapitel 6.3) wird kein Vergleichsgas benötigt.
5. Gegenüber anderen Gasen besteht kaum eine Querempfindlichkeit. Vor allem stört Wasserdampf die Messungen nicht.
6. Einsatzbedingte Temperaturen bis 1200 °C sind möglich.
7. Es besteht eine ausgeprägte Temperaturabhängigkeit der Leitfähigkeit, die durch elektronische Mittel sorgfältig kompensiert werden muß.

Die Bauform der Sensoren entspricht dem in Bild 4-6 dargestellten Prinzip.

Handelsüblich ist bereits ein Sensorsystem für die Sauerstoffmessung in Schutzgasen, in Temperöfen und bei der Vakuumbeschichtung von Oberflächen [228]. Der Meßbereich beträgt 10^{-8} bis 10^{10} bar.

Ein besonders wichtiges Einsatzgebiet noch zu entwickelnder Sensoren wäre die Einstellung von Kraftstoff-Luft-Gemischen beim Betrieb von Otto-Motoren mit geregeltem 3-Wege-Katalysator. Umfassende Versuchsreihen mit Funktionsmustern laufen bereits.

6.3 Ionenleitende Gassensoren

6.3.1 Der Begriff des Festelektrolyten

Ein Ladungstransport durch Ionen ist nicht nur ein Merkmal der als Elektrolyte bezeichneten Lösungen. Es gibt vielmehr auch ionenleitende Festkörper, die sinngemäß als Festelektrolyte bezeichnet werden. Bereits bei den ionenselektiven Elektroden wurde auf derartige Sensormaterialien hingewiesen (vgl. Tabelle 5-4).

Im Unterschied zu flüssigen Elektrolyten wird bei Festelektrolyten der Ladungstransport meist nur durch *eine* Ionenart übernommen. Das ist beispielsweise für LaF_3 mit einer Ionenleitfähigkeit für F^--Ionen der Fall. Gleiches gilt für den pH-Sensor mit ZrO_2 als Sensorelement mit einer Leitfähigkeit für O^{2-}-Ionen (siehe Abschnitt 5.3.3). In allen diesen Fällen liegen die fraglichen Ionen aber bereits fertig in der Lösung vor, ganz im Gegensatz zur hier interessierenden Gasanalyse. Alle theoretischen Hintergründe der Ionenleitung bei Gassensoren behandelt Weppner ausführlich [239].

Der am besten bekannte Fall solcher Sensoren liegt bei der Sauerstoffmessung mit Zirconiumdioxid ZrO_2 als Sensormaterial vor. Bei Temperaturen über 550 °C kommt es an der Grenzfläche zwischen porösen Platinelektroden und dem ZrO_2 zu einer Ionisationsreaktion:

$$O_2 \text{ (Gas)} + 2\,e^- \text{ (Platin)} \rightleftharpoons O^{2-} \text{ (ZrO}_2\text{)} \quad (6\text{-}6)$$

Die Ionisation findet in einem dreifachen Kontakt von Gas, Metall und Ionenleiter statt.

Festelektrolyte im allgemeinen und ZrO_2 im besonderen weisen bei Raumtemperatur eine schlechte Leitfähigkeit auf. Die daraus resultierenden hohen Innenwiderstände der damit aufgebauten Sensoren liegen in der Größenordnung von 10^{11} Ohm. Das bringt schaltungstechnische Probleme auf der Seite des Meßwertverstärkers und eine hohe Störanfälligkeit gegenüber elektrischen Feldern mit sich. Hinzu kommt, daß sich das durch Gl. (6-6) ausgedrückte Gleichgewicht erst bei erhöhter Temperatur schnell genug einstellt. Beide Erscheinungen sind der Grund für ein Beheizen des Sensorelementes auf Temperaturen von 650 bis 950 °C. Der Sensorwiderstand nimmt exponentiell mit steigender Temperatur ab.

Das verwendete ZrO_2 wird stets mit Oxiden zwei- oder dreiwertiger Metalle dotiert. Das kann beispielsweise mit CaO oder Y_2O_3 geschehen. Durch die Dotierung entstehen Leerstellen im Gitter der Sauerstoffionen des ZrO_2, da die Kationen Ca^{2+} oder Y^{3+} auf Zr^{4+}-Plätzen eingebaut werden [213].

6.3.2 Aufbau und Funktion von Sauerstoffsensoren

Der prinzipielle Aufbau eines Sauerstoffsensors mit dotiertem ZrO_2 als Sensorelement geht aus Bild 6-7 hervor. Es wird also gegen ein sauerstoffhaltiges Referenzglas – meist Luft – gemessen. Nach Bild 6-8 [225] läuft die Sensorreaktion also zweifach ab. An den beiden Grenzflächen γ' und γ'' bildet sich jeweils ein vom Sauerstoffpartialdruck p_{O_2} abhängiges Potential $E(\gamma')$ und $E(\gamma'')$ aus, dessen Differenz E gemessen wird.

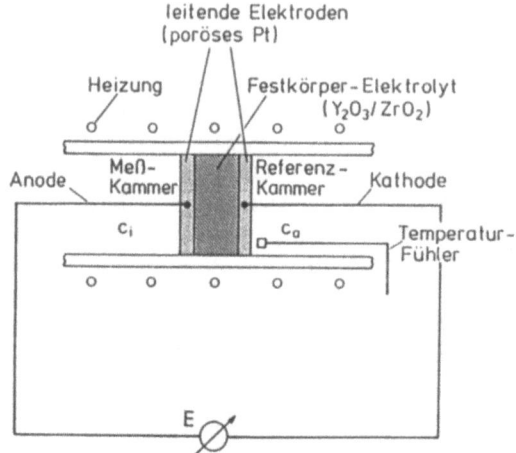

Bild 6-7
Schema eines potentiometrischen Sauerstoff-Sensors auf der Basis von ionenleitendem ZrO_2 [52] (vgl. Text).

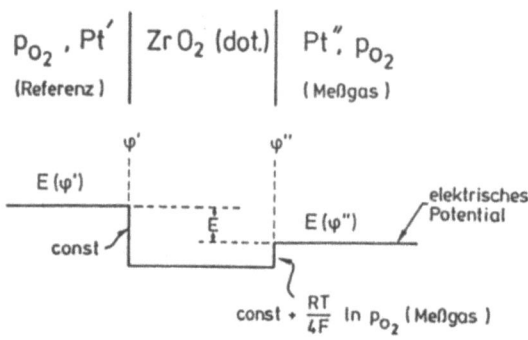

Bild 6-8
Potentialausbildung an den Grenzflächen φ Platinelektrode/Ionenleiter/Sauerstoff bei einem Sensor gemäß Bild 6-7 [225].

Dabei wird die Nernst-Gleichung befolgt:

$$E = \frac{RT}{4F} \ln \frac{p_{O_2,M}}{p_{O_2,R}} \tag{6-7}$$

Der Index M steht für das zu messende Gas, R dagegen für das mit konstantem Partialdruck vorgegebene Referenzgas (Luft).

Eine auf Bild 6-7 bezugnehmende andere Bauform wird in großem Maßstab für die regeltechnische Einstellung eines optimalen Kraftstoff-Luft-Gemisches von Otto-Motoren eingesetzt, die mit einem 3-Wege-Katalysator ausgerüstet sind. Bild 6-9 veranschaulicht einen solchen als Lambda-Sonde bezeichneten Sensor. Die Bezeichnung kommt von der Luftzahl λ, die eine wichtige Leitgröße bei der Optimierung von Verbrennungsprozessen ist.

Die Regelung eines Kraftstoff-Luft-Gemisches auf Werte von $\lambda \approx 1,0$ löst eine Änderung des Sensorpotentials E von etwa 800 mV aus, ein Betrag, mit dem zuverlässig gearbeitet werden kann. Für Magermotoren sind erhöhte Anforderungen an die Meßtechnik zu stellen, wobei nicht zuletzt auch die Schwankungsbreite der Sensortemperatur Einfluß auf die resultierenden Meßfehler hat.

6.3 Ionenleitende Gassensoren

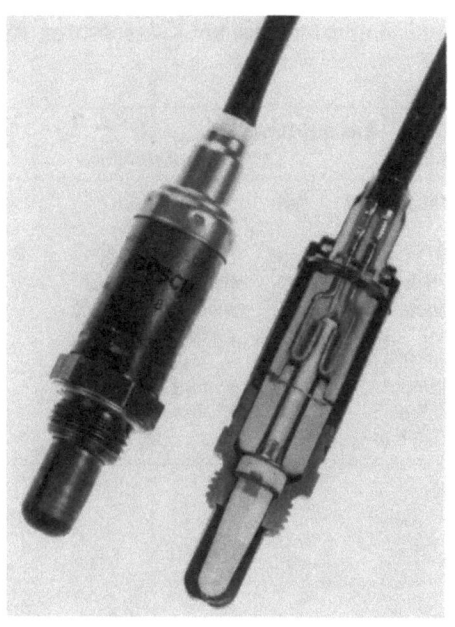

Bild 6-9
Aufbau einer beheizten Lambda-Sonde zur Restsauerstoffmessung in den Abgasen von Otto-Motoren zur Optimierung des Kraftstoff/Luft-Gemisches im Zusammenwirken mit einem 3-Wege-Katalysator (Bosch [346]).

Das Konzept der Lambda-Regelung kann auch auf andere Brennstoff-Luft-Gemische bei der Energieerzeugung übertragen werden. Entsprechende in-line-Geber machen beispielsweise eine Optimierung der Emissionen von Kohlenwasserstoffen oder von Kohlenmonoxid möglich [229] [238].

Es erscheint grundsätzlich denkbar, das Referenzgas durch feste Phasen zu ersetzen, die bei einer gegebenen (hohen) Temperatur einen definierten Sauerstoffpartialdruck entwickeln. Das gilt beispielsweise für das Redoxpaar Ni/NiO. Eine solche Modifikation bringt aber einen stark unsymmetrischen Aufbau der potentiometrischen Meßkette mit sich, woraus sich erhöhte Meßfehler durch die schwer zu beherrschende automatische Temperaturkompensation ergeben können.

Sauerstoff-Sensoren auf der Grundlage von dotiertem ZrO_2 lassen sich nicht nur nach dem bisher betrachteten potentiometrischen Prinzip betreiben. Vielmehr besteht auch die Möglichkeit, nach Anlegen einer äußeren Spannung amperometrisch zu messen [229]. Dazu wird die in Bild 6-7 dargestellte Bauform des Sensors derart modifiziert, daß auf der Seite des Meßgases eine die Sauerstoffdiffusion begrenzende poröse Schicht eine Kapillare vorgeschaltet wird. Nur dann kommt es zur Ausbildung eines partialdruckproportionalen Grenzstromes (vgl. Bild 5-3).

Jetzt laufen an den beiden Grenzflächen $O_2/Pt/ZrO_2$ (dot.) zwei unterschiedliche Elektrodenreaktionen ab:

Anode: $\quad 2\,O^{-2} \rightleftharpoons O_2 + 4\,e^-$ \hfill (6-8)

Kathode: $\quad O_2 + 4\,e^- \rightleftharpoons 2\,O^{2-}$ \hfill (6-9)

Tabelle 6-1 Vergleich potentiometrischer und amperometrischer Gassensoren für Sauerstoff

Sensormerkmale	Sensorprinzip	
	Potentiometrie	Amperometrie
Art des Festelektrolyt	ZrO_2 (dot.)	ZrO_2 (dot.)
Elektrodenmaterial	Pt	Pt
Betriebstemperatur T	650 ... 800 °C	650 ... 800 °C
Messung/Regelung von T	erforderlich	nicht erforderlich[a]
Referenzgas	erforderlich	nicht erforderlich
Meßgasstrom	variabel	konstant[b]
Sensorfunktion	logarithmisch	linear
Ansprechzeit	wenige Sekunden	wenige Sekunden
Hauptanwendung	$\lambda \leq 1$, bzw. ≤ 1 Vol. % bis $p_{O_2} \leq 10^{-20}$ bar	$\lambda > 1$, bzw. $> 0,1$ Vol. %

[a] Minimalwert darf nicht überschritten werden
[b] Gaszuführung über kritische Düse

Im Rahmen der Bruttoreaktion wird also Sauerstoff durch den Ionenleiter transportiert, ein Vorgang, der auch zur Bezeichnung „Sauerstoffpumpe" für derartige amperometrische Sensoren geführt hat.

Rohr und Weber bringen eine vergleichende Gegenüberstellung von potentiometrischen und amperometrischen Sauerstoffsensoren [229], auf die Tabelle 6-1 bezug nimmt.

Amperometrische Stromsonden sind ebenfalls handelsüblich [230].

6.3.3 Weitere ionenleitende Sensoren

Außer dem bisher betrachteten dotierten ZrO_2 gibt es eine Vielzahl anderer chemischer Verbindungen mit Ionenleitfähigkeit, die grundsätzlich für den Aufbau von Gassensoren geeignet sind. Fouletier gibt einen Überblick [231].

Bemerkenswert ist, daß das Hydrogenuranylphosphat $HUO_2PO_4 \cdot 4H_2O$ bereits bei Raumtemperatur eine hohe Leitfähigkeit für Protonen aufweist. Das gilt auch für Zirconiumhydrogenphosphat $Zr(HPO_4)_2 \cdot H_2O$ und für Nafion, ein durch Sulfonierung modifiziertes Teflon [232]. Derartige Sensormaterialien ermöglichen den Bau von Wasserstoffsensoren.

Weppner beschreibt einen Chlorsensor, der dem folgenden Schema entspricht [233]:

$$Ag/RbAg_4I_5/AgCl, Cl_2 (p_{Cl_2}) \tag{6-10}$$

Hier ist bemerkenswert, daß als Sensormaterial ein Ionenleiter für Silberionen, Silberchlorid, zur Verwendung kommt – also ein Ionenleiter, in dem nicht die Ionen des zu messenden Gases beweglich sind.

Auf weitere Sensorkombinationen gehen auch Wiemhöfer [225] und Pohl [213] ein.

Besonders weit ist die Entwicklung eines als Hagan-Sonde bezeichneten SO_2-Sensors gediehen [234, 236]. Sensormaterial ist Kaliumsulfat K_2SO_4 mit einer Arbeitstemperatur von 850 °C. Der Sensor spricht auf die Partialdrücke p_{SO_2} und p_{O_2} an. Es muß zusätzlich ein p_{O_2}-Sensor in einer Differenzschaltung betrieben werden [234, 235, 347]. Durch Fortpflanzung von Meßfehlern können sich bei unsachgemäßer Auslegung solcher Schaltungen schnell unzulässig große Fehler ergeben. Ein weiteres Problem ist die Verwendung eines wasserlöslichen Sensormaterials. Das gilt besonders für Taupunktunterschreitungen und Lagerung des Sensors.

Einen SO_2-Sensor mit Na_2SO_4 und dem Natriumionenleiter β-Al_2O_3 beschreiben Akila und Jacob [237]. Die Arbeit enthält neben der Beschreibung des Sensoraufbaues eine Fülle zusätzlicher interessanter Informationen.

Wie weit alle die sich abzeichnenden Möglichkeiten zur praktischen Realisierung neuer ionenleitender Sensoren führen werden, läßt sich zur Zeit noch nicht abschätzen.

6.4 Thermokatalytische Sensoren

6.4.1 Methodische Grundlagen und Bauformen

Alle thermokatalytischen Sensoren beruhen auf dem Prinzip einer Messung der durch katalytische Verbrennungsreaktionen bewirkten Temperaturerhöhung. Der die Sensorfunktion bestimmende Faktor ist somit die Katalyse der Verbrennung von brennbaren Gasen, wie Methan, Propan oder auch Kohlenmonoxid. Gentry und Jones setzen sich mit den theoretischen Zusammenhängen auseinander [240].

Als Katalysator dienen entweder oxidische Gemische von der Art des Hopkalit (Beispiel: 50 % MnO_2, 30 % CuO, 15 % CoO und 5 % Ag_2O) [241] oder Edelmetalle aus der Platingruppe. Die Sensorfunktion ist an die Gegenwart eines hinreichend großen Sauerstoffüberschusses gebunden (Bild 6-13).

Die Temperaturmessung erfolgt mit Thermoelementen oder mit Widerstandsthermometern. Thermoelemente kommen überwiegend zusammen mit oxidischen Katalysatoren beim Aufbau von CO-Sensoren zur Anwendung. Die Katalysatorschicht wird auf Temperaturen von 100 bis 200 °C gebracht und durch Thermostatisierung in engen Grenzen auf diesem Wert gehalten. Die Gaszufuhr erfolgt über eine Dosierpumpe. Derartige Geräte werden von den Drägerwerken [242] oder von der Auergesellschaft [243] hergestellt. Eine zur Gaskonzentration proportionale Temperaturerhöhung wird mit Thermoelementen gemessen.

Beginnend mit den Arbeiten von Sieger [244] und Baker [245] Anfang der 60er Jahre gewann ein anderes Sensorprinzip zunehmend Bedeutung. Als Katalysatoren dienen dünne Platindrähte in gewendelter Form. Die durch das Platin katalysierte Verbrennungsreaktion verursacht durch die eintretende Temperaturerhöhung eine Widerstandsänderung der Katalysatordrähte. Da massives Platin ein relativ schlechter Katalysator ist, mußten die Drähte auf Temperaturen von 800 bis 1000 °C aufgeheizt werden, damit die Verbrennung rasch genug abläuft. Erst mit der Entwicklung besserer Katalysatoren und einer geänderten Bauform gemäß Bild 6-10 konnten die Sensoren eine weite Verbreitung finden. Sie werden

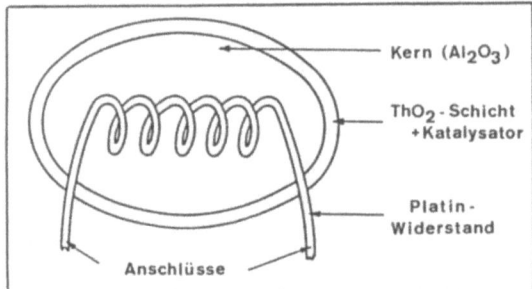

Bild 6-10
Schematisierter Aufbau eines thermokatalytischen Gassensors. Der Platindraht dient sowohl als Heizelement als auch als temperaturabhängiger Widerstandssensor [249].

Bild 6-11
Im mm-Bereich liegen die Abmessungen der Sensor-Pille eines Thermokatalytischen Sensors (Sieger Ltd., Poole, Dorset, England).

oft als Pellistoren bezeichnet. Die Arbeiten wurden maßgeblich durch Baker ausgeführt, der auch einen guten Rückblick gibt [246].

Jetzt genügen Arbeitstemperaturen von etwa 500 °C. Zusätzlich konnten die Abmessungen stark reduziert werden, was sich auf eine Verkürzung der Ansprechzeiten günstig auswirkte. Den praktischen Sensoraufbau veranschaulicht Bild 6-11.

Die für Pellistoren übliche Meßschaltung geht aus Bild 6-12 hervor. Es wird also eine Brückenschaltung mit einem aktiven und einem identisch aufgebauten aber nicht-aktiven Sensor zur Messung der Widerstandsänderung des aktiven Sensors verwendet.

Üblicherweise sitzen die Sensoren im Meßkopf hinter einem Flammschutz aus Sintermetall. Das Gas tritt durch Diffusion in den Meßkopf ein. Die diffusionskontrollierte Signal-Konzentrations-Funktion ist nahezu linear, allerdings nur im Bereich kleiner Konzentrationen (vgl. Bild 6-13). Besonders kurze Ansprechzeiten lassen sich durch eine Gaszuführung mit Dosierpumpen erhalten [248]. Die Anstiegszeit liegt bei diffusionskontrollierten Meßköpfen bei etwa 8 s, bei Probengaszuführung dagegen unter 1 s.

Im praktischen Einsatz zeigte sich bald, daß die herkömmlichen Pellistoren durch bestimmte Katalysatorgifte schnell und oft irreversibel desaktiviert werden

6.4 Thermokatalytische Sensoren

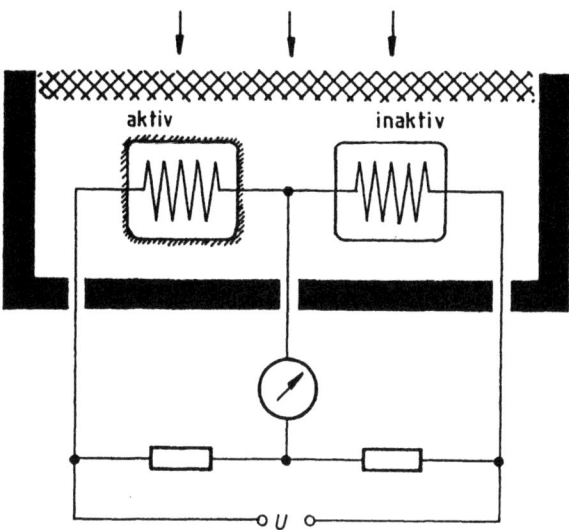

Bild 6-12 Brückenschaltung zur Messung der Widerstandsänderung von thermokatalytischen Sensoren nach Bild 6-10 [247]. Zugleich wird angedeutet, wie die beiden Sensoren durch eine Flammensperre (poröses Sintermetall) gegen die Atmosphäre („Probe") abgegrenzt werden.

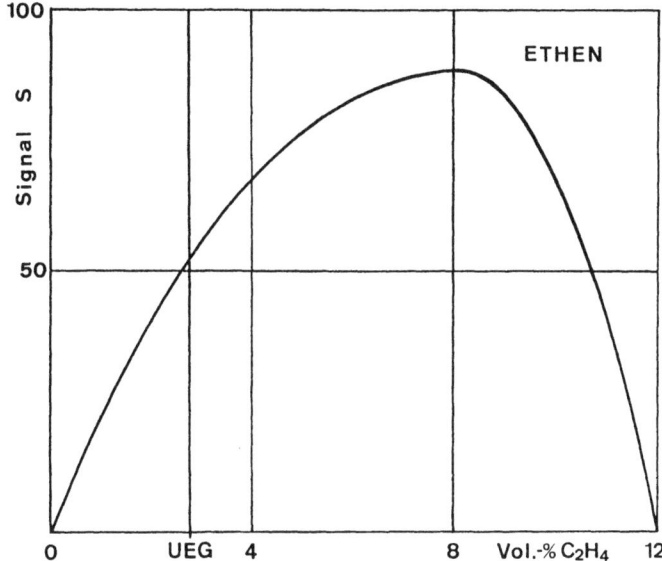

Bild 6-13 Signal-Konzentrations-Funktion eines thermokatalytischen Sensors für ein Ethen-Luft-Gemisch [273].

können. Das trifft ganz besonders für Silane zu, etwa für Hexamethyldisilan $(CH_3)_2Si\text{-}Si(CH_3)_2$. Aber auch chlorierte Kohlenwasserstoffe sind Katalysatorgifte. Mit der Anzahl der Chloratome nimmt ihre Wirksamkeit zu. Durch Ausheizen über die Arbeitstemperatur hinaus lassen sich die Schäden zum Teil beheben – eine allerdings schwer zu kontrollierende Arbeit. Bemerkenswert ist auch, daß die chemische Beschaffenheit des zu messenden Gases Einfluß auf die zu beobachtenden Sensorschädigungen hat. So ist der Aktivitätsverlust für Methan am größten, für n-Butan dagegen wesentlich weniger ausgeprägt. Willat hat sich eingehend mit diesen Problemen auseinandergesetzt [249]. Er bezieht in die Untersuchungen auch die letzte Generation von thermokatalytischen Sensoren ein, die abweichend von Bild 6-10 den Katalysator nicht nur in der Oberfläche der Pille, sondern über das gesamte Volumen aufweisen. Dabei wird mit hochporösen Strukturen gearbeitet. Derartige Sensoren sind weitgehend „giftfest".

6.4.2 Sensormerkmale und Einsatzgebiete

Das Haupteinsatzgebiet von Sensoren vom Pellistor-Typ liegt im Ex-Schutz, wobei die mögliche Bildung explosiver Gas-Luft-Gemische überwacht werden soll. Die meßtechnisch wichtige Größe ist dabei die untere Explosionsgrenze (UEG). Zusammen mit der oberen Grenze (OEG) schließt sie den Bereich der Zündfähigkeit eines Gemisches ein. Eine Vorstellung von der in Frage kommenden Bereichsgrenze vermittelt Tabelle 6-2.

Vordringliche meßtechnische Forderungen an die Sensoren sind eine hinreichend weit unter dem UEG-Wert liegende Nachweisgrenze und kurze Ansprechzeiten. Die untere Nachweisgrenze hängt von der Art des brennbaren Gases ab. Sie liegt bei 2 bis 10 % des UEG-Wertes. Daß die normalereise bei etwa 10 s liegende Anstiegszeit verkürzt werden kann, wurde bereits erwähnt.

Eine Querempfindlichkeit gegenüber Wasserdampf zeigen thermokatalytische Sensoren nicht. Hinzu kommen eine vernachlässigbare Drift und eine Lebensdauer von 1 bis 2 Jahren, sofern eine Katalysatorvergiftung ausgeschlossen ist. Alle diese Merkmale zeichnen die Sensoren gegenüber den Halbleiter-Gassensoren aus. Sie sind allerdings auch um einiges teurer.

Tabelle 6-2 Explosionsgrenzen verschiedener brennbarer Gase im Gemisch mit Luft. Werte für 20 °C und 1 bar

Brennbares Gas	UEG in Vol.-%	OEG in Vol.-%
Methan	5,0	15,0
Propan	2,1	9,5
n-Butan	1,5	8,5
Ethen	2,7	28,5
Wasserstoff	4,0	75,6
Kohlenmonoxid[a]	12,5	74,0
Ammoniak[a]	15,0	28,0

[a])Brennbares *und* toxisches Gas.
   MAK-Werte: CO 30 pp, NH_3 50 ppm

6.4 Thermokatalytische Sensoren

Beachtet werden muß die ein Maximum durchlaufende Sensor-Signalfunktion (vgl. Bild 6-13). Eindeutige Messungen werden im Bereich der UEG-Werte stets möglich. Bei höheren Konzentrationen aber werden die Meßwerte zweideutig, bis schließlich das Signal gegen Null abfällt. Das liegt daran, daß ein „überfettetes Gemisch" nicht mehr zündfähig ist und dann auch keine katalytische Verbrennung mehr stattfinden kann.

Im Bereich höherer Konzentrationen brennbarer Gase lassen sich eindeutige Messungen mit Hilfe von Wärmeleitfähigkeits-Sensoren durchführen (vgl. Abschnitt 10.2). Das ist auch der Grund, weshalb im Ex-Schutz eingesetzte Gaswarngeräte oft diese Sensoren zusätzlich zu den Pellistoren enthalten. Sie haben hier aber nur die Aufgabe, orientierende Aussagen zu machen.

Sensoren mit oxidischen Katalysatoren vom Hopkalit-Typ werden vorzugsweise für die CO-Messung eingesetzt. Hier handelt es sich um ein sowohl brennbares (explosives) als auch toxisches Gas. Die handelsüblichen Geräte sind meist für den Ex-Schutz ausgelegt (vgl. auch Tabelle 6-2 und die Fußnote) [242] [243].

Für sonstige Gase werden thermokatalytische Sensoren nur bedingt eingesetzt, etwa für die Raumluftüberwachung von Tiefkühlanlagen mit Ammoniak als Kälteträger. Hier kommt ihnen wie im Ex-Schutz überwiegend eine Alarmfunktion zu. Der MAK-Wert von NH_3 mit 50 ppm ist gerade noch zu erfassen.

Generell haben die thermokatalytischen Sensoren einen recht hohen Entwicklungsstand erreicht, der kaum noch Wünsche offen läßt.

7 Faseroptische Sensoren

7.1 Glasfasern zur Signalübertragung

Dünne Fasern aus anorganischen und organischen Gläsern (Glas im allgemeinen Sinn, Quarz, organische Polymere) spielen in der Übertragung digitalisierter Signale seit Jahren in der Technik eine wichtige Rolle. Der extrem breite Frequenzumfang macht das ebenso möglich wie die geringe Eigenabsorption der Fasern. Diese und andere Vorteile werden auch in der Meßtechnik genutzt. Tabelle 7-1 macht hierzu nähere Angaben [251]. Die Lichtleitung erfolgt nach dem Prinzip der Totalreflexion an der Grenzfläche Faser/Ummantelung. Der Winkel der Totalreflexion wird dabei durch das Verhältnis der Brechungsindizes von Faser (Kern) und Fasermantel festgelegt. Bild 7-1 verdeutlicht diese Zusammenhänge.

In der chemischen Meßtechnik sind es naheliegenderweise photometrische Informationen, die übertragen werden. Als „Sensor" wirkt dabei eine im Meßmedium sichergestellte Meßstrecke, welche die Funktion einer Küvette übernimmt. Die Weglänge beträgt dabei üblicherweise einige Zentimeter bei Lösungen und einige Meter bei Gasen. Diese Länge wird durch das Ende der das Licht einspeisenden und den Anfang der das Licht auskoppelnden plangeschliffenen Fasern dargestellt. Die Messungen lassen sich im UV-VIS-NIR-Bereich durchführen. Bei anspruchsvollen Systemen kann durch Ansteuerung von Monochromatoren ein breiter Wellenlängenbereich durchfahren werden, so daß auch anspruchsvolle Messungen ausgeführt werden können [252].

Faseroptische Sensoren einfacherer Art werden seit Jahren zur Endpunktindikation photometrischer Titrationen verwendet (Bild 7-2) [101, 2536.

In allen diesen Fällen dienen die Fasern allein zur Signalübertragung und stellen keine eigentlichen Sensoren dar.

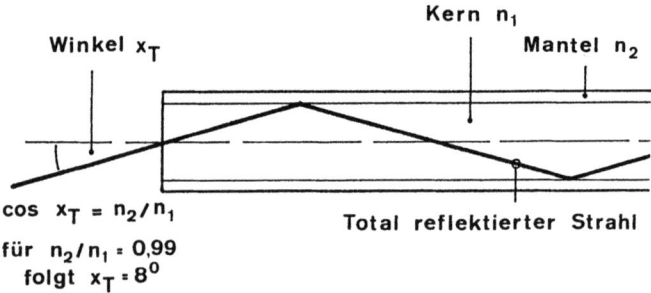

Bild 7-1 Prinzip der Totalreflexion eines in einen Lichtleiter eintretenden Strahles mit Angabe des kritischen Winkels x_T.

7.1 Glasfaser-Refraktometer

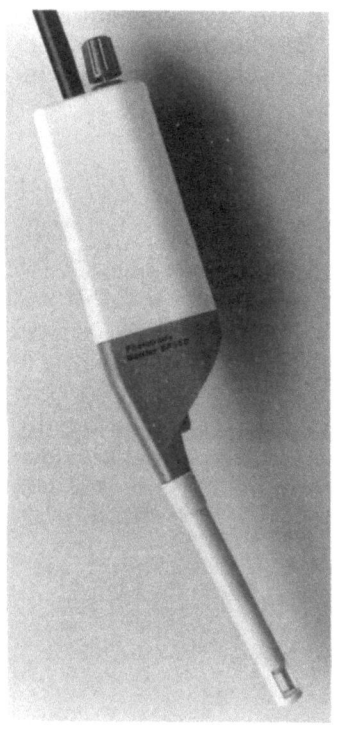
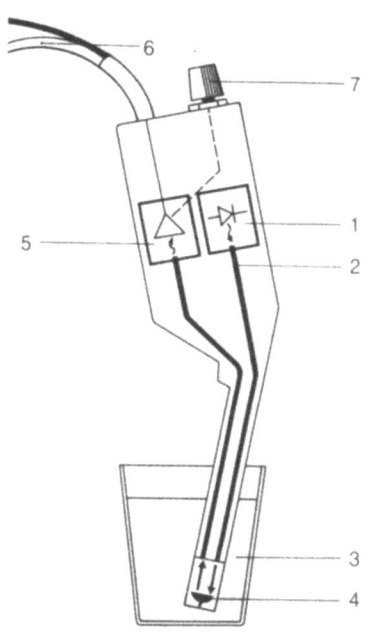

1 Lichtquelle (LED)
2 Lichtleiter
3 Probe
4 Reflektor
5 Detektor
6 Kabel zum Verstärker
7 Regler für Verstärkung

Bild 7-2 Aufbau und Wirkungsweise eines über faseroptische Lichtleiter angekoppelten Sensors für die photometrische Endpunktbestimmung von Titrationen (Mettler [253], vgl. auch [101]). Lichtweg in der Probe: 20 mm. Verfügbare Wellenlängen: 555 und 660 nm.

7.2 Glasfaser-Refraktometer

Glasfaser-Refraktometer enthalten entweder eine „nackte", das heißt nicht ummantelte Glasfaser oder eine konisch geschliffene Glasspitze als Sensorelement. Eine der Realisierungsmöglichkeiten wird durch Bild 7-3 veranschaulicht.

In dem gekrümmten Faserteil hängt das Wechselspiel von Totalreflexion und Strahlenübergang in das umgebende Medium durch Refraktion bei gegebener Krümmung vom Verhältnis der Brechungsindizes von Faser und Medium ab. Durch die Refraktion kommt es zu einer Abnahme der eingestrahlten Lichtintensität und damit zum meßtechnisch ausgewerteten Effekt.

Geräte mit konisch geschliffenen Glasstäben sind handelsüblich. Sie erfassen typisch einen Meßbereich des Brechungsindex n_D von 1,300 bis 1,550. Der Meßfehler beträgt ± 0,002 [254]. Die analytisch interessanten Zusammenhänge zwischen dem Brechungsindex n_D und der Konzentration von Lösungen können Bild 7-4 entnommen werden. Danach lassen sich sowohl Elektrolyte als auch Nichtelektrolyte untersuchen. Bei starken Elektrolyten tritt im Vergleich mit Leitfähigkeitsmessungen (siehe Bild 5-1) kein Maximum auf. Mit den sonstigen

Möglichkeiten der Messung von Brechungsindizes setzt sich besonders ein Klassiker der optischen Meßtechnik auseinander [255]. Ein bevorzugtes Anwendungsgebiet ist die Konzentrationsmessung von Zuckerlösungen (auch die Bestimmung von Oechsle-Graden von Traubensaft).

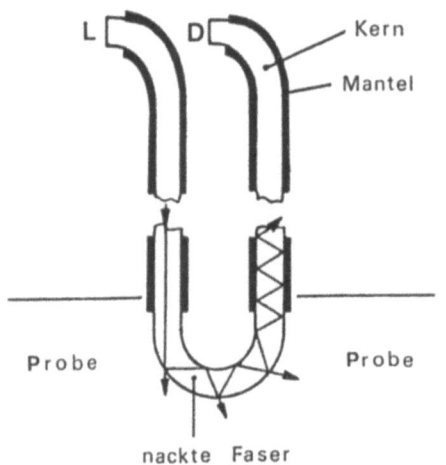

Bild 7-3
Prinzip eines Glasfaser-Refraktometers. Das Wechselspiel von Reflexion und Refraktion im gekrümmten Teil der Faser hängt vom Brechungsindex n der Probe ab.

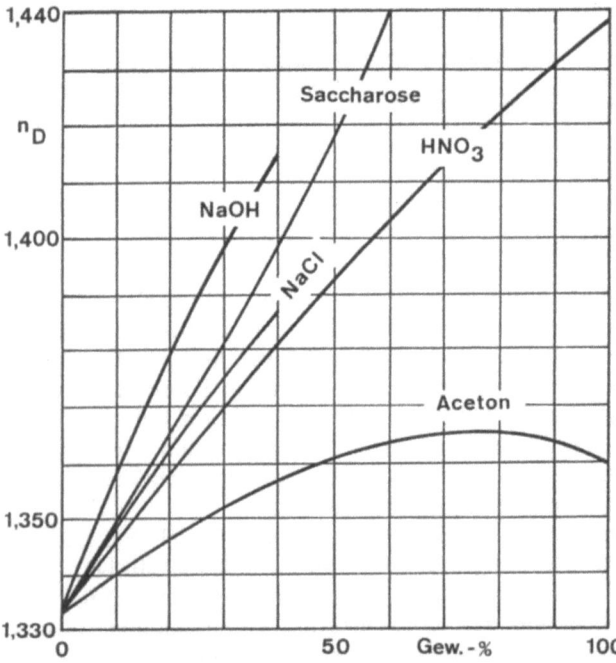

Bild 7-4 Abhängigkeit des Brechungsindex n_D bei 20 °C von der Konzentration (Gew.-%) verschiedener Elektrolyte und Nichtelektrolyte.

7.3 Kolorimetrische faseroptische Sensoren

Diese Sensoren sind durch die Kombination der Glasfaser mit einem kolorimetrischen Reagenz R gekennzeichnet. Bezüglich der Führung von ein- und ausgekoppeltem Licht werden gemäß Bild 7-5 verschiedene Konzepte verwendet. Das Reagenz R kann entweder auf der Glasfaser direkt immobilisiert oder durch eine für den zu messenden Probenbestandteil permeable Membran mit der Faser verkoppelt werden. Der erste Fall kommt für die Variante a) in Frage, während b) und c) meist dem zweiten Fall zuzuordnen sind.

Seitz [256] und Saari [257] gehen ausführlich auf die Vor- und Nachteile der verschiedenen faseroptischen Sensorkonzepte und die sich anbietenden Auswertemöglichkeiten ein.

In allen Fällen besteht der meßtechnische Effekt in einem Nebeneinander einer Absorption des eingestrahlten Lichtes im Reagenz R und einer Reflexion an der Grenzfläche der Faser mit dem Reagenz R. Die klassischen Gesetze der Photometrie (Lambert-Beersches Gesetz) gelten nicht, auch schon deshalb nicht, weil keine definierte Länge d einer Meßstrecke vorhanden ist (hierzu vgl. auch Bild 7-2). Alles das sind Gründe, weshalb hier eher recht allgemein von „kolorimetrischen Sensoren" gesprochen wird.

Am besten untersucht sind die auf pH-Messungen abgestimmten Sensoren. So beschreiben Kirkbrigt, Narayanaswamy und Welti [258] einen durch Immobilisieren von Bromthymolblau in einem Divinylbenzol-Copolymer erhaltenen Sensor. Die Signal-pH-Funktion gemäß Bild 7-6 bringt zwei wichtige Erkenntnisse:

1. Der nutzbare pH-Bereich umfaßt allenfalls zwei pH-Einheiten,
2. die Indikatorkonzentration hat sehr starken Einfluß auf die Kalibrationskurve.

Indirekt ist ersichtlich, daß die Meßfehler an den Bereichsgrenzen stark zunehmen.

Der erste Effekt ist seit den Tagen der früher üblichen kolorimetrischen pH-Messung nichts Neues. Durch die Wahl überlappender pH-Indikatoren kann dieser Nachteil ausgeglichen werden. Der zweite Effekt aber ist schwerwiegender. Keine Immobilisierung ist perfekt und es kann im Laufe des Gebrauches inner-

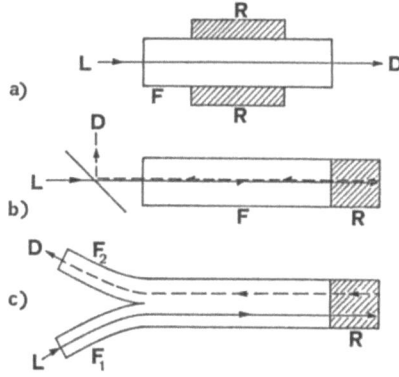

Bild 7-5
Kombinationen von Strahlengängen und auf der Faser fixierten Reagenzien.

Es bedeuten:

L Lichtquelle, F Glasfaser, R Reagenz, D Detektor (Strahlenempfänger).

Anordnung

a) liefert die schlechteste Signalausbeute,
b) ist mit der Trennung der Strahlen von L und D über einen halbdurchlässigen Spiegel optimal geeignet,
c) mit aufgetrennten Fasern ist wieder weniger günstig.

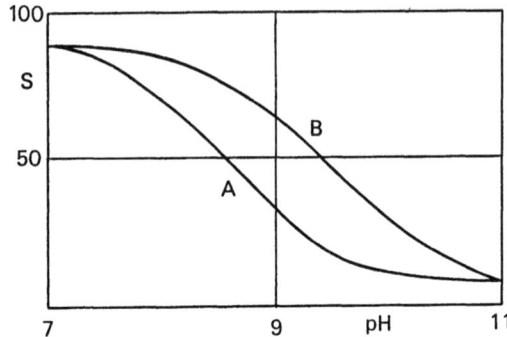

Bild 7-6
Kalibrationskurven eines kolorimetrischen faseroptischen pH-Sensors nach dem Schema b) in Bild 7-5 [258]. Die beiden Kurven unterscheiden sich in der Menge des auf der Faser immobilisierten Reagenzes. Konzentration von Bromthymolblau in der Ausgangslösung: Kurve A 6,8 g/L, Kurve B 638 mg/L.

halb von Tagen zu einem teilweisen Auswaschen des Indikators kommen. Das führt zwangsläufig zur Frage der Verfügbarkeit austauschbarer Sensorköpfe, eine Technik, die bisher so gut wie nicht untersucht wurde.

Tan et al. weisen auf Möglichkeiten zur starken Verringerung des Auswaschens hin. Dabei weist die immobilisierte Polymerphase ein Lösungsmittel hoher Dielektrizitätskonstante auf [358].

Membranabgedeckte Sensorschichten verhalten sich bezüglich des Auswaschens besser.

Daß alle Indikatorfarbstoffe einen „Eiweißfehler" zeigen, sei noch hervorgehoben. Dadurch können besonders bei biochemischen und klinischen Anwendungen Probleme auftauchen [259]. Eine recht kritische Einstellung zur Funktion faseroptischer pH-Sensoren nimmt Janata ein. Sie gipfelt in der Frage "Do optical sensors really measure pH?" [260].

Recht unbefriedigend ist gegenwärtig die Messung von Kationen zu nennen. Was bisher für die Messung von Na^+, K^+ und Ca^{2+} als möglich erscheint, hält keinen Vergleich mit den verfügbaren ionenselektiven Elektroden aus [264]. Die von Morf et al. aufgezeigten Möglichkeiten des Einsatzes von Ionophoren wurden noch nicht auf faseroptische Sensoren übertragen [359]. Es ergeben sich aber vielversprechende Lösungswege. Bedeutung haben derartige Messungen besonders in der klinischen Analytik.

7.4 Fluorometrische faseroptische Sensoren

Bei gleichem Aufbau kommen bei diesen Sensoren Reagenzien zur Verwendung, welche in Abhängigkeit von der Konzentration der interessierenden chemischen Parameter nach UV-Anregung entweder mit einer Zunahme von Fluoreszenzlicht oder aber mit einer Abnahme einer anfänglich vorgegebenen Fluoreszenz reagieren. Wolfbeis gibt einen Gesamtüberblick über derartige Sensoren [261].

Einen Sensor, der mit steigendem pH-Wert eine zunehmende Intensität der Fluoreszenz zeigt, beschreiben Munkholm und Walt [262]. Als Reagenz dient Fluoresceinamin, dessen Säureform nicht fluoresziert. Es wird mit einem modifizierten Acrylamid auf der aktivierten Faseroberfläche immobilisiert. Die Fluoreszenzanregung erfolgt mit einem Argon-Laser bei einer Wellenlänge von

488,0 nm. Gemessen wird bei 530 nm. Die relativ große Energie des Laserlichtes bewirkt, daß von Messung zu Messung das Fluoreszenzsignal infolge photolytischer Zersetzung des Reagenzes leicht abnimmt. Das beobachtete günstige Signal-Rausch-Verhältnis von 275:1 würde wohl vorteilhaft schwächere anregende Lichtquellen zulassen.

Ebenfalls mit Fluoresceinderivaten als Reagenzien zur pH-Messung befassen sich Fuh et al. [263]. Die Reagenzien werden auf Glaskügelchen von 125 bis 177 µm Durchmesser immobilisiert, welche am Glasfaserende aufgekittet den Senor bilden. Die Arbeit ist deshalb besonders informativ, weil echt registrierte Diagramme und keine „geschönten" Umzeichnungen zu sehen sind. Der nutzbare Bereich liegt zwischen pH 3 und 7 und ist damit deutlich größer als bei den kolorimetrischen pH-Messungen. Aber auch hier ist die Signal-pH-Funktion zwangsläufig S-förmig gekrümmt (vgl. Bild 7.6).

Die fluorometrische pH-Messung ist im Vergleich zur Kolorimetrie als bessere Methode zu betrachten. Das Signal beginnt ab Null zuzunehmen und ist intensiver. Zudem ist der nutzbare Meßbereich größer.

Das Prinzip der Fluoreszenzlöschung ("Quenching") wird vorzugsweise bei der Bestimmung von Gelöstsauerstoff genutzt. Als Reagenz dient Perylendibutyrat. Es kommt adsorbiert an organischen Polymeren zum Einsatz und wird dabei meist durch eine poröse Membran von der Probe getrennt gehalten [265]. Die Bauform des Sensors entspricht Bild 7-5 c). Das grüne Fluoreszenzlicht wird vom anregenden UV-Licht mit einem Filter abgetrennt.

Mit der fluorometrischen Sauerstoffmessung setzen sich auch Wolfbeis et al. auseinander [266, 267]. Die Arbeiten enthalten viele experimentell nützliche Hinweise und gehen auch auf eine Silikonkautschukmembran ein, die mit den fluoreszierenden Reagenzien getränkt wird. Zur Verwendung kommen Pyrene und Perylene. Die Fluoreszenzanregung erfolgt mit einer Wellenlänge von 320 nm. Gemessen wird bei 400 nm.

Von Vorteil ist bei den fluorometrischen Sauerstoffsensoren, daß im Gegensatz zu den amperometrischen Sensoren keine Abhängigkeit des Signals von der Probenströmung besteht.

7.5 Bewertung faseroptischer Sensoren

Die allgemeinen Eigenschaften von Glasfasern zur Signalübertragung wurden bereits in Tabelle 7-1 zusammengestellt. Diese Angaben sind noch im Hinblick auf die Merkmale chemischer Sensoren zu ergänzen (Tabelle 7.2).

Zum Entwicklungsstand faseroptischer Sensoren für die Blutgasanalytik (pH-Wert, Gelöstsauerstoff) hat sich Marsoner 1984 geäußert: „Zweifellos befinden wir uns heute noch in einem Stadium, wo die gesteckten und geforderten Ziele weitgehend noch nicht erreicht sind" [268].

Wenn in der Zwischenzeit auch viele zusätzliche und neue Ergebnisse gewonnen wurden, gilt diese Feststellung wohl noch immer. Es zeichnet sich kein Durchbruch zur Fertigung faseroptischer chemischer Sensoren ab. Die sonstige chemische Sensoren fertigende Industrie befaßt sich praktisch nicht mit dieser Gruppe von Sensoren. Kist [192] zitiert McGeehin (Compton Consultants, England) wie folgt: „Trotz der unbestrittenen Vorteile faseroptischer Sensoren kommt

Tabelle 7-1 Merkmale von Glasfasern zur Übertragung optischer Signale

1.	Unempfindlichkeit gegenüber elektrischen oder magnetischen Feldern
2.	Einsatz in Ex-Bereichen infolge „Eigensicherheit" (keine Möglichkeit zur Ausbildung zündfähiger Funken)
3.	Keine Wärmeübertragung
4.	Keine Erzeugung von Störsignalen durch Vibrationen oder andere mechanische Einwirkungen
5.	Geringe Eigenabsorption der Fasern (material- und wellenlängenabhängig, Dämpfung typisch 1 bis 3 dB/km)
6.	Geringe Abmessungen
7.	Geringes Gewicht
8.	Preisgünstige Fertigung

Tabelle 7-2 Merkmale faseroptischer chemischer Sensoren

1.	Keine Bezugselektrode erforderlich
2.	Begrenzter, aber durch Reagenzwahl verschiebbarer Meßbereich
3.	Nichtlineare Signal-Parameter-Funktion
4.	Erhöhte Meßfehler an den Bereichsenden
5.	Bei richtiger Wahl von Reagenzien und Bauform reversibles Ansprechen, sonst Gefahr der Hysterese
6.	Ansprechzeiten bauformbedingt meist länger als bei elektrochemischen Sensoren
7.	Begrenzte Lebensdauer durch Auswaschen der Reagenzien
8.	Begrenzte Lebensdauer durch photolytische Zersetzung der Reagenzien (besonders bei fluorometrischen Messungen)
9.	Begrenzte Lebensdauer verlangt nach Bauformen mit auswechselbaren Sensorelementen
10.	Systembedingte Verfügbarkeit von Mikrosensoren
11.	Erheblicher optischer Aufwand auf der Seite der Bereitstellung des Meßlichtes und der Signalverarbeitung (Laser, Monochromatoren, Lichtmodulation)
12.	Sterilisierbarkeit als wichtige Randbedingung in der klinischen Analyse schwer realisierbar

der Markt nur langsam in Bewegung. Vorerst sind nur Marktnischen akut in den Bereichen Medizin und in der industriellen Prozeßmeßtechnik (Druck, Durchfluß, Füllstand, Temperatur)." McGeehin spricht dann sehr allgemein von den Einsatzmöglichkeiten in der Chemie und Biotechnologie. Aber solche vagen Angaben sind wenig sachdienlich. Sie sollten stets fallbezogen gemacht und mit Anforderungsprofilen untermauert werden. Gegenwärtig verbleibt als wichtigstes Einsatzgebiet die klinische Analytik mit in-vivo Blutmessungen als Hauptziel (pH, p_{O_2}, Na^+, K^+, Ca^{2+}). Zumindest hier wird von namhaften Unternehmen praxisorientiert geforscht. Die Sterilisierbarkeit der Sensoren spielt dabei eine wichtige Rolle. Diesbezügliche Möglichkeiten wurden bisher nicht bekannt.

Bemerkenswert ist in diesem Zusammenhang ein von Norris [355] gegebener Überblick über den Stand der Entwicklung. Er kommt zu der Auffassung, daß die Lichtleiter-Spektralphotometrie [252] weitaus bessere Chancen als die eigentlichen faseroptischen Sensoren mit immobilisierten Reagenzen habe.

8 Ionisations-Sensoren

8.1 Einleitung

Mit der Ende der 50er Jahre einsetzenden Entwicklung der Gaschromatographie als neue analytische Disziplin wurde zugleich die Forderung nach der Verfügbarkeit neuer Detektoren erhoben (zum Begriff des Detektors vgl. Tabelle 1-1). Ihre Aufgabe besteht darin, die durch die Trennung gebildeten Peaks zu erfassen und in ein konzentrationsabhängiges Signal umzuwandeln. Schnelles Ansprechen, ein minimales Totvolumen, eine möglichst tief liegende untere Nachweisgrenze bei einem großen nutzbaren Meßbereich und universelle Einsatzmöglichkeiten zum Erkennen der verschiedensten chemischen Verbindungen sind dabei die wichtigsten Forderungen. Die Selektivität spielt dabei eine meist untergeordnete Rolle, da Stoffgemische auf der Säule getrennt und dadurch im Trägergas in bestimmter Folge den Detektor passieren.

Einen guten Überblick über die heute angebotenen, im Funktionsprinzip recht unterschiedlichen Detektoren gibt Hoevermann [289]. Mehr in technische Details gehen die Monographien von Oehme [270] und von Dressler [271].

Eine besonders wichtige Gruppe gaschromatographischer Detektoren nutzt das Prinzip der Ionisation aus, mit dem Ergebnis, daß ein sich einstellender Ionenstrom von der Konzentration der getrennten Bestandteile eines Gemisches abhängt.

Bemerkenswert ist nun, daß derartige Detektoren auch unabhängig von der Gaschromatographie als chemische Sensoren für Gase geeignet erscheinen.

Lovelock [272] gibt einen sehr guten Überblick über die Grundlagen von Ionisationsprozessen in Gasen. Er geht auch auf die Bauformen von Detektoren ein. Trotz der fehlenden Aktualität – der Beitrag erschien 1961 – sind die Darstellungen noch immer sehr informativ. Tabelle 8-1 bringt einen Überblick über die praktisch genutzten Ionisationsmethoden

Hier sollte hervorgehoben werden, daß der Wirkungsgrad derartiger Ionisationsprozesse an sich recht schlecht ist. Er liegt größenordnungsmäßig bei 10^{-5}. Es ist aber ein besonderes Merkmal der Detektoren, daß ihr Eigenrauschen extrem gering ist. Damit wird ein günstiges Signal-Rausch-Verhältnis und eine tief liegende Nachweisgrenze sichergestellt (hierzu siehe auch [269]).

Tabelle 8-2 zeigt an Hand einer Gegenüberstellung der Einsatzmöglichkeiten verschiedener Ionisationsmethoden, daß sich diese gegenseitig ergänzen. Innerhalb der aufgeführten Gruppen lassen sich stets nur Summenparameter messen, ein Umstand, der bei Ionisationssensoren einsatzbedingt oft akzeptiert werden kann.

Tabelle 8-1 Möglichkeiten zur Ionisation von Gasen

	Ionisationsart	Bezeichnung der Detektoren [a]
1.	Thermische Energie, Wasserstoffflamme	Flammenionisations-Detektor FID
2.	Radioaktive Strahlung, β–Strahler, meist ^{3}H (Tritium)	Elektroneneinfang-Detektor Electron Capture Detector ECD
3.	Erzeugung von Elektronen aus beheiztem Ba-Zirconat [354]	Thermischer Elektroneneinfang-Detektor Th-ECD
4.	Kurzwelliges UV (herunter bis 210 nm)	Photoionisations-Detektor PID

[a] Hier wurde der Bezeichnung „Detektor" der Vorrang gegeben, da nur damit die üblichen Abkürzungen verständlich werden.

Tabelle 8-2 Mit verschiedenen Ionisations-Detektoren meßbare Verbindungen

Chemische Verbindung	Art des Detektors		
	FID	ECD[a]	PID
Alkane	+	–	+[b]
Ethen	+	–	+
Benzol	+	–	+
Tetrachlorkohlenstoff	–	+	+
Chloroform	+	+	+
Pentachlorphenol	+	+	+
Freone	–	+	+
Formaldehyd	–	–	+
Acetaldehyd	+	–	+
Aceton	+	–	+
Acetonitril	+	–	+
Acrylnitril	+	–	+
NO, NO$_2$	–	+	+
SF$_6$	–	+	+
Arsin, Phosphin	–	?	+

[a] Beim konventionellen ECD mit einem β-Strahler stört O$_2$. Th-ECDs messen demgegenüber O$_2$ nicht.
[b] Ausnahme: Das nicht meßbare Methan.

8.2 Flammenionisations-Sensoren (FID)

Bild 8-1 veranschaulicht den Aufbau eines solchen Sensors. Brennt die Wasserstoffflamme in reiner Luft (speziell aufbereiteter „Brennluft"), fließt praktisch kein Strom zwischen den beiden Elektroden Düse/Kollektor. Wird dem Brenner aber eine C–H–Verbindungen enthaltende Probe zugeführt, kommt es zur Bildung von CHO$^+$-Ionen und von Elektronen. Eine an die Elektroden angelegte Saug-

8.2 Flammenionisations-Sensoren (FID)

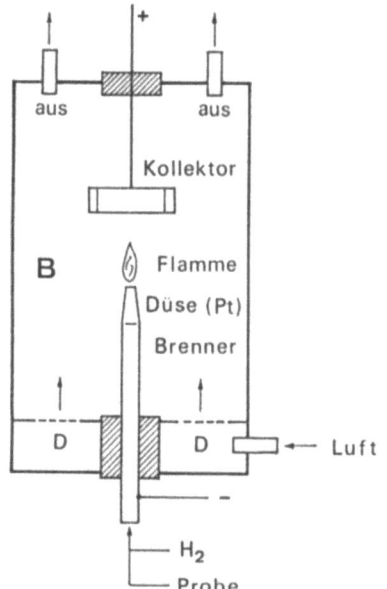

Bild 8-1
Schema eines Flammenionisations-Sensors.
Es bedeuten:
B Brennkammer mit Fenster, D Diffusionszone für die Brennluft, schraffierte Bereiche: Isolation für die beiden Elektroden Brenner und Kollektor. Angelegte Spannung je nach Bauform 800 ... 2500 V.

spannung in der Größenordnung von 300 bis 750 V löst einen zur Konzentration der C–H-Verbindung proportionalen Ionenstrom aus.

Eine zusätzliche Einflußgröße ist die Anzahl der C–H-Bindungen. Sie geht als Multiplikationsfaktor in die Strommessung ein. Bei Kalibration des Sensors mit n-Heptan halten sich die Abweichungen bei aliphatischen und aromatischen Kohlenwasserstoffen in tolerablen Grenzen.

Bei Oxyverbindungen (Aceton, Carbonsäuren, Ester, Ether) werden die in oxidativer Bindung vorliegenden C-Atome nicht erfaßt. Chlorierte Kohlenwasserstoffe lassen sich ebenfalls messen. Mit zunehmendem Chlorgehalt treten aber zunehmend große Abweichungen auf, die zudem noch im Vorzeichen wechseln können [273]. Von großer anwendungstechnischer Bedeutung ist, daß weder CO, noch CO_2 oder H_2O ionisiert werden.

Wenn die dem Brenner zugeführte Probe keinen Sauerstoff enthält, liegt eine reine Diffusionsflamme vor. Bei Messungen in Luft jedoch liegen ganz andere Voraussetzungen vor und zusätzlich treten flammeninterne Oxidationsvorgänge auf.

Trotz aller dieser schwer mathematisch erfaßbaren Einflüsse kommt dem Flammenionisations-Sensor für die Bestimmung von Kohlenwasserstoffen eine sehr große praktische Bedeutung zu. Die Kalibration hat dabei stets fallbezogen zu erfolgen, etwa auch mit Propan statt mit Heptan.

Hobelsberger [274] berichtet über die Bestimmung organischer Luftverunreinigungen als Summenparameter. Die Messungen nehmen auch auf die Richtlinien im Rahmen der TA Luft bezug [275]. Zudem gibt es VDI-Richtlinien über den Einsatz von Flammenionisations-Sensoren zur Messung von Kohlenwasserstoffen in Luft [276]. Die untere Nachweisgrenze liegt für Kohlenwasserstoffe bei 500 ppb, und der Meßbereich reicht bis 10 000 ppm.

Ein wichtiger Einsatzbereich ist die Messung unverbrannter Kohlenwasserstoffe in den Abgasen von Otto-Motoren. Der Sensor ist Bestandteil einer komplexen Meßeinrichtung. Die Probenahme erfolgt mit Hilfe einer Meßgaspumpe über eine beheizte Probegasleitung. Brenngas (Wasserstoff), Brennluft, Nulluft und Prüfgas werden bereitgestellt [277].

Ein anderes System wird zur Messung von Lösungsmittelemissionen eingesetzt [278]. In Frage kommt die Überwachung von Druckmaschinen, Trockenöfen und Beschichtungsanlagen sowie von Lackierstraßen und Lösungsmittelrückgewinnungsanlagen. Ein umschaltbarer Probeneingang erlaubt das alternative Abfragen von bis zu acht verschiedenen Meßorten.

Ein tragbares „Methan-Meter" eignet sich zum Aufsuchen undichter Stellen in Erdgasleitungen [279]. Der Sensor steht mit einem schlauchgekoppelten Meßgaskopf für die angesaugte Luftprobe in Verbindung und ermöglicht beispielsweise das Absuchen von Straßendecken. Eine 1-L-Druckflasche für Wasserstoff ist Bestandteil des Gerätes.

Erwähnt sei noch die Kombination eines Flammenionisations-Sensors (FID) mit einem thermischen Elektroneneinfang-Sensor (Th-ECD). Dabei liefert der FID eine Aussage über die Summe aller organischen C–H–Verbindungen, während ein Th-ECD allein die chlorierten Kohlenwasserstoffe erfaßt. Das vom Battelle-Institut entwickelte Gerät wurde als Prototyp zur Messung leicht flüchtiger Wasserverunreinigungen eingesetzt [280, 281].

8.3 Photoionisations-Sensoren (PID)

Der Ionisationsvorgang wird hier durch kurzwelliges Licht bewirkt. Der ablaufende Ionisationsprozeß, der vom neutralen Molekül M zum ionisierten Molekül M^+ führt, sieht so aus:

$$M + h\nu \rightarrow M^+ + e^- \tag{8-1}$$

Damit wird der Ionisationsprozeß durch die Wahl der Photonenenergie $h\nu$ in Grenzen steuerbar. Praktisch bedeutet das, daß durch die Wahl der UV-Lampe und des Sperrfiltermaterials die Möglichkeit besteht, meßtechnisch erfaßbare Gruppen von Gasen zu bilden. Leitlinie ist dabei die Ionisationsenergie der vorliegenden chemischen Verbindungen (Tabelle 8-3).

Bemerkenswert und anwendungstechnisch wichtig für den Einsatz eines PID als chemischen Sensor ist, daß die Luftbestandteile N_2, O_2, CO_2 und H_2O nicht meßbar sind, was weiter auch für CH_4 und CO gilt. Tabelle 8-3 listet die meßbaren Gasgruppen auf. Ein Beispiel für den Aufbau eines Photoionisation-Sensors folgt aus Bild 8-2 [282].

Die Analysengeräte werden vorzugsweise als netzunabhängige tragbare Geräte ausgelegt, entweder mit einem Meßkopf, der getrennt von der Elektronik eingesetzt werden kann, mit der er über ein Kabel in Verbindung steht [282], oder als stabförmige alle Komponenten enthaltende Einheit [284].

Die Geräte werden besonders zur Messung toxischer Gasbestandteile im Spurenbereich eingesetzt. Die Nachweisgrenze für Ethen beträgt beispielsweise 50 ppb, für Benzol 100 ppb, mit den zugehörigen Meßbereichen von 0 bis 50 ppm bzw. von 0 bis 2000 ppm.

8.4 Bewertung von Ionisations-Sensoren

Tabelle 8-3 Verfügbare UV-Lampen für Photoionisations-Detektoren und die damit meßbaren chemischen Verbindungen. Alle Angaben in Elektronenvolt eV. 10 eV entsprechen einer Wellenlänge von 210 nm [282] [283].

Lampe 1 (9,5 eV)
Stickoxid NO (9,3) – Benzol (9,3) – Dioxan (9,1) – Pyridin (9,3) – Methylamin (8,7) – Diethylsulfid (8,4)

Lampe 2 (10,2 eV)
Aceton (9,7) – Nitrobenzol (9,9) – Vinylchlorid (10,0)

Lampe 3 (11,7 eV)
Formaldehyd (10,9) – Acrylnitril (10,9) – Ethen (10,5) – 1,2-Dichlorethan (11,1) – Tetrachlorkohlenstoff (11,4) – Methanol (10,9) – Propan (11,)

Ionisationspotentiale nicht meßbarer Verbindungen
Methan (13) – O_2 (12,8) – N_2 (15,6) – CO_2 (13,8) – CO (14) – H_2O (12,6)

Mit Lampen der jeweils nächsten ansteigenden Nummer werden auch alle vorher aufgelisteten Verbindungen erfaßt. Sehr ausführliche weitere Daten in [285].

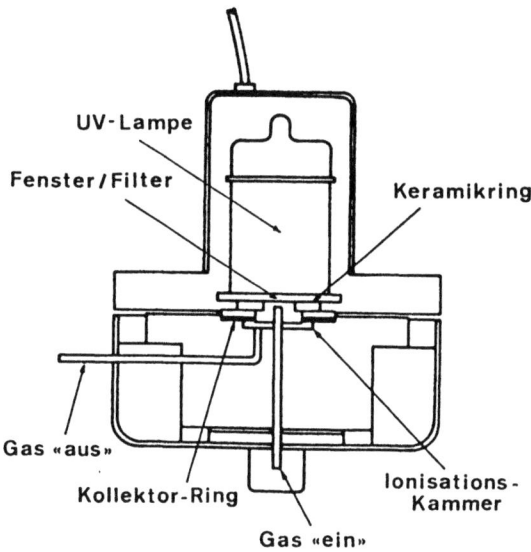

Bild 8-2
Schema eines Photoionisations-Sensors [282]. Das Volumen der Meßkammer (Ionisationskammer) beträgt 25 µL. Als Elektroden dienen der gegen das Gehäuse isolierte Kollektorring und das Gaszuführungsröhrchen. Angelegte Spannung 800 ... 1500 V.

Zu allen praktischen Fragen des Messens mit PIDs nimmt eine Druckschrift von AID [285] ausführlich stellung.

8.4 Bewertung von Ionisations-Sensoren

Unabhängig von ihrem Einsatz als chromatographische Detektoren kommt den ohne Vortrennung eingesetzten Ionisations-Sensoren große praktische Bedeutung zu.

Das gilt ganz besonders für den Flammenionisations-Sensor, der trotz seines erheblich höheren Preises in der Lage war, einen Teil der thermokatalytischen Sensoren (Pellistoren) zum Messen brennbarer Gase oder zum Überwachen von Ex-Gefahren aus dem Markt zu drängen. Der Hauptgrund liegt darin, daß FIDs im Gegensatz zu den Pellistoren keiner Vergiftungsgefahr unterliegen. Sie haben zudem einen Entwicklungsstand erreicht, der sie mit zu den zuverlässigsten Gassensoren macht. Durch die Verfügbarkeit von Bauformen für den Einsatz in Ex-Bereichen fanden sie zusätzlich Verbreitung.

Photoionisations-Sensoren finden typisch bei Chemieunfällen Anwendung, wenn es gilt, toxische Gase oder Dämpfe zu messen. Dabei geht es meist nur um eine bestimmte chemische Verbindung, so daß die mangelhafte Selektivität von PIDs keine wesentliche Rolle spielt. Wohl aber zählt die tief liegende untere Nachweisgrenze und der große nutzbare Meßbereich.

Bei energiereichen Lampen (10,2 und 11,7 eV) besteht das den Gasentladungsraum zur Probe hin abschließende Fenster/Filter aus Materialien (beispielsweise MgF_2), die durch Wasserdampf angeätzt und trüb werden können. Hier haben Bauformen Vorteile, die im Rahmen von werkseitigen Wartungsarbeiten einen einfachen Fensterwechsel möglich machen.

Ein weiterer nicht ganz unproblematischer Punkt ist die Konstanz der Stromversorgung der Gasentladungslampen.

Trotz dieser eine häufigere Wartung notwendig machenden Merkmale sind die PIDs als zuverlässige Sensoren zu betrachten. Gegebenenfalls muß bei den PIDs noch beachtet werden, daß es beim Vorliegen von Stoffgemischen möglicherweise zu Wechselwirkungen der durch Ionisation gebildeten Radikale kommen kann. Dadurch können Konzentrationssignale in schwer überschaubarer Form verfälscht werden. Praktische Erfahrungen wurden bisher nicht veröffentlicht.

Elektroneneinfang-Sensoren haben außerhalb der Gaschromatographie praktisch keine Bedeutung erlangt. Einen allgemeinen Überblick über Th-ECDs geben Moesta und Schuff [287].

9 Piezoelektrische Gassensoren

9.1 Einleitung

Bei den piezoelektrischen Gassensoren handelt es sich um elektrische Schwingquarze, die oberflächlich chemisch sensitiviert werden. Bei Wechselwirkung mit meßbaren chemischen Verbindungen werden diese adsorbiert. Die dadurch auftretende Vergrößerung der Masse des Quarzes bewirkt eine Abnahme seiner Eigenfrequenz. Die Zusammenhänge werden durch die Sauerbrey-Gleichung beschrieben [289]:

$$-\Delta f = 2{,}3 \cdot 10^6 f^2 (\Delta m/A) \tag{9-1}$$

Die Größen haben die folgende Bedeutung: Δf = Frequenzänderung (Hz), f = Eigenfrequenz des Quarzes, Δm = durch Adsorption bewirkte Masseänderung (g), A = chemisch sensitivierte Fläche des Quarzes (cm^2). Übliche Werte: f = 10 MHz, A = 1 bis 2 cm^2. Die Dicke liegt bei 0,1 bis 0.2 mm.

Die theoretischen Grundlagen der Piezo-Quarze werden ausführlich von Zemel [288] behandelt. Die Betrachtungen sind aber vorzugsweise auf die Physik ausgelegt. Die Zusammenhänge der chemischen Wechselwirkungen werden nur oberflächlich behandelt, obwohl gerade hier die einsatzbestimmenden Faktoren liegen.

Die Quarzrohlinge werden aus gezüchteten Quarzkristallen in einer auf die z-Achse bezogenen AT-Orientierung geschnitten. Derartige mit einem Winkel von 35°15′ zur z-Achse orientierte Schnitte weisen ein Minimum des Temperaturkoeffizienten der Quarzfrequenz auf.

Die beidseitige Kontaktierung erfolgt auf aufgedampften Goldelektroden.

Aus Gl. (9-1) folgt für f = 10 MHz und A = 1 cm^2 und für eine Auflösung der Frequenzmeßeinrichtung von 1 Hz eine Masseempfindlichkeit Δm = 10^{-20} g. Diese extrem hohe Meßempfindlichkeit ist einer der Gründe, daß die piezoelektrischen Sensoren ein großes Interesse finden.

9.2 Chemische Sensitivierungen

Die chemische Sensitivierung der kontaktierten Quarze erfolgt durch Auftragen dünner Schichten von chemisch reaktiven Stoffen, wobei als Auswahlkriterium gilt, daß die Adsorption der zu messenden Gasbestandteile reversibel sein soll. Tabelle 9-1 macht deutlich, wie vielfältiger Art die Sensitivierungsmittel sein können.

Eine Änderung der Anfangsfrequenz eines Quarzes stellt ein wichtiges Kriterium für die Kontrolle der Beschichtung dar. Die Eigenfrequenz f in Gl. (9-1) ist der Ausgangswert des chemisch sensitivierten Quarzes.

Tabelle 9-1 Beispiele zur chemischen Sensitivierung von Quarzschnitten

		Sensitivierungsmittel [Lit.]	Querempfindlichkeit[a]
1.	H_2O (Dampf)	Kieselgel, Aluminiumoxid, Molekularsiebe [297]	Organische Verbindungen
2.	Kohlenwasserstoffe	Silikonöl, Apiezonfett, Squalan [297]	Organische Verbindungen
3.	Benzol, Toluol, Xylol, Nitrobenzol	„Flüssige Kristalle", z.B. Propylmethylazoxybenzol [300]	Δf für 5000 µg/L[b]: Benzol 6 Hz, Toluol 26 Hz, Ethanol 11 Hz, Ethylacetat 10 Hz, H_2 4 Hz, NH_3 0 Hz
4.	HCHO	Glutathion [299]	„selektiv" (?)
5.	Toluoldiisocyanat	Silikonöl FS-1265, Si-Vakuum-Silastic LS-420 [292]	vergl. Pos. 2.!
6.	NH_3	Ascorbinsäure, Silbernitrat, LB 300 X[c] [299]	H_2O H_2O, H_2S, HCl H_2O, organische Verbindungen
7.	NH_3	Pyridoximhydrochlorid [298]	Organische Amine, HCl
8.	HCl	Triphenylamin [299]	SO_2, NO_2
9.	SO_2	Triethanolamin [291]	H_2O, HCl, NO_2
10.	H_2S	Quecksilber(II)-chlorid, Bleisalze, Cadmiumchlorid, Cadmiumiodid [299]	Keine Angaben
11	CO	Quecksilber(II)-oxid [299]	SO_2, H_2, CH_4
12.	CO_2	Tetrakis(hydroxyethyl)-ethyldiamin	SO_2, NO_2, HCl
13.	$COCl_2$	Methyltrioctylphosphonium-dimethylphosphonat [299]	NH_3
14.	H_2	Bleiacetat, Ag, Cu [297]	H_2S

[a] Oft fehlen Angaben zur Querempfindlichkeit. Sie wurden zum Teil an Hand bekannter chemischer Reaktionen ergänzt.
[b] Δf nimmt auf die Sauerbrey-Gleichung (9-1) Bezug.
[c] Es handelt sich um ein Polyethylenglykol.
[299] enthält eine tabellarische Zusammenstellung der Ergebnisse verschiedener Autoren.

Beim Betrachten der Beispiele von Tabelle 9-1 ergibt sich oft allein von der Chemie her die Frage einer reversiblen Adsorption. Die Messung von Schwefelwasserstoff mit Bleiacetat erfüllt sicher nicht die zu stellenden Forderungen. Oft genug werden diese Zusammenhänge in der Fülle der bekannt gewordenen Arbeiten nicht ernst genug untersucht.

Günstigere Verhältnisse ergeben sich für eine Messung von Ammoniak mit Silbernitrat. Hier kommt es zur Bildung labiler Amminkomplexe, die ihr Ammoniak leicht wieder abgeben.

Es muß erwähnt werden, daß die zur Sensitivierung verwendeten Verbindungen oft im Gemisch mit zunächst indifferent erscheinenden Hilfsstoffen zum Einsatz kommen. Ziel ist dabei eine Verbesserung der Desorption [290].

Sobald aber flüssige Phasen Bestandteil der Sensitivierung sind, besteht die Gefahr der Abdampfverluste. Diese werden dann besonders deutlich, wenn versucht wird, die Desorption durch Temperaturzyklen zu verbessern: Mesen bei Raumtemperatur = Adsorption, Regenerationsphase bei erhöhter Temperatur = Desorption [291].

Die Meßempfindlichkeit und die Rückstellzeit werden beide stark durch die Gasströmung am Sensor beeinflußt [292]. Größere Strömung entspricht einer Abnahme der Empfindlichkeit bei einer kürzeren Rückstellzeit.

Größere Schichtdicken der Sensormaterialien auf dem Quarz erhöhen andererseits die Empfindlichkeit, zugleich aber auch die Rückstellzeit.

Die Selektivität piezoelektrischer Gassensoren ist meist schlecht, ein Umstand, der einsatzbedingt nicht immer gravierend ist.

Ein echtes Problem aber ist die meist nur kurze Lebensdauer piezoelektrischer Sensoren. Sie liegt bei 2 bis 6 Wochen, und das noch mit Auflagen [292, 293]! Eine Neu-Sensitivierung beim Anwender ist nicht diskutabel, ein Sensorwechsel aber nicht wirtschaftlich.

Ähnlich wie bei den faseroptischen Sensoren liegt hier die Hauptproblematik des sinnvollen Einsatzes piezoelektrischer Gassensoren.

9.3 Bewertung piezoelektrischer Sensoren

Die vorausgegangenen Betrachtungen lassen erkennen, daß diese Gruppe von Sensoren nicht generell als Alternative zu anderen Gassensoren zu betrachten ist. Sie kann allenfalls in Sonderfällen bei Erreichen der Fertigungsreife Einsatz finden. Das zeigt auch die Marktsituation:

Es sind gegenwärtig nur zwei unterschiedliche Geräte auf dem Markt. Das erste Gerät ist ein Feuchtespurenmesser in Gasen [294]. Obwohl Feuchtemessungen nicht Gegenstand dieser Monographie sind, soll er aus meßtechnischem Interesse kurz besprochen werden.

Der für Feuchte sensitive Quarzkristall wird alternierend jeweils für 30 s dem Probestrom, dann einem völlig trockenen Referenzgasstrom ausgesetzt. Die Auswerteelektronik bildet aus den Frequenzdifferenzen ein zur Feuchte proportionales Signal. Die Nachweisgrenze liegt bei 20 ppb H_2O.

Bei dem zweiten Gerät handelt es sich um einen Narkosegas-Analysator zur Messung von Halothan, Enfluran, Methoxyfluran und Isofluran. Ein Schalter erlaubt die Gasvorwahl. Auch dieses Gerät arbeitet mit einem Piezoquarz als Gassensor [295].

Es besteht keine Querempfindlichkeit gegenüber N_2O, O_2, CO_2 und H_2O. Meßtechnische Einzelheiten sind nicht bekannt. Die Meßbereiche betragen jeweils 0 bis 5 Vol.-%. Die Anstiegszeit wird bei leichter Abhängigkeit vom Probenstrom mit 0,2 bis 0,5 s angegeben. Hinweise auf die Abfallzeit (Rückstellzeit) fehlen.

Von den in Arbeit befindlichen Gassensoren könnte ein auf die Messung von Toluol-Diisocyanat ausgelegter praktische Bedeutung erlangen [292]. Die Nachweisgrenze wird mit 10 ppb angegeben, das bei einem MAK-Wert von 20 ppb. Der Quarz wird mit Silikonderivaten aktiviert. Trotz einer erwiesenen chemischen Reaktion von TDI mit Silikonen wird das System als reversibel bezeichnet.

Eine kritische Darstellung des Standes der Entwicklung piezoelektrischer Sensoren geben Alder und McCallum [356] [357]. Sie gipfelt in der Feststellung, daß es bedauerlich sei, wie wenig alle Bearbeiter des Gebietes Fragen der Reproduzierbarkeit und der Querempfindlichkeit beachten würden [356].

Abschließend sei noch hervorgehoben, daß die oft als bessere Alternative zu den Piezo-Sensoren beschriebenen Surface-Acoustic-Wave-Sensoren (SAW-Sensoren) [296] die gleichen Probleme der chemischen Sensitivierung haben und sich lediglich in der Fertigungstechnik unterscheiden.

10 Sonstige chemische Sensoren

10.1 Einleitung

Alle bisher beschriebenen chemischen Sensoren erfüllen zunächst die Forderung der Umwandlung chemischer Parameter („chemischer Zustände") in elektrische Signale. Sie zeichnen sich zusätzlich durch eine *Sensorreaktion* aus. Das bedeutet, daß in irgendeiner Form eine Wechselwirkung zwischen dem Sensorelement und dem zu messenden Bestandteil der Proben abläuft. Typische Sensorreaktionen sind die folgenden:

1. Ionenaustausch H^+ gegen Na^+ in der Quellschicht einer pH-Glaselektrode,
2. Reduktion von Gelöstsauerstoff zu OH^--Ionen an der Kathode eines amperometrischen Sensors,
3. Oxidation von Kohlenwasserstoffen zu CO_2 und H_2O an der Oberfläche eines thermokatalytischen Sensors,
4. Auftreten komplexer Wechselstromwiderstände (Erscheinung der Elektrodenpolarisation) an der Grenzfläche Elektrode/Elektrolyt bei Kohlrausch-Zellen

Bei den zuletzt erwähnten Leitfähigkeitsmessungen wurden aber bereits auch kontaktlose Methoden beschrieben, bei welchen keine derartige Sensorreaktion auftritt. Das war bisher eher die Ausnahme. Es gibt nun aber eine Vielzahl von Sensoren und von Sensorsystemen, die mit Hilfe von Messungen rein physikalischer Größen Aussagen über chemische Parameter machen.

Bauformgemäß kann bei diesen Sensoren nicht mehr eine Unterscheidung von Sensorelementen vom übrigen Aufbau des Sensors getroffen werden (vgl. auch Bild 2-2). Stets handelt es sich um Sensorsysteme von mechanisch kompliziertem Aufbau. Sie sind oft so eng mit den Hilfsenergien liefernden Baugruppen und der Auswerteelektronik verbunden, daß meist komplette Analysengeräte vorliegen.

Hier sollen nur die methodischen Grundlagen besprochen, aber keine apparativen Beispiele gebracht werden.

10.2 Gasanalysen durch Messung der Wärmeleitfähigkeit

10.2.1 Methodische Grundlagen

Das Meßgas umspült in einer thermostatisierten Meßkammer zwei sich in einer Brückenschaltung diametral gegenüberliegenden Widerstandsdrähte. Zwei weitere identische Drähte stehen mit einem Vergleichsgas konstanter Zusammensetzung in Kontakt. Alle Widerstandsdrähte werden von einer Konstantstromquelle auf eine bestimmte Arbeitstemperatur gebracht, beispielsweise 100 °C.

Bei der Konzentration Null des zu messenden Gasbestandteiles befindet sich die Meßbrücke im Gleichgewicht. Mit steigender Konzentration werden die Meßdrähte zunehmend durch die Wärmeleitfähigkeit des Gases abgekühlt. In der Brückendiagonale resultiert ein konzentrationsabhängiges Signal.

An Stelle der Widerstandsdrähte [301] können auch Halbleiter-Temperatursensoren (Thermistoren) [302] verwendet werden. Durch geeignete Ummantelung der Temperatursensoren werden Korrosionserscheinungen ebenso vermieden wie katalytische Zündeffekte durch Platindrähte.

10.2.2 Anwendungen

Tabelle 10-1 bringt einen Überblick über die Wärmeleitfähigkeit technisch wichtiger Gase. Die ersichtliche besonders große Leitfähigkeit von Wasserstoff wurde bereits 1904 zur Messung von Wasserstoff in Luft beim Befüllen von Luftschiffen zur Entwicklung eines der ersten chemischen Sensoren genutzt (vgl. auch Tabelle 1-2 [4]). Von den zahlreichen anderen Anwendungsmöglichkeiten sollen hier einige genannt werden.

- *Überwachung von Schutzgasöfen:*
  H_2 in Luft, 0...0,5 Vol.-% H_2.
- *Gichtgasüberwachung von Hochöfen:*
  H_2 in einem Gemisch von CO_2, CO, N_2 und H_2O, 0...0,5 Vol.-% H_2.
- *Überwachung von Anlagen zur Chloralkalielektrolyse:*
  H_2 in Cl_2, 0...0,5 Vol.-% H_2,
  H_2 in HCl, 0...0,5 Vol.-% H_2,
  Cl_2 in HCl, 0...5,0 Vol.-% Cl_2.
- *Rauchgasuntersuchung von Feuerungen:*
  CO_2 in Luft, 0...5,0 Vol.-% CO_2.

Tabelle 10-1 Wärmeleitfähigkeit von Gasen [273]

Gas	Wärmeleitfähigkeit λ in W/mK bei 100 °C und 1 bar [a]	Verhältnis λ/λ_{Luft}
Wasserstoff	2110	6,720
Deuterium	1310[b]	5,436
Helium	1740	5,541
Stickstoff	308	0,981
Sauerstoff	318	1,013
Luft	314	1,000
Kohlenmonoxid	304	0,968
Kohlendioxid	223	0,710
Wasserdampf	246	0,783
Chlor	114[c]	0,363
Chlorwasserstoff	176[c]	0,561

[a] Die Angabe der Werte für 100 °C hat meßtechnische Gründe
[b] Wert für 0 °C
[c] Werte für < 1 bar

Bei einigen dieser Messungen kann Wasserdampf störende Querempfindlichkeiten bewirken. Dann müssen die Gase durch Kühlung oder mit Hilfe von Permeationsrohren getrocknet werden.

Schäfer gibt einen guten Überblick über die auch heute noch wichtige Wärmeleitfähigkeitsmessung von Gasen und ihre sonstigen Anwendungen [273]. Im Vergleich mit anderen Methoden spielt hier der einfache und robuste Aufbau der Sensoren eine dominierende Rolle.

10.3 Paramagnetische Sauerstoffmessung

10.3.1 Methodische Grundlagen

Das magnetische Verhalten aller Stoffe läßt sich mit Hilfe der Suszeptibilität κ_m, einer reinen Zahl, bechreiben. Bei Gasen wird vorteilhaft die Massensuszeptibilität χ_m verwendet. Sie ergibt sich mit der Gasdichte ρ zu

$$\chi_m = \kappa_m / \rho \tag{10-1}$$

und ist unabhängig vom Gasdruck.

Bei diamagnetischen Stoffen ist $\chi_m < 0$, für paramagnetische Stoffe gilt dagegen $\chi_m > 0$.

Tabelle 10-2 macht deutlich, daß die meisten Gase diamagnetisch sind. Eine große Ausnahme macht der Sauerstoff. Paramagnetische Stoffe zeichnen sich dadurch aus, daß sie in ein Magnetfeld hineingezogen werden, während diamagnetische Stoffe dagegen aus diesem herausgedrängt werden. Alle Methoden zur paramagnetischen Sauerstoffmessung nutzen diesen Unterschied aus. Drei recht unterschiedliche Prinzipien stehen zur Auswahl.

Tabelle 10-2 Magnetische Suszeptibilität von Gasen bei 20 °C [273]. Positives Vorzeichen: paramagnetische Substanz, negatives Vorzeichen: diamagnetische Substanz

Gas	$10^9 \chi_m$ in m^3 kg^{-1}
Sauerstoff	+ 107,8
Stickstoffmonoxid	+ 48,70
Stickstoffdioxid	+ 3,26
Wasserstoff	− 1,99
Helium	− 0,47
Kohlenmonoxid	− 0,35
Kohlendioxid	− 0,48
Stickstoff	− 0,43
Ammoniak	− 1,06
Chlor	− 0,57
Methan	− 0,77
Propan	− 0,92

1. Thermomagnetische Analysatoren [303]. In einer unsymmetrisch in einem Magnetfeld liegenden Meßkammer wird ein „magnetischer Wind" erzeugt. Er hängt von der Sauerstoffkonzentration ab und beeinflußt unterschiedlich zwei in einer Meßbrücke liegende beheizte Widerstandsmeßdrähte. Die Verstimmung der Brücke liefert das Sensor-Signal.

2. Magnetomechanische Geräte [304, 305]. Eine in einem Magnetfeld aufgehängte kleine Drehwaage, die zwei mit Stickstoff gefüllte Kugeln enthält, wird bei Gegenwert von Sauerstoff aus dem Feld verdrängt. Die Auslenkung wird optisch abgetastet. Der zum Herstellen der Ausgangslage notwendige Kompensationsstrom ist ein Maß für die Sauerstoffkonzentration.

3. Magnetopneumatische Analysatoren [306, 307]. Der durch ein Magnetfeld aus dem Probenstrom in einen Meßkanal gezogene Sauerstoff bewirkt in einem pneumatisch angekoppeltem Hilfsglas eine Änderung des Druckes und eine Gasströmung. Beide Größen sind von der Sauerstoffkonzentration abhängig und können mit Druck- oder Strömungssensoren gemessen werden.

10.3.2 Anwendungen

Sauerstoffmessungen auf der Grundlage des Paramagnetismus haben sehr große praktische Bedeutung. Im Gegensatz zur Messung mit ionenleitenden Festkörpersensoren (vgl. Kapitel 6.3) wird kein Referenzgas benötigt. Die Signal-Konzentrations-Funktion ist linear und nicht logarithmisch. Auch läßt sich die Temperaturkompensation leichter bewerkstelligen. Der apparative Aufwand von paramagnetischen Sauerstoffsensoren ist jedoch erheblich größer und ihr mechanischer Aufbau komplizierter.

Die Einsatzmöglichkeiten der Analysatoren sind recht vielfältig. Sie können durch die Sammelbegriffe „Luft-/Abluft-/Überwachung" und „Prozeßgasanalyse" charakterisiert werden.

Die wählbaren Meßbereiche liegen zwischen 0 ... 1 und 0 ... 100 Vol.-% O_2.

Die folgenden Beispiele stellen nur eine Auswahl dar:

- Luftüberwachung auf Sauerstoffmangel, etwa in Straßentunneln oder im Untertage-Bergbau,
- Optimierung von Feuerungsanlagen,
- Gichtgasüberwachung von Hochöfen und Optimierung,
- Überwachung von Schutzgasatmosphären auf Sauerstoffeinbruch,
- Abluftmessung von biotechnologischen Fermentern und Belüftungsregelung.

Bei allen derartigen Messungen gibt es praktisch keine Probleme mit Querempfindlichkeiten.

10.4 Dichtemessung von Lösungen

10.4.1 Methodische Grundlagen

Dichtemessungen werden schon sehr lange zur Konzentrationsbestimmung von Lösungen eingesetzt. Bereits die griechischen Alchemisten haben das Araömeter erfunden und Bischoff Syneosis beschreibt im 5. Jahrhundert ein „Hydrosco-

10.4 Dichtemessung von Lösungen

Tabelle 10-3 Funktionsprinzipien von Dichte-Sensoren

Prinzip	Bemerkungen zur Realisierung
1. Auftriebsmethoden	Die Eintauchtiefe eines Schwimmkörpers wird elektrisch abgetastet oder die Auftriebskraft gemessen [311]
2. Messen des hydrostatischen Druckes	Der zum Blasenaustritt aus einem in die Probe tauchenden „Perlrohres" notwendige Luftdruck wird gemessen. Er hängt von der Tauchtiefe (konstant) und von der Dichte ab [312]
3. Wägemethoden	Eine von der Probe durchströmte und elastisch aufgehängte Flüssigkeitsschleife wird gewogen. Sie hat ein konstantes Volumen, so daß die Kraft (das „Gewicht") ein Dichtemaß ist [313]
4. Resonanzrohrmethoden	Die Probe durchströmt ein elastisch aufgehangenes gerades Meßrohr, das durch einen mechanischen Generator zu Schwingungen angeregt wird. Zwischen der Dichte und der Resonanzfrequenz besteht Proportionalität [314]
5. Absorption von α- oder β-Strahlung	Gemessen wird die Schwächung der Strahlung beim Durchlaufen einer definierten Flüssigkeitsschicht, meist unter Einbeziehung der Behälterwand. Einsatz von β-Strahlen (^{137}Cs) oder von γ-Strahlern (^{60}Co) [315, 317]

pium", das bereits alle Merkmale moderner Geräte zeigt. Aber erst der englische Chemiker Robert Boyle (1627–1691) setzt konsequent Araömeter in der chemischen Analyse ein [308].

Die Dichte wird in kg/m^3 oder in g/L angegeben. Branchenbezogen werden neben den genannten Einheiten aber auch andere verwendet. Bekannt sind die Baumé-Grade bei der Konzentrationsmessung von Säuren, Laugen und Kochsalzlösungen oder die Oechsle-Grade zur Kennzeichnung der Zuckerkonzentration von Traubensaft [308].

Heute werden die Araömeter als Spindeln bezeichnet. Sie sind Gegenstand von Normen [310].

Alle Messungen mit Araömetern werden manuell mit visueller Auswertung vorgenommen.

Eigentliche Dichtesensoren können auf recht unterschiedlichen Prinzipien beruhen, wie das Tabelle 10-3 zum Ausdruck bringt. Einen nicht mehr ganz aktuellen aber gleichwohl noch recht informativen Überblick über die technische Dichtemessung bringt Hart [316].

10.4.2 Anwendungen

Die Dichte binärer Gemische ändert sich meist linear mit der Konzentration. Das gilt auch für Gemische von Flüssigkeiten. Typische Beispiele sind die Alkoholbestimmung in Destillaten und die Glykolbestimmung in Kühlsolen.

Dichtemessungen spielen auch für die Analyse von Nichtelektrolyten eine Rolle. Im Gegensatz zu Messungen des Brechungsindex (vgl. Bild 7-4) treten Extremwerte nur selten auf. Das gilt besonders auch für Lösungen starker Elektrolyte. Hier ist die Dichtemessung einer Messung der elektrolytischen Leitfähigkeit klar überlegen, wie Bild 5-1 erkennen läßt.

Bei Mehrkomponentensystemen setzt sich die Dichte additiv aus den Beiträgen der einzelnen Komponenten zusammen, ein Umstand, der die Dichte als eine der Meßgrößen bei der Analyse derartiger Systeme geeignet erscheinen läßt. Als Beispiel sei die Überwachung schwefelsaurer Eisenbeizen an Hand einer Messung der Dichte und der Leitfähigkeit genannt [318].

Dichtemessungen lassen sich oft auch problemlos für die Mesung von Suspensionen und Schlämmen einsetzen, vorausgesetzt die Dichte der vorliegenden Festkörper unterscheidet sich von derjenigen des Dispersionsmittels (meist Wasser). Tabellen der Dichte von binären Gemischen sind in den einschlägigen Laborhandbüchern zu finden [62].

Bei allen Einsatzmöglichkeiten von Dichtemessungen in der Betriebsmeßtechnik spielt der oft einfache und robuste Aufbau der Sensoren eine wichtige Rolle.

10.5 Messung der Schallgeschwindigkeit von Lösungen

10.5.1 Methodische Grundlagen

Die Schallgeschwindigkeiten in Flüssigkeiten sind Stoffkonstanten, die einen relativ breiten Bereich überdecken. Typische Werte liegen zwischen 900 und 2000 m/s bei 25 °C. Die Reproduzierbarkeit der Messungen liegt bei ± 0,2 m/s für Betriebsmeßgeräte [321], so daß die analytische Genauigkeit besser als ± 0,5 % ist. Besonders soll die unter 0,5 s liegende Ansprechgeschwindigkeit erwähnt werden.

Der Temperaturkoeffizient der Schallgeschwindigkeit ist üblicherweise negativ. Beispiel Aceton: $- 0.38 \text{ m} \cdot \text{s}^{-1} \cdot \text{grad}^{-1}$. Ausnahme Wasser: $+ 9,16 \text{ m} \cdot \text{m}^{-1} \cdot \text{grad}^{-1}$.

Die Vorzeichenumkehr bei Gemischen mit Wasser oder von wäßrigen Lösungen kann bei einer automatischen Temperaturkompensation zu Problemen führen, ein Umstand, der aber nur bei kleinen Konzentrationen eine Rolle spielt. Im allgemeinen ist der Temperaturkoeffizient von praktisch interessierenden Systemen stets negativ.

In strömenden Flüssigkeiten tritt zusätzlich der von der Strömungsgeschwindigkeit abhängige Doppler-Effekt in Erscheinung. Für die Betriebsmeßtechnik verfügbare Geräte berücksichtigen diesen Einfluß.

Meßtechnisch wird die Laufzeit eines von einem Schallgeber erzeugten Impulses nach Reflexion an einem Schallspiegel gemessen. Dabei wird vorzugsweise mit Ultraschall gearbeitet.

10.5.2 Anwendungen

Zwei Hauptbereiche sind festzustellen. Es geht dabei einmal um viele Bereiche der Lebensmittelindustrie. Die Sensoren entsprechen dabei in der Werkstoffwahl der Lebensmittelgesetzgebung [321]. Außer Flüssigkeiten (Fruchtsäfte, Essig, Zuckerlösungen) lassen sich auch Pasten (Sirup, Schokoladenschmelzen) messen.

Das andere wichtige Anwendungsgebiet ist die chemische Verfahrenstechnik. Interessant ist hier beispielsweise, daß Schwefelsäure im Bereich hoher Konzentrationen (Kontaktschwefelsäure) von 80 bis 100 % eine stetig verlaufende Abhängigkeit der Schallgeschwindigkeit von der Konzentration aufweist [320], im Gegensatz zur Abhängigkeit der Leitfähigkeit in Abhängigkeit der Konzentration gemäß Bild 5.1.

Die als in-line-Geber ausgelegten Sensoren sind in ihrem Aufbau einfach und robust.

10.6 Spektralphotometrische Methoden

10.6.1 Einleitung

Spektralphotometrische Methoden gehören zu den wichtigsten Analysenverfahren, nicht nur in der Laborpraxis, sondern ganz besonders auch in der Betriebsmeßtechnik.

Es muß zwischen Methoden unterschieden werden, die entweder ohne chemische Probenvorbereitung arbeiten oder nach einem Zumischen von Farbreaktionen auslösenden Reagenzien die Messungen vollziehen. Hohe Empfindlichkeit und oft ausgezeichnete Selektivität sind Merkmale spektralphotometrischer Methoden.

In Anbetracht der außerordentlichen Vielfalt kann hier nicht auf eine annähernd vollständige Beschreibung von Grundlagen, apparativen Besonderheiten und Anwendungen der Spektralphotometrie eingegangen werden. Das würde zudem nicht dem bei der Sensortechnik liegenden Thematik dieses Buches entsprechen, handelt es sich ja hier um Analysengeräte mit einer die verschiedenen physikalische Parameter messenden Sensoren einbeziehenden breiten Peripherik.

10.6.2 Methodische Grundlagen

Zu Beginn sei auf eine deutsche Norm hingewiesen, die in ihrem Titel zwar die Analyse von Lösungen zum Inhalt hat [322], die aber mit fast allen Begriffen und Definitionen generell für die Spektralphotometrie als Grundlage verwendet werden kann.

Die meisten spektralphotometrischen Methoden folgen einem apparativen Konzept, das aus Bild 10-1 hervorgeht. Tabelle 10-4 macht hierzu ergänzende Angaben.

Bild 10-1 muß in zwei wichtigen Punkten ergänzt werden. So wird in den meisten Fällen das von der Strahlenquelle L ausgehende Licht durch ein niedertourig laufendes Blendenrad moduliert („Chopper-Prinzip"). Die so erhaltenen Lichtimpulse werden vom Detektor D in Impulse des Signales S umgewandelt und

Tabelle 10-4 Bausteine von spektralphotometrischen Meßgeräten

1.	**Lichtquellen**
1.1	Wolframlampen, Halogen-Lampen: VIS-Bereich, Wellenlängenkontinuum
1.2	Niederdruck-Gasentladungslampen: UV-Bereich, diskrete Wellenlängen
1.3	Hochdruck-Gasentladungslampen: UV-Bereich, Kontinuum mit diskreten Wellenlängen überlagert
1.4	Glühstrahler (Nernst-Stift, Globar): IR-Bereich, Kontinuum
1.5	Gas-Laser: UV-VIS-Bereich, für CO_2-Laser auch im IR-Bereich. Diskrete Wellenlängen
1.6	Dioden-Laser: VIS-IR-Bereich, diskrete Wellenlängen, Abstimmung über Diodenstrom und Temperatur. Arbeitsbereich 50 ... 150 K (Kühlung mit flüssigem Helium)
2.	**Filter und Monochromatoren**
2.1	Gas-Filter: VIS-Bereich, breitbandige Durchlaßkurven
2.2	Interferenz-Filter: UV-VIS-IR-Bereich, schmalbandige Durchlaßkurven
2.3	Monochromatoren: Lichtzerlegung mit Prismen, Gittern und Kombinationen von beiden, schmalbandig
3.	**Küvetten** Fenstermaterialien bestimmen den durchgelassenen Wellenlängenbereich. Quarz 180 ... 2500 nm, Glas 350 ... 2000 nm. IR-Filter (langwellige Grenze): CaF_2 (9 µm), BaF_2 (12 µm), AgCl (23 µm), AgBr (38 µm), KRS 5 = TlBrI (40 µm), Polyethylen (1000 µm)
4.	**Detektoren**
4.1	Vakuum-Photozellen: UV-VIS-Bereich
4.2	Photoelemente: Se als Sensor 250 ... 650 nm
4.3	Photowiderstände: Ge oder Si 0,5 ... 1,5 µm, CdHgTe 3 ... 20 µm
4.4	Thermische Detektoren: Golay-Zelle, Luft-Detektor für den IR-Bereich
4.5	Pyroelektrische Detektoren: Triglyzinsulfat 1 ... 30 µm
4.5	Elektronenvervielfacher: Kombination von 4.1 mit mehreren Elektronenemittern und zugeordneten Beschleunigungselektroden. Verstärkung bis 10^{12}
5.	**Optik** Quarz und Glas kommen für den IR-Bereich nicht in Betracht, hier Einsatz von Spiegel-Optik

10.6 Spektralphotometrische Methoden

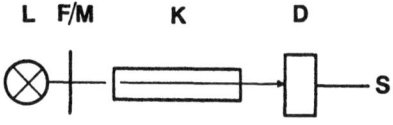
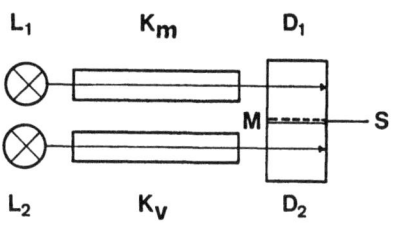

Bild 10-1
Bausteine und schematisierte Strahlengänge in Spektralphotometern, vgl. auch Tabelle 10-4.
Oben: L Strahlenquelle, F/M Filter oder Monochromator zum Ausblenden bestimmter Spektralbereiche aus dem von L geliefertem Spektrum, K Küvette, D Detektor (Strahlenempfänger), S Ausgangssignal des Dektors.
Unten: Prinzip der nicht-dispersiven Infrarot-Photometrie (NDIR). Es bedeuten: L_1, L_2 zwei identische Glühstraler, K_m Meßgasküvette, K_v Vergleichsküvette, D_1, D_2 zwei durch eine elastische Membran voneinander getrennte Detektorkammern, die mit reinem Meßgas gefüllt sind, M Membrankondensator, S Detektorsignal.

einem auf die Chopper-Frequenz abgestimmten Wechselspannungsverstärker zugeführt. Auf diese Art wird der Einfluß von Fremdlicht ausgeschaltet.

Das Blendenrad kann zusätzlich als Träger für die Filter F ausgebildet werden. Dann kommen zwei Filter unterschiedlicher Wellenlängen zur Verwendung. Das eine Filter ist auf die Wellenlänge beziehungsweise den Wellenlängenbereich der Absorptionsbande der zu messenden Verbindung abgestimmt, das zweite auf eine Absorptionslücke. Die Differenz der so erhaltenen Detektorsignale ist konzentrationsproportional, und zugleich wird eine eventuelle Drift kompensiert.

Meßtechnische Grundlage der Spektralphotometrie ist das Lambert-Beersche Gesetz

$$E(\lambda) = \log \frac{I_0}{I} = \varepsilon(\lambda) \cdot c \cdot d. \tag{10-2}$$

Die Größen in Gl. (10-1) haben die folgende Bedeutung: $E(\lambda)$ = Extinktion, abhängig von der Wellenlänge λ; I_0 = in die Küvette eintretende Strahlung; I = aus der Küvette austretende Strahlung; $\varepsilon(\lambda)$ = molarer dekadischer Extinktionskoeffizient (cm²/mol), abhängig von der Wellenlänge λ; c = Stoffmengenkonzentration (mol/L); d = Schichtdicke der Küvette (cm).

Der meßtechnisch gut zugängige Bereich der Extinktion liegt zwischen 0,01 und 2,5. Daraus folgt, daß kleine Werte von ε oder von c große Werte von d verlangen. Bei der Analyse von Flüssigkeiten liegt d im Bereich 0,5 bis 10 cm. Bei der Gasanalyse aber kann d Werte bis 20 m und mehr annehmen, was durch Gasküvetten mit interner Mehrfachreflexion realisiert wird.

Neben der hier definierten Extinktion E wird in der Photometrie häufig auch mit der Durchlässigkeit D oder Transmission bzw. Transparenz T gearbeitet, wobei D und T identisch sind:

$$D = T = \frac{I}{I_0}. \tag{10-3}$$

Tabelle 10-5 In der Spektralphotometrie übliche Größen, Einheiten und Bereiche [322]

1.	**Wellenlänge λ**	
1.1	Übliche Einheiten:	
	Nanometer (nm),	$1 \text{ nm} = 10^{-9} \text{ m}$
	Mikrometer (μm),	$1 \text{ }\mu\text{m} = 10^{-6} \text{ m}$
1.2	Bereiche:	
	Ultraviolett (UV)	100 ... 380 nm
	Sichtbarer Bereich (VIS)	380 ... 780 nm
	Nahes Infrarot (NIR)	0,780 ... 2,5 μm
	Infrarot (IR)*	0,780 ... 1000 μm
2.	**Wellenzahl $\bar{\nu}$**	
2.1	Definition:	$\bar{\nu} = 1/\lambda$
2.2	Übliche Einheit:	$1/\text{cm} = \text{cm}^{-1}$
2.3	Umrechnungen aus der Wellenlänge λ:	
	a) $\bar{\nu}$ (cm^{-1}) = $10^4/\lambda$ (μm)	b) $\bar{\nu}$ (cm^{-1}) = $10^7/\lambda$ (nm)
2.4	Bereiche:	
	UV-VIS-IR	$10 ... 10^5 \text{ cm}^{-1}$
	IR	$10^2 ... 4 \cdot 10^3 \text{ cm}^{-1}$

*) In der Gasanalyse wird der Bereich 2,5 ... 30 μm genutzt.

Mit Gl. (10-2) folgt

$$E = - \log T. \quad (10\text{-}4)$$

An Stelle der Wellenlänge λ wird im IR-Bereich häufig die Wellenzahl $\bar{\nu}$ benutzt. Angaben über die in Frage kommenden Bereiche und die gebräuchlichen Einheiten bringt Tabelle 10-5.

Für den Analytiker gut lesbare Darstellungen der Spektralphotometrie und der optischen Analyse bieten Wünsch [323] und Hediger [324].

10.6.3 Geräte und Anwendungen

1. Flüssigkeitsanalyse. Hier ist besonders die direkte Nitrat-Bestimmung in Wasser zu nennen. Die Methode basiert darauf, daß Nitrat-Ionen im UV bei etwa 200 nm eine starke Absorptionsbande zeigen. Aus verschiedenen Gründen wird aber nicht im Absorptionsmaximum, sondern auf der Flanke zu größeren Wellenlängen hin gemessen. Handelsübliche Meßgeräte haben Meßbereiche von 0 ... 50 und 0 ... 100 mg/L NO_3^- [325, 326].

Die Wasserbestimmung in Glykol, in organischen Lösungsmitteln und in Schwefelsäure wird für das Sigrist-Photometer beschrieben [327]. Zur Messung wird eine im nahen IR-Bereich liegende Absorptionsbande des Wassers genutzt.

Eine in der Trinkwasseraufbereitung übliche Meßtechnik ist die Extinktionsmessung im UV bei $\lambda = 254$ nm, also mit einer kräftigen Spektrallinie einer Quecksilber-Niederdrucklampe. Der Meßwert wird nach Übereinkunft als Summe der organischen Wasserbelastung betrachtet [328]. Das Gerät OPSA-100 von

10.6 Spektralphotometrische Methoden

Horiba wird zur Auslaufüberwachung von biologischen Abwasserreinigungsanlagen unter identischen Bedingungen eingesetzt. Es besteht ein Zusammenhang zwischen der Extinktion und dem chemischen Sauerstoffbedarf [329].

Auf die Möglichkeit, Ölbestimmungen in Wasser mit Fluoreszenz-Messungen auszuführen, sei noch hingewiesen [329, 330].

2. Gasanalysen. Zahlreiche anorganische und organische Gase und Dämpfe absorbieren im IR-Bereich, wobei die Absorptionsbanden meist eine deutliche Feinstruktur aufweisen. Nach Bild 10-2 muß die Wahl der Filter so erfolgen, daß ein repräsentativer Bereich der Bandenstruktur erfaßt wird. Bild 10-2 veranschaulicht zugleich auch die Wahl einer Bezugswellenlänge in einer Absorptionslücke.

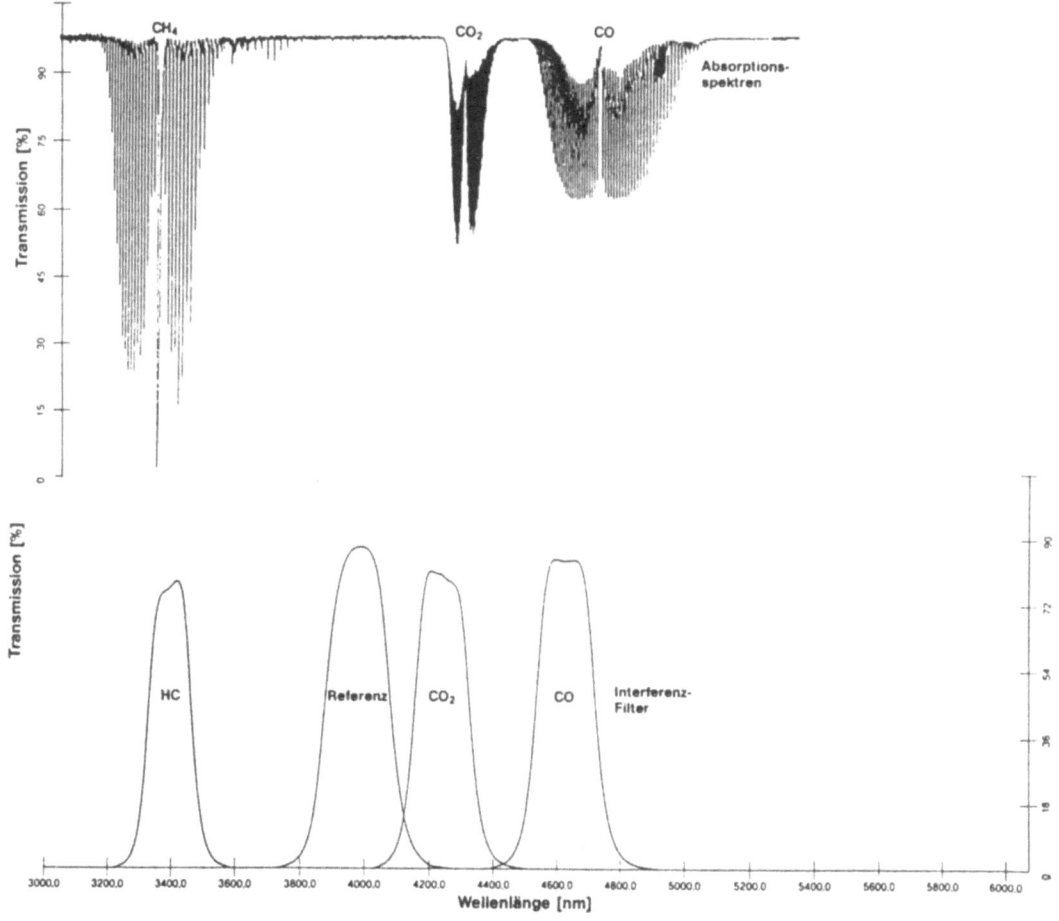

Bild 10-2 Absorptionsbanden von Meßgasen sowie Charakteristiken von Interferenzfiltern in BINOS-Geräten (Leybold [335]).

Mit Langweg-Küvetten (Schichtdicke d bis 20 m) lassen sich Gaskonzentrationen um 1 ppm noch zuverlässig messen.

Im IR-Bereich arbeitende Gasanalysatoren sind die verschiedenen MIRAN-Geräte von Foxboro [331]. Vom Gerätehersteller sind auch umfangreiche Tabellen zu beziehen, welche die in etwa den deutschen MAK-Werten entsprechenden amerikanischen OSHA Concentration Limits gerätetechnischen Parametern wie Wellenlänge, Nachweisgrenze und Schichtdicke der Gasküvetten zuordnen.

Die Prinzipien der apparativ aufwendigen Laser-Photometrie beschreiben Grisar, Ball und Riesel an Hand der Bestimmung von Fluorwasserstoff in Luft [332]. Gemessen wird im NIR-Bereich bei $\lambda = 1,68$ µm. Bei einer Schichtdicke $d = 10$ cm liegt die Nachweisgrenze bei etwa 10 ppm. Mit Langwegküvetten kann sie auf 100 ppb abgesenkt werden.

Weitere technische Details der Laser-Photometrie bringt ein Datenblatt von Mütek [333]. Hervorgehoben sei, daß trotz der extrem schmalbandigen Laser-Linien zusätzlich ein Monochromator zum Unterdrücken von Nebenlinien eingesetzt werden muß. Eine extrem konstante Stromversorgung der das Laser-Licht emittierenden Bleisalz-Diode ist ebenso eine Notwendigkeit wie eine hohe Konstanz der Betriebstemperatur im Bereich von 15 bis 150 K. Geschlossene Kühlkreisläufe mit flüssigem Helium stehen in kompakter Bauweise zur Verfügung. Daß die Wellenlängen von Dioden-Lasern über Strom und Temperatur abgestimmt werden können, wurde bereits in Tabelle 10-4 erwähnt. Mütek macht hierzu detaillierte Angaben.

Alle bisher betrachteten photometrischen Geräte gehören zur Gruppe der dispersiven Methoden. Das bedeutet, daß aus dem Spektrum der Lichtquelle diskrete Wellenlängen oder Wellenlängenbereich ausgewählt werden, die nach Bild 10-2 den Absorptionsbereichen der zu analysierenden Gaskomponente entsprechen. Ein hiervon abweichendes Prinzip nutzen die nicht-dispersiven IR-Geräte (NDIR-Prinzip). Ihre Wirkungsweise kann an Hand von Bild 10-1 b) beschrieben werden.

Die von zwei identischen Glühstrahlern L_1 und L_2 durch ein Blendenrad gleichphasig modulierte Strahlung durchläuft einerseits die vom Meßgas durchströmte Küvette K_m und andererseits die mit einem nicht IR-absorbierendem Gas, etwa Stickstoff, gefüllte Vergleichsküvette K_v. Dann treten beide Strahlenbündel in die mit reinem Meßgas gefüllten Detektorkammern D_1 und D_2 ein. Die hier für die Wellenlängen der Absorption verschluckte IR-Strahlung bewirkt eine Erwärmung beider Gase in Abhängigkeit von der einfallenden Strahlenenergie. Die daraus resultierenden Druckänderungen biegen die beide Kammern trennende dünne Membran durch, die eine Elektrode des Membrankondensators M ist. Seine Kapazitätsänderung liefert das konzentrationsabhängige Signal S.

Hier wird eine hohe Selektivität durch ein von den dispersiven Geräten völlig abweichendes Prinzip erreicht. Es wurde bereits 1938 durch Lehrer und Luft beschrieben [334] und führte zur Entwicklung des als URAS (Ultrarotanalysator) bezeichneten Gerätes. Derartige „Luft-Detektoren" werden auch heute noch in der ursprünglichen oder einer als „Strömungs-Detektoren" modifizierten Form genutzt [335] [336].

Auch verschiedene Gasanalysatoren der SPECTRAN-Reihe von Perkin Elmer machen Gebrauch vom NDIR-Prinzip. Interessant ist dabei die besondere

10.6 Spektralphotometrische Methoden

Art der Gewinnung eines Vergleichssignals mit Hilfe einer auf dem Blendenrad umlaufenden Gasküvette. Das Prinzip wird als Gasfilterkorrelationsverfahren bezeichnet [338].

Modifizierte nicht-dispersive Methoden lassen sich auch auf den UV-VIS-Bereich übertragen, wie die Gasanalysatoren aus der BINOS-Reihe von Leybold belegen [337].

Alle betrachteten Geräte sind dadurch gekennzeichnet, daß das Zusammenwirken verschiedener Bausteine zu Sensorsystemen führt, die nur als ganzes den chemischen Sensor bilden, wie das für Analysengeräte typisch ist.

Literaturverzeichnis

[1] Kohlrausch, F., Wied. Ann. **26**, 161 (1885)
[2] Nernst, W., Z. phys. Chemie **2**, 613 (1888)
[3] Böttger, W., Z. phys. Chemie **24**, 253 (1897)
[4] DRP 165349 (1904), Masch. Fabrik Augsburg-Nürnberg (MAN)
[5] Sörensen, S., Biochem. Z. **21**, 131 (1909)
[6] Riedeal, E. K., Evans, U. R., J. Soc. Publ. Anal. Chem. **1**, Aug (1913)
[7] Heyrovský, J., Philos. Mag. **45**, 313 (1923)
[8] Kolthoff, I. M., Hartong, B. D., Rev. Trav. Chim. **44**, 113 (1925)
[9] Tödt, F., Z. Elektrochemie **34**, 586 (1928)
[10] MacInnes, D. A., Dole, M., Ind. Eng. Chem., Anal. Ed. **1**, 57 (1929)
[11] LeBlanc, M., Harnapp, O. H., Z. phys. Chemie **A166**, 322 (1933)
[12] Klauer, F., Turowski, E., Wolff, V., Angew. Chemie **54**, 494 (1941)
[13] Karrer, E., Orr, R. S., J. opt. Soc. Am. **36**, 42 (1946)
[14] Clark, L. C., US-Pat. 2913386 (1958)
[15] Severinghaus, W., Bradley, A. F., J. App. Physiol. **13**, 515 (1958)
[16] Harley, J., Nel, W., Pretorius, V., Nature **181**, 177 (1958)
[17] Sieger, J., Brit. Pat. 864293 (1959)
[18] Lovelock, J. E., Lipsky, S. R., J. Am. Chem. Soc. **82**, 431 (1960)
[19] Lovelock, J. E., Nature **188**, 401 (1960)
[20] Baker, A. R., Brit. Pat. 892530 (1962)
[21] Pungor, E., Toth, K., Acta Chim. Acad. Sci. Hung. **41**, 239 (1964)
[22] Weissbarth, J., Ruka, R., Rev. Sci. Instr. **32**, 593 (1961)
[23] Riseman, J., Wall, R. A., US-Pat. 3306837 (1967)
[24] Frant, M., Ross, J., Science **154**, 1553 (1966)
[25] Ross, J., Science **156**, 1378 (1967)
[26] Tagushi, K., US-Pat. 3631436 (1970)
[27] Energetic Sciences Inc., New York, USA
[28] Bergveld, P., IEEE Trans. Biomed. Eng., **BME-19**, 70 (1970)
[29] Frant, M., Ross, J., Riseman, J., Anal. Chem. **44**, 10 (1972)
[30] Peterson, J. I., Goldstein, R. S., Fitzgerald, R. V., Anal. Chem. **52**, 864 (1980)
[31] Entwurf "Terms and definitions in industrial process measurement and control", International Electrotechnical Committee (IEC), TC 65/WG 1, Dec. 1982
[32] Instrumental Society of America, Document ANSI MC 6.1, 1975
[33] Arbeitsgemeinschaft für Meßwertaufnehmer (AMA), D-8000 München 2
[34] Feith, B., Chemie-Ing.-Technik **15**, 70 (1986)
[35] VDI-Richtlinien 2600, Gerätetechnische Begriffe, Blatt 3 und 3516, Flüssigkeitsanalytische Betriebsmeßeinrichtungen, Blatt 2, VDI-Verlag, Düsseldorf
[36] Dr. Thiedig & Co., D-1000 Berlin 36
[37] Sauerstoffsensoren für Kesselspeisewasser, Cambridge Instruments, Inc., Ossining, N.Y., USA
[38] Midgley, D., Analyst **104**, 248 (1984)
[39] Midgley, D., Analytical Proceedings **21**, 284 (1984)
[40] Webber, H. M., Wilson, A. L., Analyst **94**, 209 (1969)
[41] Goodfellow, G., Midgley, D., Webber, H., Analyst **101**, 848 (1976)
[42] Kaiser, R., Chromatographie in der Gasphase, Bibliographisches Institut, Mannheim 1973
[43] Oehme, M., Gaschromatographische Detektoren, Hüthig, Heidelberg 1982
[44] Oehme, F., Ionenselektive Elektroden, Hüthig, 2. Aufl., Heidelberg 1990
[45] Nitrat-selektive Elektrode, Typ 93-07, Orion Research AG, CH-8700 Küsnacht
[46] Calcium-selektive Elektrode, Typ 93-20, vergl. [45]
[47] 2-Electrode CO Sensor, City Technology Ltd, London EC1V OHE

[48] BINOS UV/VIS Analysator für SO_2, Leybold AG, D-6450 Hanau 1
[49] Rauchgas Computer MSI, Measuring Systems Industrial, D-5840 Schwerte
[50] Bott, B., Jones, T. A., Sensors and Actuators **9**, 19 (1986)
[51] Hierold, Chr., Müller, R., Sensors and Actuators **17**, 587 (1989)
[52] Göpel, W., Techn. Messen **52**, 47, 91, 175 (1985)
[53] Schierbaum, K.-D., Elektrische und spektroskopische Untersuchungen an Dünnschicht SnO_2 Gassensoren, Dissertation, Tübingen, 1987
[54] Fjeldly, T. A., Nagy, K., Journ. Electrochem. Soc. **127**, 1299 (1980)
[55] Heinze, J., Angew. Chemie **96**, 823 (1984)
[56] DIN 1319, Grundbegriffe der Meßtechnik, Beuth, Berlin
[57] Profos, P., Handbuch der industriellen Meßtechnik, Vulkan-Verlag, 4. Aufl., Essen 1987
[58] Beurteilung von Analysenverfahren und Meßwerten, In: Analytikum (Autorenkollektiv), VEB Verlag für die Grundstoffindustrie, Leipzig 1971
[59] Eckschlager, Measurements and Results in Chemical Analysis, Van Nostrand Publ. Comp., London, 1969
[60] DIN 32631, Gehaltsbereiche in der chemischen Analytik, Beuth, Berlin
[61] DIN 32625, Stoffmenge und daraus abgeleitete Größen, Beuth, Berlin
[62] Rauscher, K., Voigt, J., Wilke, I., Wilke, Th., Chemische Tabellen für die analytische Praxis, VEB Deutscher Verlag für die Grundstoffindustrie, Leipzig 1972
[63] Tabellen für das Laboratorium, Merck AG, D-6100 Darmstadt
[64] Oehme, F., Schuler, P., Gelöstsauerstoffmessung, Hüthig, Heidelberg 1983
[65] VDI Nachrichten, Nr. 33, 19.8.1988, S. 14
[66] Mackintosh State of the Art Series: Low Cost Sensors, Benn Electronics Publications, Ltd., Luton LU1 2NT, United Kingdom, 1983
[67] Canad. Pat. 763082, Foxboro Company, Foxboro., Mass., USA, 1967
[68] Campanella, L., Mazzei, F., Battilotti, M., Coalpicchioni, C., Porcelli, F., Chimia e l'Industria **71**, 58, Nr. 4 (1989)
[69] Gerlach-Meyer, U., Herstellungsverfahren chemischer Sensoren in Dünn- und Dickschichttechnik, Battelle Institut, D-6000 Frankfurt 90. Vortrag am Seminar „Chemische Sensoren – Heute und Morgen", Haus der Technik, D-4300 Essen, 3./4.10.1988
[70] Battelle-Institut e.V., vergl. [69]
[71] Härtl, K. H., Müller, A., Institut für Technologie der Elektrotechnik, Universität, D-7500 Karlsruhe 21
[72] KODAK AG, Bereich Klinische Chemie, D-7000 Stuttgart 60
[73] Wisser, H., Knoll, E., Ratge, D., Journ. Clin. Chem. Clin. Biochem. **24**, 147 (1988)
[74] Josovicz, M., Institut für Physik, Fakultät für Elektrotechnik, Universität der Bundeswehr, D-8014 Neubiberg, Vortrag am AMA-Seminar „Chemische und biochemische Sensoren" 3./4.9.1987, D-6382 Friedrichsdorf
[75] Janata, J., Huber, R., J., Solid State Chemical Sensors, Academic Press, Inc., Orlando FLA, USA, 1985
[76] Kortüm, G., Lehrbuch der Elektrochemie, Verlag Chemie, Weinheim 1966
[77] Koryta, J., Dvořák, J., Boháčková, V., Lehrbuch der Elektrochemie, Springer, Wien 1975
[78] Falkenhagen, H., Elektrolyte, Hirzel, Leipzig 1953
[79] Brun, T. S., On the electrical conductivity of hydrogen bonded liquids, Universität Bergen, Norwegen, 1952
[80] DIN 38404, Bestimmung der elektrischen Leitfähigkeit, Beuth, Berlin
[81] Norm ISO/TC 147, Determination of the electrical conductivity, International Standard Organisation (ISO)
[82] Oehme, F., Bänninger, R., ABC der Konduktometrie, Polymetron AG, CH-8617 Mönchaltorf
[83] Warburg, G., Wied. Ann. **67**, 493 (1889)
[84] Jones, G., Christian, S. M., Journ. Am. Chem. Soc. **57**, 272 (1935)
[85] Rommel, K., Die kleine Leitfähigkeitsfibel, Wissenschaftlich-Technische Werkstätten, D-8120 Weinheim, 1980
[86] Rommel, K., Konduktometrische Meßverfahren, Vortrag am AMA-Seminar (Berichtsband), 3./4.9.1987, Friedrichsdorf, Vergl. [33] und [74]

[87] Oehme, F., GIT Fachzeitschr. Labor. **21**, 15 (1977)
[88] Ostwald-Luther (C. Drucker ed.), Hand- und Hilfsbuch zur Ausführung physikochemischer Messungen, Dover Publications, New York 1943
[89] Frahne, D., Läubli, M., Zimmermann, G., GIT Fachzeitschr. Labor. **31**, 1167 (1987)
[90] Leitfähigkeitsdetektor S 3110, Sykam GmbH, D-8033 Gauting
[91] Nichol, J. C., Fuoss, R. M., Journ. phys. Chem. **58**, 696 (1954)
[92] Oehme, F., Angewandte Konduktometrie, Hüthig, Heidelberg 1961
[93] Hersteller: Conducta GmbH, D-7016 Gerlingen
[94] Hersteller: Polymetron AG, CH-8617 Mönchaltorf
[95] Šalomon, Chemische Technik **10**, 207 (1958)
[96] Induktiver Leitfähigkeitsmesser Typ 501, Knick GmbH, D-1000 Berlin 37
[97] Cruse, K., Huber, R., Hochfrequentitration, Verlag Chemie, Weinheim 1957
[98] Pungor, E., Oscillometry and Conductometry, Pergamon Press, Edinburgh 1965
[99] DIN 19261, Begriffe für Meßverfahren mit Verwendung galvanischer Zellen, Beuth, Berlin
[100] Peters, R., Zeitschr. phys. Chem. **26**, 193 (1898)
[101] Oehme, F., Richter, W., Instrumentelle Titrationstechnik, Hüthig, Heidelberg 1983
[102] IUPAC: Conventions concerning the sign of electrical potentials, In: Manual of symbols and terminology of physiochemical quantities, Pergamon Press, Oxford 1979
[103] DIN 19263, Meßfertige Glaselektroden, Beuth (vergl. [99])
[104] DIN 19264, Meßfertige Bezugselektroden, Beuth (vergl. [99])
[105] DIN 19266, Standardpufferlösungen, Beuth (vergl. [99])
[106] IUPAC: Definition of pH scales and related terminology, Pure Appl. Chem. **55**, 1467 (1983)
[107] DIN 19267, Technische Pufferlösungen, Beuth (vergl. [99])
[108] DIN 38505, Teil 6, Messung von Redoxspannungen, Beuth [99])
[109] Hu, B., van den Vlekkert, H., de Rooij, N. F., Sensors and Actuators **17**, 275 (1989)
[110] An Introduction to Electrochemical Impedance Measurement, Schlumberger Meßgeräte GmbH, D-8000 München 46
[111] Brauer, E., Pieroth, J., GIT Fachzeitschr. Labor. **30**, 533 (1986)
[112] Oehme, F., Gewässerschutz, Wasser, Abwasser **39**, 111 (1979)
[113] Kassebeer, G., vergl. [112], S. 159
[114] Bates, R. G., Development of pH, Wiley, 2. Aufl., New York 1973
[115] DIN 19265, Meßzusatz zur pH-Messung, Beuth (vergl. [99])
[116] Ein Fehler-Diagramm mit den Parametern pH, Temperatur, E_{iso} und pH_{iso} bringt Oehme in [44] (Abb. I-9b)
[117] Galster, H., Technisches Messen, Heft 2, 81 (1979)
[118] Clerc, T., Stefanac, Simon, W., Helv. Cim. Acta **48**, 54 (1965)
[119] Filomena, M., Camoes, M., Covington, A., Anal. Chem. **46**, 1547 (1974)
[120] Taschen pH-Meter CARDY, Horiba Europa GmbH, D-6374 Steinbach
[121] Amplifier Electrode AmpHel, Hanna Instruments Deutschland GmbH, D-7500 Karlsruhe 21
[122] DIN Normenheft 22, Richtlinien für die pH-Messung in industriellen Anlagen, Beuth (vergl. [99])
[123] Oehme, F., Rhyn, H., Measures Nr. 10, 81 (1969)
[124] Oehme, F., Ertl, S., Chemie – Technik **9**, 447 (1980)

[125] Kinoshita, E., Ingman, F., Edwall, G., Electrochim. Acta **31**, 29 (1976)
[126] Bergveld, P., de Rooij, N. F., Konferenzbericht: Monitoring of Vital Parameters, Karger, CH-4000 Basel, 1981
[127] Fogg, A., Buck, R., Sensors and Actuators **5**, 137 (1984)
[128] Niedrach, W., Anal. Chem. **55**, 242 (1983)
[129] Light, T. S., Fletcher, K. S., Anal. Chim. Acta **175**, 117 (1985)
[130] Dt. Pat. 2133419, Pfaudler-Werke AG, D-6830 Schwetzingen
[131] Datenblatt pH-Meßsonden, Pfaudler, (vergl. [130])
[132] Oesch, U., Pretsch, E., Rusterholz, G., Amman, D., Pretsch, E., Simon, W., Anal. Chem. **58**, 2285 (1986)
[133] Bühler, H., Galster, H.,. Redoxmessung und Probleme, Dr. W. Ingold AG, CH-8902 Urdorf

Literaturverzeichnis 143

[134] Guide to Ion Analysis, Orion (vergl. [45])
[135] Ebel, S., Parzefall, W., Experimentelle Einführung in die Potentiometrie, Verlag Chemie, Weinheim 1975
[136] Midgley, D., Torrance, K., Known Addition and Known Subtraction Potentiometry, Wiley, Chichester, GB, 1978
[137] Orion Elektrode Typ 97-70, (vergl. [45])
[138] Pungor, E., Toth, K., Acta Chim. Acvad. Sci. Hung. **41**, 239 (1964)
[139] James, H., Carmack, G., Freiser, H., Anal. Chem. **44**, 856 (1972)
[140] DOS 2215378, (vergl. auch C 8 in [44])
[141] Severinghaus, W., Bradley, A. F., Journ. Appl. Physiol. **13**, 515 (1958)
[142] Růžička, J., Hansen, E., Anal. Chim. Acta **69**, 129 (1974)
[143] Henderson, P., Zeitschr. Physik. Chemie **59**, 118 (1907)
[144] Filling solution 90-00-01, Orion (vergl. [45]), siehe auch Orion Newsletter, Vol. 1, Nr. 4, Sept. 1969
[145] Xerolytsysteme, Ingold (vergl. [339])
[146] CH-Pat. 582359, Zellweger/Polymetron, 1972
[147] Maring, K., Breiter, B., Chemische Rundschau, Nr. 9/1982
[148] Orbitex-Elektroden, Conducta, (vergl. [93])
[149] Ives, D. J. G., Janz, G. J., Reference Electrodes, Academic Press, New York 1961
[150] Galster, H., Chemie Labor Betrieb CLB (1985), No. 3, 7, 9, 11, (1986) No. 2, 10, (1987), No. 1, 2
[151] Kratz, L., Die Glaselektrode und ihre Anwendung, Steinkopff, Frankfurt 1950
[152] Bousse, L., de Rooiji, N. F., Bergveld, P., IEEE Trans., ED-30, 1263 (1983)
[153] Janata, J., In: Solid State Chemical Sensors, ed. Janata, J., Huber, R. J., Academic Press, Orlando 1985
[154] Schepel, S. J., Koning, G., Oeseburg, B., Zijlstra, W. G., In: Ion Measurements in Physiology and Medicine, ed. M. Kessler, Springer Verlag, Berlin 1985
[155] Klein, M., Kuisl, M., VDI-Berichte Nr. 509, 275 (1984)
[156] Klein, M., In: Sensoren/Meßaufnehmer, ed., K. W. Bonfig, Technische Akademie, D-7302 Ostfildern, 1986
[157] Kontaktadresse: Janata, J., Department of Bioengineering, University of Utah, Salt Lake City, USA
[158] Nakamoto, S., Ito, N., Kuryama, T., Kimura, S., Sensors and Actuators **13**, 165 (1988)
[159] Hu, B., van den Vlekkert, H., de Rooij, N. F., Sensors and Actuators **17**, 275 (1989)
[160] Schepel, S. J., de Roiij, N. F., Koning, G., Oeseburg, B., Zijlstra, W. G., Med. Biol. Engin. Comput., Jan. (1984)
[161] Gimmel, P., Gompff, B., Schmeisser, D., Wiemhöfer, H. D., Göpel, W., Sensors and Actuators **17**, 195 (1989)
[162] CHEMFET, Inc., Bellevue, WA 98004, USA
[163] Lundström, I., Shivaraman, M. S., Appl. Phys. Letters **26**, 55 (1975)
[164] Sensistor AB, S-58010 Linköping
[165] Chandler, G. K., Eddowes, M. J., Sensors and Actuators **13**, 223 (1988)
[166] van der Schoot, B. H., Bergveld, P., Analyt. Chim. Acta **199**, 157 (1987)
[167] Leistiko, O., Physica Scripta **18**, 445 (1978)
[168] Workshop on CHEMFETs/ISFETs, 25.10.84, Institute de Microtechnique, Université de Neuchatel, CH-2000 Neuchâtel
[169] Bezegh, K., Bezegh, A., Janata, J., Oesch, U., Xu, A., Simon, W., Anal. Chem. **59**, 2846 (1987)
[170] Blackburn, G., Janata, J., Journ. Electrochem. Soc. **129**, 2580 (1982)
[171] Moss, D., Janata, J., Johnson, C., Anal. Chem. **47**, 2238 (1975)
[172] Oehme, F., GIT Fachzeitschr. Labor. **30**, 595)1986)
[173] Ross, J. W., Riseman, J. H., Krueger, J. A., Pure Applied Chem., **36**, 473 (1973)
[174] IUPAC Compendium on Analytical Nomenclature, Pergamon Press, Oxford 1978
[175] Meites, L., Polarographic Techniques, Interscience Publishers, New York 1965
[176] Hitchman, M. L., Measurement of Dissolved Oxygen, Wiley, New York 1978
[177] Fleischmann, H., Pletcher, D., Tetrahedron Letters **60**, 6255)1968)
[178] Mackereth, F. J. H., Journ. Sci. Instr. **41**, 38 (1964)
[179] Stucki, S., Chimia **42**, 94 (1988)

[180] Scheller, F., Schubert, F., Renneberg, R., Müller, H. G., Biosensors **1**, 135 (1985)
[181] Havas, J., Ion- and Molecule-Selective Electrodes in Biological Systems, Springer, Berlin 1985
[182] City Technology Ltd., London EC1V OHE
[183] COMPUR Monitox Serie 4100, Bayer Diagnostic and Electronic, D-8000 München 70
[184] Anson, D., Clarke, H. N., Cunningham, A. T. S., Todd, P., Journ. Institute Fuel, April, 191 (1971)
[185] Wintersteiger, R., Berlitz, G., GIT Supplement 3/1989, 19
[186] Züllig, H., gwf wasser-abwasser **118**, 227 (1977)
[187] Züllig & Bärlocher AG, CH-9424 Rheineck
[188] Tödt, F., Elektrochemische Sauerstoffmessung, Walter de Gruyter, Berlin 1958
[189] Elektrodensystem TriOxomatix, Wissenschaftlich-Technische Werkstätten GmbH, D-8120 Weilheim
[190] DIGOX-Analysatoren, Dr. Thiedig + Co., D-1000 Berlin 65
[191] Mancy, K. H., Westgarth, W. C., Journ. Water Poll. Control **34**, 1037 (1962)
[192] Kist., R., Techn. Messen, **54**, 304 (1987)
[193] US-Patent 4, 132, 616
[194] Expression of the performance of electrochemical analyzers, Part IV: Dissolved Oxygen in Water utilizing Membrane covered Amperometric Sensors, International Electrotechnical Committee (IEC), 1985
[195] Chlormeßzelle CLE II T, ProMinent Dosiertechnik GmbH, D-8900 Heidelberg
[196] Kane, P. O., Young, J. M., Journ. Electroanal. Chem. **75**, 255 (1977)
[197] Cambridge Instruments, Inc., Ossyning, N.J., USA
[198] 3-Elektroden-System Typ 905, CONDUCTA GMBH, D-7016 Gerlingen
[199] Böhm, H., Techn. Messen **50**, 399 (1983)
[200] Euro-Pat.-Anmeldung 0047898, BAYER AG, D-5090 Leverkusen
[201] Böhm, H., Richter, Th., Bull. SEV/VSE **76**, 149 (1985)
[202] Huxtable, W. G., Gas – Wasser – Abwasser **66**, 696 (1986)
[203] Chlorsensor Modell KP, MDA Scientific, Inc., Glenville, Illinois 60025, USA
[204] Gaswarngerät Chloralarm, Drägerwerk AG, D-2400 Lübeck
[205] Wallace & Tiernan, D-8870 Günzburg
[206] Fuel Efficiency Monitor, Neotronics, Ltd., Bishop's Stortford, Herts., CM22 6PU, GB
[207] Interscan corporation, Chatsworth, Cal. 91311, USA, Deutsche Vertretung: ANTECHNIKA, D-7500 Karlsruhe
[208] Hydride Monitor TG-4000TA, Bionics Instruments, Inc., Higashiyamato, Tokyo, Japan
[209] Klos, G., Chemie-Technik **15**, 86 (1986)
[210] US-Pat. 4, 409, 980 Kururay Co., Ltd., Kurashiki, Japan
[211] Information "The Air Gap Electrode", Radiometer S/A, DK-2400 Copenhagen NV
[212] Morison, G., Sensors and Actuators **12**, 425 (1987)
[213] Pohl, J. P., GIT Fachzeitschr. Labor. **31**, 379 (1987)
[214] Kowalkowski, R., Charakterisierung und Modifizierung von Metalloxid-Gassensoren. Vergleichende elektrische und spektroskopische Untersuchungen, Dissertation, Universität Tübingen, 1987
[215] Kohl, D., Sensors and Actuators **18**, 71 (1989)
[216] Jones, T. A., Bott, B., Thorpe, S. C., Sensors and Actuators **17**, 467 (1989)
[217] Van Geloven, P., Moons, J., Honre, M., Roggen, J., Sensors and Actuators **17**, 361 (1989)
[218] Figaro Engineering Inc., Minoo City, Osaka 562, Japan
[219] Heiland, G., Kohl, D., Sensors and Actuators **8**, 227 (1985)
[220] H$_2$S Monitor 2200, General Monitors Ltd., Macclesfield, Cheshire SK10 2GN, Great Britain, vergl. auch Bernt, R., Chemie-Technik **10**, 113 (1981)
[221] Chlor Monitor Modell 3301, General Monitors, vergl. [220])
[222] Anonym, Chemie-Anlagen-Verfahren cav, Nov. 1985, 138
[223] Robert Bosch GmbH, D-7000 Stuttgart, Techn. Ber. 5/1984
[224] Matt, K., Parzhuber, O., Ziemann, G., Techn. Messen **54**, 185 (1987)
[225] Wiemhöfer, H.-D., Elektronen- und ionenleitende Sensoren, Berichtsband AMA-Seminar „Chemische und biochemische Sensoren", vergl. [33] und [74]

Literaturverzeichnis

[226] Kofstad, P., Nonstochiometry, Diffusion and Electrical Conductivity in Binary Metal Oxides, Wiley, New York 1972
[227] Schönauer, U., Techn. Messen **56**, 260 (1989)
[228] O_2-Partialdruckmesser SENOX 1050, Dr. Häfele Umweltverfahrenstechnik, D-7500 Karlsruhe
[229] Rohr, F. J., Weber, H., Chemie-Technik **16**, 28 (1987)
[230] Lambda-Sonde LS 1, ABB Asea Brown Bovery AG, D-6710 Frankenthal
[231] Fouletier, F., Sensors and Actuators **3**, 295 (1982/1983)
[232] Opekar, F., Journ. Electroanal. Chem. **260**, 451 (1989)
[233] Weppner, W., Solid State Electrochemical Gas Sensors, In: Proceedings 2nd Int. Meeting on Chemical Sensors, Bordeaux 1986
[234] Descriptive Bulletin 106-201, Westinghouse Electric Corporation, Orrville, Ohio 44667, USA
[235] US-Pat. 4, 319, 966
[236] Sulfur Dioxide Stack Gas Monitoring Package, Westinghouse, vergl. [234]
[237] Akila, R., Jakob, K. T., Sensors and Actuators **16**, 311 (1989)
[238] Ettmüller, M., Industriefeuerung **31**, 26 (1984)
[239] Weppner, W., Sensors and Actuators **12**, 107 (1987)
[240] Gentry, S. J., Jones, T. A., Sensors and Actuators **10**, 141 (1986)
[241] Römpp Chemie Lexikon (ed. H. Uehlein), Franck'sche Verlagsbuchhandlung, 6. Aufl., Stuttgart 1986
[242] CO-Messer AK 2, Drägerwerk, vergl. [204]
[243] CO-Alarmgerät 730 P, Auergesellschaft GmbH, D-1000 Berlin 44
[244] Sieger, J., Brit. Pat. 864293 (1961)
[245] Baker, A. R., Brit. Pat. 892530 (1962)
[246] Baker, A. R., Mining Engineer (1969), 643
[247] Schanz, G. W., Sensoren, Hüthig, Heidelberg 1986
[248] Dabill, D. W., Gentry, S. J., Walsh, P. T., Sensors and Actuators **11**, 135 (1987)
[249] Williat, B. M.,. National Environm. Safety, Dec. (1982), 5
[250] Gasmeßtechnik GfG, Gesellschaft für Gerätebau, D-4600 Dortmund 1
[251] Kist, R., Techn. Messen **51**, 205 (1984)
[252] UV-VIS-NIR analysis in remote locations vio fiber optics, GUIDED WAVE, INC., El Dorado Hillfs, CA 95630, USA
[253] Mettler Phototrode, Sensorteil der Phototitriergeräte DK 18 und 19, Mettler Instrumente AG, CH-8606 Greifensee
[254] Handrefraktometer REFRACTRONIC, PAW Phönix Armaturenwerk Bregel GmbH, D-6000 Frankfurt-Rödelheim
[255] Löwe, F., Optische Messungen des Chemikers, Steinkopff, Dresden 1949
[256] Seitz, R., Anal. Chemistry **56**, Jan. (1984), 16 A
[257] Saari, L., Trends in Anal. Chem. **6**, 85 (1987)
[258] Kirkbright, G., Narayanaswamy, R., Welti, N., ANALYST **109**, 1025 (1984)
[259] Kordatzki, W., Taschenbuch der praktischen pH-Messung, Verlag Müller & Steinicke, München 1949
[260] Janata, J., Anal. Chemistry **59**, 1351 (1987)
[261] Wolfbeis, O., Trends in Anal. Chem. **4**, 184 (1985)
[262] Munkholm, Ch., Walt, D., Milanovich, F., Klainer, S., Anal. Chem. **58**, 1427 (1986)
[263] Fuh, M.-R., Burgess, L., Hirschfeld, T., Christian, G., Wang, F., ANALYST **112**, 1159 (1987)
[264] Schaffar, B., Wolfbeis, O., Leitner, A., ANALYST **113**, 693 (1988)
[265] Petersen, J., Fitzgerald, N., Buckhold, A., Anal. Chemistry **56**, 82 (1984)
[266] Wolfbeis, O., Leiner, M., Posch, H., Mikrochim.Acta 359 (1986) III
[267] Sharma, A., Wolfbeis, O., Anal. Chim. Acta **212**, 261 (1988)
[268] Marsoner, H. J., Klinisches Kolloquium, 16.2.1984, Universität Zürich/Schweiz: Optische Sensoren für die Blutgasanalytik.
[269] Hoevermann, W., Zusammendruck aus Nachrichten für Chemie und Technik, VCH, Weinheim 1988
[270] Oehme, M., Gaschromatographische Detektoren, Hüthig, Heidelberg 1982

[271] Dressler, M., Selective Gas Chromatographic Detectors, Elsevier Scientific Publishing Company, Amsterdam 1986
[272] Lovelock, J. E., Anal. Chemistry 33, 162 (1961)
[273] Schäfer, D., Physikalische Methoden zur Gasanalyse, In: Handbuch der industriellen Meßtechnik, P. Profos (ed.), Vulkan-Verlag, 4. Aufl., Essen 1987
[274] Hobelsberger, H., Chemie Labor Betrieb 39, 175 (1988)
[275] Technische Anleitung zur Reinhaltung der Luft, 1. Verwaltungsvorschrift zum Bundesimmissionsschutzgesetz vom 27.2.1986
[276] VDI-Richtlinie 3481, Blatt 1, Messen der Kohlenwasserstoffkonzentration mit dem FID, August 1975
[277] Gerätesystem FID PM-1, Pierburg Meßtechnik, D-4040 Neuss
[278] Beheizter Flammenionisations-Detektor, Ratfisch Instrumente, D-8000 München 90
[279] Methane Meter von gas-tec, Vertrieb Zellweger Uster GmbH, Produktebereich Sieger, D-8000 München 71
[280] Halogen-Kohlenwasserstoff-Meßgerät, Battelle-Institut, D-6000 Frankfurt 90
[281] Berger, D., Blum, T., Frahne, D., Chemie Labor Betrieb 35, 377 (1984)
[282] Trace Gas Analysis by Photoionization, HNU Systems, Inc., Newton Highlands, MA 02161, USA
[283] Zepeck, R., Chemie-Technik 9, 177 (1980)
[284] Gasanalysator TIP, Photovac, Inc., Thornhill, Ontario, Canada L3T 1L3
[285] Design and Characteristic of a Photoionisation-Based Portable Organic Vapor Meter, AID Analytical Instrument Development, Avondale, PA 19311, USA
[286] Fitch, P., Gargus, G., Internat. Laboratory, Sept. 1986, 100
[287] Moesta, H., Schuff, P., Zeitschr. Elektrochemie 69, 895 (1965)
[288] Zemel, J. N., An Introduction to Piezoelectric and Pyroelectric Chemical Sensors, In: Solid State Chemical Sensors, Janata, J., Hubers, R. (eds.), Academic Press, Orlando 1985
[289] Sauerbrey, G. Z., Zeitschr. Physik 178, 457 (1964)
[290] De Andrade, J. F., Suleiman, A. A., Guibault, G. G., Analyt. Chim. Acta 217, 187 (1989)
[291] Edmonds, T. E., Hepher, M. J., West, T. S., Analyt. Chim. Acta 187, 293 (1988)
[292] Morrison, R. C., Guibault, G. G., Analyt. Chem. 57, 2342 (1985)
[293] Fatibello-Filho, O., De Andrade, J. F., Suleiman, A. A., Guibault, G. G., Analyt. Chem. 61, 746 (1989)
[294] Feuchteanalysator Modell 560, Du Pont de Nemours (Deutschland) GmbH, Postfach 1509, D-6350 Bad Nauheim
[295] Multigas Monitor für Anästhesie EMMA, Engström Elektromedizin GmbH, D-8000 München 70
[296] Venema, A., Nieuwkoop, E., Vellekoop, M. J., Nieuwenhuizen, M. S., Barendsz, A. W., Sensors and Actuators 10, 47 (1986)
[297] King, W. H., Camilli, C. T., Findeis, A. F., Analyt. Chem. 40, 1330 (1968)
[298] Lai, C. S. I., Moody, G. J., Thomas, J. D. R., Analyst 111, 511 (1986)
[299] Carey, W. P., Kowalski, B. R., Analyt. Chem. 28, 3077 (1986)
[300] Mierzwinski, A., Witkiewicz, Z., Talanta 34, 865 (1987)
[301] Wärmeleit-Gasanalysator Caldos, Hartmann & Braun, D-6000 Frankfurt 90
[302] Wärmeleitfähigkeits-Analysator HYDROS 100, LEYBOLD AG, D-6450 Hanau 1
[303] Thermomagnetische Sauerstoffanalysatoren Magnos 7 G und 2 T, Hartmann & Braun, vergl. [301]
[304] Paramagnetischer Sauerstoffanalysator Magnos 3, Hartmann & Braun, vergl. [301]
[305] Sauerstoffanalysator OXYNOS 100, LEYBOLD AG, vergl. [302]
[306] Sauerstoffanalysator OXYGOR, MAIHAK AG, D-2000 Hamburg 60
[307] Sauerstoffanalysator OXYMAT 2, Siemens AG, Bereich Analysentechnik, D.-7500 Karlsruhe
[308] Szabadvary, F., Kerstein, G., Geschichte der analytischen Chemie, Vieweg, Braunschweig 1966
[309] Stichwort „Aräometer" im Chemie-Lexikon, H. Römpp, Franck'sche Verlangshandlung, 6. Aufl., Stuttgart 1966
[310] DIN 12791/12792, Spindeln zur Dichtebestimmung von Lösungen, Beuth, Berlin
[311] Induktiver Flüssigkeitsdichtemesser, L. Krohne GmbH, D-4100 Duisburg

Literaturverzeichnis 147

[312] Specific Gravity Controller, Honeywell GmbH, D-6050 Offenbach
[313] Gravitrol Dichtemeßgerät, Elliot Automation GmbH, D-5650 Solingen
[314] Dichteaufnahmer für Flüssigkeiten, Solartron, Schwing Verfahrenstechnik GmbH, D-4133 Neukirchen-Vluyn
[315] Radiometrische Dichtemeßanlage, Labor Prof. Berthold, D-7574 Wildbad 1
[316] Hart, H., Kontinuierliche Flüssigkeitsdichtemessung, Vieweg, Braunschweig 1969
[317] Dichtemessung mit radioaktiven Isotopen, Hartmann & Braun AG, D-6000 Frankfurt 90
[318] Dunk, G., von der, Meuthen, B., Stahl und Eisen **82**, 1790 (1962)
[319] Datenblatt zum Ecometer, Bran & Lübbe GmbH, D-2000 Norderstedt
[320] Mapco-Konzentrationsanalysatoren, Schwing Verfahrenstechnik GmbH, D-4133 Neukirchen-Vluyn
[321] Konzentrations-Meßwertaufnehmer SPR 4115, chempro, D-6450 Hanau 1
[322] DIN 32 635 Absorptionsspektralphotometrische Analyse von Lösungen, Beuth-Vertrieb, vergl. [99]
[323] Wünsch, G., Optische Analysenmethoden zur Bestimmung anorganischer Stoffe, Walter de Gruyter, Berlin 1976
[324] Hediger, H.,-J., Quantitative Spektroskopie, Hüthig, Heidelberg 1985
[325] Nitrat-Prozeß-Photometer, Dr. B. Lange GmbH, D-4000 Düsseldorf 11
[326] Nitrat-Prozeßphotometer, ALLDOS GmbH, D-7507 Pfinztal-Söllingen
[327] Sigrist-Absorptionsmeßgeräte, Sigrist Photometer AG, CH-6373 Ennetbürgen
[328] DIN 38404-C3 Bestimmung der Absorption im Bereich der UV-Strahlung, Beuth, vergl. [99]
[329] Organic Pollutant Monitor OPSA-100, Horiba Europe GmbH, D-6374 Steinbach
[330] SIGRIST-Fluoreszenzmeßgerät, vergl. [327]
[331] MIRAN Portable Ambient Air Analyzers, Foxboro Analytical, South Norwalk, CT 06856, USA
[332] Grisar, R., Ball, D., Riedel, W. J., Technisches Messen **52**, 367 (1985)
[333] Modulares Diodenlaser-Spektrometer, Mütek GmbH, D-8036 Herrsching
[334] Schaefer, W., Zöchbauer, M., Technisches Messen **52**, 233 (1985)
[335] BINOS-IR, Prinzip der IR-Gasanalysatoren, Leybold AG, D-6450 Hanau 1
[336] NDIR-Gasanalysegerät ULTRMAT 21/22, Siemens AG, D-7500 Karlsruhe 21
[337] Aus Unterlagen zum BINOS 100 NDIR Gasanalysator, Leybold, vergl. [335]
[338] Prozeß-Photometer SPECTRAN 677 MP, Perkin-Elmer, Bodenseewerk GmbH, D-7770 Überlingen
[339] Ingold Meßtechnik GmbH, D-6374 Steinbach
[340] DAS 2526453 vom 1.9.1977
[341] Yasunaga, S., Sunahara, S., Ihokura, K., Murakami, T., Anal. Chem. Symp. Ser. **17**, 18 (1983)
[342] Druckschrift "Union Carbide Molecular Sieves for Selective Adsorption", British Drug House Ltd., Poole, Dorset, England
[343] Schott Geräte GmbH, D-6238 Hofheim
[344] CH-Pat. 620298, Ingold
[345] Koryta, J., Dvořák, Boháčková, V., Lehrbuch der Elektrochemie, Springer-Verlag, Wien 1975
[346] Robert Bosch GmbH, D-7000 Stuttgart 1
[347] Westinghouse-Controlmatic GmbH, D-6000 Frankfurt 56
[348] Oehme, F., Ertl, S., Chemie-Technik **8**, 95 (1979)
[349] Abluftanalysator Sensimeter G, Bran & Lübbe GmbH, D-2000 Norderstedt
[350] Oehme, F., Dielektrische Meßmethoden, Verlag Chemie, Weinheim 1962
[351] Ševčík, J., Lips, J. E., Chromatographia **12**, 693 (1979)
[352] Centre Suisse d'Electronique et de Microtechnique S. A., CH-207 Neuchâtel
[353] Honold, F., Deutsche Apotheker Zeitung **124**, 2546 (1984)
[354] Neukermans, A., Krüger, W., McManigill, D., Journ. Chromatographie **235**, 1 (1982)
[355] Norris, J., Analyst **114**, 1359 (1989)
[356] Alder, J. F., McCallum, J. J., Analyst **108**, 1169 (1983)
[357] McCallum, J. J., Analyst **114**, 1173 (1989)
[358] Tan, S. S., Hauser, P., Chaniotakis, N., Suter, G., Simon, W., CHIMIA **43**, 257 (1989)
[359] Morf, W., Seiler, K., Lehmann, B., Gehrig, PO., Simon, W., Optical Recognition of Substrates in Membranes, In: Biosensors, Schmid, R. D. und Scheller, F. (eds.), VCH, Weinheim 1989
[360] Acarano, E., Naggar, P., Belli, R., Anal. Letters **16**, 723 (1983)

Sachwortverzeichnis

Teil 1: Sensortechnik

Abkürzungen: B = Bild. Angegeben ist die Bild-Nummer, gefolgt von der Seitenzahl in Klammern. B. 4–10 (28) bedeutet also Bild 4–10 auf Seite 28.
T = Tabelle. Angaben entsprechend den Bildern.

A
Ableitung (siehe Kontaktierung)
Air-Gap-Elektrode 63
Alkalifehler 51, 52, 71
Amperometrie 76–93, T. 5-9 (77), T. 5-10 (77)
Amperometrische Sensoren 84, 93, 103, T. 6-1 (104)
Analysengeräte 1, 127, 133
Ansprechzeit 14, 64, 75, 89, 90, 99, 104, 106, 117, 125, 132, 174, T. 2-5 (15), T. 7-2 (116)
Antimonelektrode 53
Arbeitslektrode 78–93, T. 5-10 (77)
Asymmetriepotential 50
Aufnehmer 6
– Bauformen 6–8, 21, 39–40, 87, 103
– Einsatzbedingungen T. 2-1 (6)
Austauschstromdichte 79–80

B
Bauformen von Sensoren
– Amperometrie 85–93
– CHEMFFETs/ISFETs 72–75, B. 4-10 (28)
– Faseroptische Sensoren 111–115
– Gassensitive Elektroden 62–64
– Halbleiter (Gasanalyse) 24–25
– Ionenleiter (Gasanalyse) 102–103
– Ionisations-Sensoren 119–121
– Ionenselektive Elektroden 58–61, B. 4-7 (26)
– Konduktometrie 33, 36–40, B. 4-1 (22), B. 4-2 (22)
– Piezoelektrische Sensoren 123–125
– Potentiometrie 9, 54–56, B. 2-1 (5)
– Thermokatalytische Sensoren (Pellistoren) 106–107
Betriebsbedingungen von Aufnehmern/Sensoren 17–18, T. 2-1 (6)

Beweglichkeit von Ionen (siehe Ionenbeweglichkeit)
Bezugselektrode 42, 64–67, 74, 83, 91, 102–103, T. 5-10 (77), B. 5-26 (65)
Bezugselektrolyt 64–67
BioChip 68, 75
Biosensor 75
Blindkomponentenmethode (Konduktometrie) 41
Brechungsindex 111–112
Brennstoffzelle 6, 76, 84, T. 1-1 (2)

C
CHEMFET 4, 68–69, 73, T. 5-7 (69)
Chemische Parameter 4, T. 2-2 (10)
Chinhydronelektrode 48–49
Chipelektrode 55, 75, B. 4-7 (26)
Chipsensoren 18, 25, 75
Clark-Sensor 86–88
Coated-wire-Elektroden 81, T. 5-9 (77)
Cyclische Voltammetrie T. 5-9 (77)

D
Definitionen von Sensoren 4–6, 32, 44–45, 76–77
Depolarisator 78–82, T. 5-10 (77)
Detektoren 37, 73, 75–76, 85, 117–118, 135, T. 1-1 (2), T. 10-4 (134)
Diaphragma 64–67
Dichte von Lösungen 130–132
Dichtesensoren 131–132, T. 10-3 (131)
Dickfilmtechnik 24–25
Diffusionsgrenzstrom 78–79
Diffusionspotential 50, 65–67
Direkt-Potentiometrie 56–58
Dissoziationsgrad 56–57
Drift von Sensorsignalen 13–14, 61, 64, 75, 99, 108, 135, T. 2-4 (13), T. 5-8 (71)
Dünnfilmtechnik 26–28

E
Eichung, siehe Kalibration
Einflußgrößen 18, T. 2-5 (15), T. 2-6 (16)
Einmal-Sensoren (siehe Chipsensoren)
Einzelpotential 50
Elektrochemische Sensoren 30–93

Elektrochemische Zelle 76, 85, T. 1-1 (2)
Elektroden 2. Art 53, 64
Elektrodenpolarisation
- Konduktometrie 11, 34–35, 38–39, 42
- Potentiometrie 56, 70
- Voltammetrie 78, T. 5-10 (77)
Elektrodenreaktion 77, 79–82, T. 5-4 (46)
Elektroneneinfang-Sensoren (ECD) 120, T. 5-10 (118)
Elektronenleiter 55, 61, 70, 79, 94–96, T. 5-10 (77)
Emailelektrode 54–55
Empfindlichkeit (siehe Nachweisgrenze)
ENFET T. 5-7 (69)
Ex-Schutz 97, 108–109

F
Faseroptische Sensoren
- Bauformen 111–114
- Bewertung 115–116
- Fluorometrische Sensoren 114–115
- Kolorimetrische Sensoren 113–114
- Merkmale 116
- Refraktometer 111–112
Fehler 15–17, 105, 111, 113, T. 2-6 (16)
Feldeffekttransistor (FET) 26, 28, 70–72, T. 5-7 (69)
Fertigungstechnologien 21–29
Festelektrolyt 101
Festkörpermembran 23, 47, 48, 59–61
Festkörpersensoren 11, 47–48, 59–61, 94–109
Figaro-Sensor 97
Filter, chemische (Selektivitätsverbesserung) 12, 98–99
Flammenionisationssensor (FID) 118–120, T. 2-4 (12)
Fluorometrische faseroptische Sensoren 114–115

G
GASFET 74, T. 5-7 (69)
Gasfilterkorrelation 138
Gassensitive Elektroden 62–64
Gassensoren
- Amperometrie 89–93, 103, T. 6-1 (104)
- GASFETs 74, T. 5-7 (69)
- Gassensitive Elektroden 62–64
- Halbleiter 94–100
- Ionenleiter 101–105
- Paramagnetismus 129–130
- Piezoelektrische Sensoren 123–126
- Thermokatalyse (Pellistoren) 105–109
- Wärmeleitfähigkeit 109, 127–129
Gegenelektrode 83–84, 86–92, T. 5-10 (77)
Gelmembran 23, 48, 55, 60–61, T. 2-4 (1), T. 2-6 (16)
Genauigkeit (siehe Fehler)

Geschichte chemischer Sensoren 1–3
Glaselektroden 22, 49–53, 58, 61–64, 71
Glasfasersensoren (siehe Faseroptische Sensoren)
Glasmembranen 11, 22, 49–51, T. 5-6 (61)

H
Halbleiter 94–95
Halbleiter-Gassensoren 94–100, T. 2-4 (13), T. 2-5 (15)
Halbstufenpotential 78, 80
Halbzelle 25, 42
Hopkalit 105

I
Impedanzspektroskopie 13, 48
in-line-Messung 9, T. 2-1 (6)
Innenwiderstand von Sensoren 12, 42, 54, 66, 70, 88, 101
Ionenaktivität 43–44, 57
Ionenaustausch T. 2-4 (12), T. 5-4 (46)
Ionenbeweglichkeit 31, 65
Ionenleiter 47–48, 54, 101, 104–105, T. 5-4 (46)
- Gassensoren 101–105, T. 2-6 (16)
- Flüssigkeitssensoren 47–48, 54, 61, T. 5-4 (46)
Ionenleitfähigkeit 101, 104
Ionen-Meter 67–68
Ionenselektive Elektroden 58–61, T. 5-6 (61)
Ionenstärke 57
Ionisationssensoren 117–122
- Arten der Ionisation 117, T. 8-1 (118)
- Bewertung 121–122
- Flammenionistionssensoren (FIDs) 118–120
- Ionisationspotentiale T. 8-3 (121)
- Photoionisationssensoren (FIDs) 120–121
Ionophore T. 5-4 (46)
ISFET 72, 75–76, T. 5-7 (69)
Isothermenschnittpunkt 47, 51, 53

K
Kalibration 9, 13, 50, 52, 63, 76, 99, 119, T. 2-5 (16)
Katalytische Elektroden (Amperometrie) 81, 89–90
Katalytische Sensoren (Pellistoren) 105–109, T. 2-4 (13), T. 2-6 (16)
Kohlrausch Zellen 34–38, B. 4-2 (22), B. 5-2 (33)
Kolorimetrische faseroptische Sensoren 113–114
Konduktometrie 30–42
Konduktometrische Sensoren 34–42
Kontaktierung von Sensorelementen 45, 47, 54–55, 72, 76, 94, 99
Kontaktlose konduktometrische Sensoren 39–42
Konzentrationsangaben 19–20

L

Lambda-Sonde 102–103
Lambert-Beersches Gesetz 113, 135
Laserphotometrie (Gasanalyse) 138
Lebensdauer von Sensoren 18, 48, 73, 76, 91, 94, 125, T. 5-8 (71)
Leitfähigkeit, elektrolytische 30–34
Leitfähigkeit von Gassensoren 95–97
- Oberflächenleitfähigkeit 97–99
- Volumenleitfähigkeit 99–100
Leitfähigkeits-Standards (Konduktometrie) T. 5-2 (33)
Leitwert 32, 34, 97–98
Lichtquellen (Spektralphotometrie) 133–135, T. 10-4 (134)
Löslichkeitsprodukt 11, 48
Lösungsmittel, organische 81–82, 89, 114
Low-Cost-Sensoren 23, 94

M

Mackereth-Sensor 88
Magnetische Suszeptibilität (Gase) T. 10-2 (129)
Membranelektroden 45–48, 58, 61
Meßbereich 10, 35–37, 41–42, 51, 55, 61, 111, 113, 115, 117, 119–120, 128, 130, 136
Meßelektrode 42, T. 5-10 (77)
Meßfehler, siehe Fehler
Meßfrequenz (Konduktometrie) 34–36, 40
Meßkette (Potentiometrie) 42, 44, 103
Meßwertgeber, siehe Aufnehmer
Meßwertverstärker 42, 52–53, 83–84, 106
Meßzelle T. 1-1 (2), T. 5-10 (77)
Mikrosensor 29
Multielektrodensensoren (Konduktometrie) 38–39
Multisensorsysteme 12–13

N

Nachweisgrenze 11, 85, 97–98, 117, 119, 123, 138
Nicht-dispersive Infrarotphotometrie (NDIR) 135, 138
Nasicon 25
Natriumfehler 51–52, T. 5-8 (71)
Nernst-Faktor 43, T. 5-2a (43)
Nernst-Gleichung 11, 43, 63, 72, 103
Nikolskij-Gleichung 43, T. 2-3 (12)
Normen für Sensoren 37, 44, 52, 119, 131, 133, 136

O

on-line-Messung T. 2-1 (6)
Oxidelektroden (Pot.) 54

P

paramagnetische Sauerstoffmessung 129–130
Parameter, chemische 4, T. 2-2 (10)
Partialdruck 20, 49, 98, 102, 105
Pellistor 106, 108, 122
Peters-Gleichung 43
pH-FET 71–76, T. 5-7 (69)
pH-Messung 44–45, 49–55, 71
Photoionisationssensoren (PID) 120–121
Photometrie 133–139
- methodische Grundlagen 133–136
- Gase 137–139
- Lösungen 136–137
pH-Wert, Definition 44
Piezoelektrische Sensoren (Gasanalyse) 123–126
- Bewertung 125–126
- chemische Sensitivierung 123–125
Polarisation
- Konduktometrie 11, 32, 34–35, 38, 39, 42
- Potentiometrie 56, 70
- Voltammetrie 78
Polarisationsspannung (Voltammetrie) 77–84, 86, 88
Polarographie T. 5-9 (77)
Polymermembranen (siehe Gelmembranen)
Potentiometrie 42–56
Potentiometrische Sensoren 45–56
Potentiostat 84, 91, T. 5-10 (77)
Probenahme 6, 8, T. 2-1 (6)
Probenvorbereitung 58–59
Pufferlösungen 44–45

Q

Querempfindlichkeit 11, 100, 108, 124–125, 129–130

R

Redoxelektroden 43, 55–56
Redoxpotential 43–49
Redoxsystem 43, 66
Refraktometer, Glasfaser- 111–112
Reinigung, automatische, von Sensoren 9

S

Schallgeschwindigkeit in Lösungen 132–133
Selektivität 11–13, 82–83, 98, 117, 122, 125, 133, 138, T. 2-3 (12), T. 5-8 (71)
Sensor 4–6
Sensorbezeichnungen, herkömmliche T. 1-1 (2)
Sensor-Chip, siehe Chipsensoren
Sensorelement 4, 127, B. 2-1 (5)
Sensorreaktionen 71, 79–82, 90, 96, 99, 101, 103, 127, T. 5-4 (98)

Teil II Anwendung von Sensoren   151

Sensorschichten, Untersuchungsmethoden 14, 29, 68, 73, 96
Sensorsystem 4–6, 127
Sonde (siehe Aufnehmer)
Spektralphotometrie 133–139
Standardpotential 43–44
Steilheit 43, T. 5-2a (43)
Strom-Spannungs-Kurve 76, 78, 80

T
Tagushi-Sensor 23, 97
Temperaturkoeffizient 33, 44, 47–48, 50, 52, 63, 71, 75, 79, 84, 100, 103, 123, 132, T. 2-6 (16), T. 5-2a (43)
Thermokatalytische Sensoren 105–109, 122
Titration, Endpunktindikation 42, 44, 56, 76, 111
Transducer 4

Vergiftung von thermokatalytischen Sensoren 106, 108, 122, T. 2-4 (13), T. 2-6 (16)
Voltammetrie 76, T. 5-9 (77)
Voltammogramm 78, 80–81, T. 5-9 (77)

W
Wärmeleitfähigkeit, Gasanalyse T. 10-1 (128)
Wasserstoffelektrode 48
Wegwerf-Sensoren (siehe Chipsensoren)
Wirkkomponentenmethode (Konduktometrie) 41

Z
Zeitverhalten (siehe Ansprechzeiten)

Teil 2: Anwendung von Sensoren

A
Abgasanalyse von Verbrennungsmotoren 102, 103, 120
Abwasserreinigung 86, 137
Anionen-Meßtechnik
　BF_4^- T. 5-6 (61)
　Br^- T. 5-6 (61)
　Cl^-, HCl 8, T. 5-6 (61)
　ClO_4^- T. 5-6 (61)
　CN^- T. 5-5 (59), T. 5-6 (61)
　CNS^- T. 5-6 (61)
　F^-, HF 8, T. 5-5 (59), T. 5-6 (61)
　I^- T. 5-6 (61)
　NO_3^- 136, T. 5-6 (61)
　S^{2-} 57, T. 5-5 (59), T. 5-6 (61)
Arbeitsschutz (toxische Gase) 12, 14, 74, 91–93, 122, 138, T. 5-11 (93)

B
Biotechnologie 14, 17, 130
Brechungsindex 111, 112

C
Chlor, Gasanalyse 91, T. 5-11 (93)
Chlor, gelöstes 79, 80, 88
Chromatographische Detektoren 73, 85, 117, 121, T. 1-1 (2)

E
Emissionsmeßtechnik 8, 119, 120, 138
Endpunktbestimmung, Titration 42, 44, 56, 76, 111
Explosive Gas-Luft-Gemische 108
Ex-Schutz 10, 12, 108, 109, 122

F
Feuerungen, Optimierung 92, 103

G
Gasanalyse, allgemein 62–64, 89–93, 97–100, 108, 109, 122, 128, 130, 137–139, T. 9-1 (124)
Gasanalyse, spezielle (Gase, Dämpfe)
　AsH_3 93, 118
　BCl_3 93
　B_2H_6 93
　Br_2 93
　CH_4 97, 98, 108
　C_2H_4 (Ethen) 104, 108, 120
　C_3H_8 108, 121
　C_4H_{10} 108
　C_6H_6 118, 120, 124
　Cl_2 79, 92, 93, 102, 128
　CO 92, 97, 98, 105, 108, 134, 137
　CO_2 74, 82, 124, 128, 137
　$COCl_2$ 93, 124
　Ge_2H_6 92, 93
　H_2 25, 74, 104, 108, 124, 128
　HCl 8, 25, 98
　HCN 93
　HF 8, 138
　H_2S 93, 98, 124
　H_2Se 92, 93
　NH_3 62, 92, 93, 109, 124
　N_2H_4 93
　NO 62, 91
　NO_2 62, 91, 92, 118
　O_2 18, 91, 100, 101, 103, 105, 115, 130
　PH_3 93, 118
　SiH_4 92, 93

SiH$_2$Cl$_2$ 93
SO$_2$ 62, 93, 105, 124
saure Gase/Dämpfe 93
organische Gase/Dämpfe 118, 121, 134, 136
Gase, gelöste
   Cl$_2$ 88
   ClO$_2$ 88
   CO$_2$ 62
   H$_2$S 57, T. 5-6 (61)
   NH$_3$ 62
   NO$_2$ 62
   O$_2$ 86–88
   O$_3$ 88
   SO$_2$ 62

K
Kationen-Meßtechnik
   Ag$^+$ T. 5-6 (61)
   Ca^{2+} 114, T. 5-6 (61)
   Cd^{2+} T. 5-6 (61)
   Cu^{2+} T. 5-6 (61)
   H$^+$ 44–45, 49–55, 71, 113–115, T. 5-6 (61)
   K$^+$ 114, 116, T. 5-6 (61), B. 4-7 (86)
   Na$^+$ 51, 114, 116, T. 5-6 (61)
   NH$_4^+$ T. 5-6 (61)
   Pb^{2+} T. 5-6 (61)
   Wasserhärte (Ca^{2+} + Mg^{2+}) T. 5-6 (61)
Kesselspeisewasser 85, 89, 137
Klinische Analyse 10, 18, 62, 69, 74, 75, 85, 114, 116
Kraftstoff-Luft-Gemisch von Otto-Motoren 102, 103
Konzentration von Elektrolytlösungen 32, 112, 131–133
Konzentration von Nichtelektrolyt-lösungen 112, 131, 133

L
Lebensmittelindustrie 133
Leitfähigkeitsmessungen 34–42
Lösungsmittelemissionen 120

M
MAK-Wert 109, 138, T. 2-2 (10)
Methan-Meter 120

O
Oberflächenwasser, Qualitätsparameter 120, T. 2-2 (10)

P
Personenschutz 14, 74, 91, 122, 130, T. 2-2 (10)
pH-Messungen 44–45, 49–55, 71, 113–115

R
Rauchgasanalyse 11, 13, 85
Redoxpotentialmessung 55–56

S
Sauerstoff, Gasanalyse 18, 91, 100, 101, 103, 115, 128
Sauerstoff, gelöster 84–87, 115, T. 2-2 (10)

T
Trinkwasser 79, 80, 88, 136, T. 2-2 (10)

U
Umweltschutz-Meßtechnik 119, 120, T. 2-2 (10)

W
Wasserstoffperoxid 85
Wasserhärte (siehe Kationen-Meßtechnik)

Quantitative Analytische Chemie

Grundlagen – Methoden – Experimente

von James S. Fritz und George H. Schenk

*Aus dem Amerikanischen übersetzt von Ingo Lüdenwald und Leonhard Gros.
1989. XII, 816 Seiten mit 184 Abbildungen und 51 Tabellen. Gebunden.*
ISBN 3-528-06322-X

Die Analytische Chemie gewinnt immer mehr an Bedeutung. Dazu tragen mehrere Umstände bei, beispielsweise das wachsende Interesse an der biologischen Wirksamkeit von kleinsten Substanzmengen und am Umweltschutz sowie die Entwicklung von hochempfindlichen, teilweise automatisch arbeitenden Meßapparaturen (instrumentelle Analytik). Bislang gab es kein deutschsprachiges Lehrbuch, das sowohl in die Grundlagen dieser instrumentellen Verfahren als auch der klassischen Methoden der quantitativen Analytik einführt. Diese Lücke schließt die deutsche Ausgabe des Lehr- und Arbeitsbuches von J. S. Fritz und G. H. Schenk. Im ersten Teil geben die Autoren eine Einführung in die theoretischen und methodischen Grundlagen, um die Voraussetzungen für erfolgreiches analytisches Arbeiten – von der Analysenplanung, der Probennahme und der Methodenwahl bis hin zum kritischen Werten der Ergebnisse – zu schaffen. Der zweite Teil des Buches ist der Praxis gewidmet. Hier erläutern die Autoren konkrete Verfahren und integrieren 33 ausgewählte Praktikumsversuche, für die sie ausführlich Arbeitsvorschriften – einschließlich Begründung der jeweiligen Operationen und Besprechung der Fehlerquellen – geben. Die aufeinander abgestimmte Kombination von theoretischer Beschreibung sowohl klassischer als auch instrumenteller Verfahren, von Aufgabensammlung und Praktikumsanleitung zeichnet dieses Buch aus und macht es für die Grundausbildung in Analytischer Chemie an Hochschulen und Fachhochschulen zu einem geeigneten Lehrbuch.

Verlag Vieweg · Postfach 58 29 · D-6200 Wiesbaden 1

Analytische Methoden in der Biotechnologie

Mit einer Literaturübersicht und einem Bezugsquellenverzeichnis herausgegeben von Karl Schügerl

1991. VIII, 275 Seiten. Kartoniert.
ISBN 3-528-06377-7

Die Analytik spielt bei der industriellen Nutzung des biologischen Potentials der in der Biotechnologie eingesetzten Mikroorganismen und Zellen eine wichtige Rolle. Sie ermöglicht, die Physiologie der Zellen genau zu erforschen und die Regulation des Stoffwechsels quantitativ zu erfassen. Weiterhin lassen sich durch die Prozeßanalytik die für das Wachstum und für die Produktbildung optimalen Prozeßbedingungen einstellen und aufrechterhalten.

Will man diese Informationen zur Prozeßregelung nutzen, so ist eine On-line-Prozeßanalytik notwendig. Neben der On-line-Probeentnahme werden Verfahren mit kurzen Analysenzeiten, geringer Störanfälligkeit und großer Zuverlässigkeit benötigt.

Dieses Kompendium gibt einen anwendungsbezogenen Überblick über moderne analytische Verfahren, die in der Biotechnologie eingesetzt werden. Methoden zur Ermittlung der Zahl der Zellen und zur Ermittlung des Zustandes der Organismen werden ebenso vorgestellt wie analytisch-chemische Verfahren sowie Analysengeräte und Laborroboter. Jede Methode wird zunächst in Kurzform beschrieben und anschließend in ihren biotechnologisch relevanten Applikationen vorgestellt.

Ein Schwerpunkt des Buches ist das Erschließen der Literatur und möglicher Bezugsquellen für Geräte. Hierzu haben Autoren und Herausgeber ein umfangreiches kommentiertes Literaturverzeichnis sowie ein Bezugsquellenverzeichnis zusammengestellt.

Verlag Vieweg · Postfach 58 29 · D-6200 Wiesbaden 1

MIX
Papier aus verantwortungsvollen Quellen
Paper from responsible sources
FSC® C105338

If you have any concerns about our products,
you can contact us on
ProductSafety@springernature.com

In case Publisher is established outside the EU,
the EU authorized representative is:
**Springer Nature Customer Service Center GmbH
Europaplatz 3, 69115 Heidelberg, Germany**

Printed by Libri Plureos GmbH
in Hamburg, Germany

Aus Natur und Geisteswelt
Sammlung wissenschaftlich-gemeinverständlicher Darstellungen

732. Band

Wasserkraftausnutzung
und
Wasserkraftmaschinen

Von

Dr.-Ing. F. Lawaczeck

Springer Fachmedien Wiesbaden GmbH 1921

Schutzformel für die Vereinigten Staaten von Amerika:
Copyright 1921 by Springer Fachmedien Wiesbaden

Ursprünglich erschienen bei B. G. Teubner in Leipzig 1921.

Alle Rechte, einschließlich des Übersetzungsrechts, vorbehalten

ISBN 978-3-663-15196-8   ISBN 978-3-663-15759-5 (eBook)
DOI 10.1007/978-3-663-15759-5